高等职业教育“互联网+”新形态一体化教材

单片机应用技术

第3版

主　编　张文灼　胡雪花

副主编　高　梅　李香服　曾小波　车君华　张　茜

参　编　张玲玲　王文涛　沈丽月　刘雅俊　俞　挺

郝凤琴　周　博　刘国军　陈炜钢　李宽良

主　审　王丽佳　刘秋成

机械工业出版社

本书以 MCS－51 系列单片机的 AT89C51 为例，深入浅出地介绍了单片机入门基础、硬件结构和基本原理、C51 语言程序设计、汇编语言程序设计、中断系统与定时/计数器、串行通信、系统扩展与接口应用以及单片机应用系统设计。开发语言兼具 C51 语言与汇编语言。

本书依托国家“双高计划”高水平学校电气自动化技术高水平专业群建设成果并联合企业编写，是编者长期从事单片机教学的结晶。本书特色为教师、学生“双轻松”——易教、易学，体现在：①专门针对高职学生特点编排，叙述精炼，知识条目化、浅显化，图文并茂，融抽象理论于大量简单但典型的实例中；②简单易懂、操作性强，项目导向、任务驱动，全书以 8 个项目引导，由 18 个实训任务和 3 个综合开发实例驱动，步骤完整、详细，易于操作，任何学校甚至自学者都有条件完成，教、学、做从编排上轻松体现；③便于学习、易于授课，配有 67 个教学视频，以二维码形式插入书中，并配套在线课网站，书末附能力训练与提升参考答案，便于课程评价与考核；④对接真实生产，书中有大量“开发提示”和“拓展链接”，具有很强的实用性、可操作性和趣味性。

本书适合高等职业教育专科机电设备类、机械设计制造类、自动化类、电子信息类、计算机类相关专业学生使用，也可供高等职业教育本科、应用型本科相应专业学生使用，也可用于中职、自学考试、成人教育和相关专业上岗人员的技术培训教材，还可作为自动化爱好者初学单片机的入门学习书籍。

本书配备在线课网站（https：//www.xueyinonline.com/detail/222718418），含教学视频、动画、源代码、PDF 拓展文本等，读者可在线学习。

为方便教学，本书还配有课程标准、PPT 课件、教案、教学指南、模拟试卷及答案等，凡选用本书作为授课教材的老师，均可登录机工教育服务网（www.cmpedu.com）注册后下载。

图书在版编目（CIP）数据

单片机应用技术/张文灼，胡雪花主编．—3 版．—北京：机械工业出版社，2022.7（2026.1 重印）

高等职业教育“互联网+”新形态一体化教材

ISBN 978-7-111-70993-0

Ⅰ.①单…　Ⅱ.①张…　②胡…　Ⅲ.①单片微型计算机-高等职业教育-教材　Ⅳ.①TP368.1

中国版本图书馆 CIP 数据核字（2022）第 100298 号

机械工业出版社（北京市百万庄大街 22 号　邮政编码 100037）
策划编辑：于　宁　　　　责任编辑：于　宁　王宗锋
责任校对：樊钟英　王　延　封面设计：马精明
责任印制：刘　媛
北京富资园科技发展有限公司印刷
2026 年 1 月第 3 版第 4 次印刷
184mm×260mm ·18 印张 ·446 千字
标准书号：ISBN 978-7-111-70993-0
定价：55.00 元

电话服务　　　　　　　　网络服务
客服电话：010-88361066　　机　工　官　网：www.cmpbook.com
010-88379833　　机　工　官　博：weibo.com/cmp1952
010-68326294　　金　书　网：www.golden-book.com
封底无防伪标均为盗版　　机工教育服务网：www.cmpedu.com

前　言

单片机在工业控制、数据采集、智能化仪表、机电一体化、家用电器等领域得到了广泛应用，极大地提高了这些领域的技术水平和自动化程度。单片机开发应用是机电设备、机械设计制造、自动化、电子信息、计算机等专业类学生和相关技术人员必须掌握的技术，各大院校都将单片机作为一门重要课程列入人才培养方案。

本书特色鲜明，深受欢迎，出版以来重印十多次，为适应技术发展与教学改革新趋势，我们特组织团队进行修订。

本书依托国家“双高计划”高水平学校电气自动化技术高水平专业群建设成果而编写，是编者长期从事单片机教学的结晶。特色为教师、学生“双轻松”——易教、易学。体现在：

（1）专门针对高职学生特点编排，叙述精炼，知识条目化、浅显化，图文并茂，融抽象理论于大量简单但典型的实例中。

（2）“简单易懂、操作性强，项目导向、任务驱动”，全书以 8 个项目引导，由 18 个实训任务和 3 个综合开发实例为驱动，步骤完整详细，易于操作，任何学校甚至自学者都有条件完成，教、学、做从编排上轻松体现。

（3）资源丰富、易于授课，配有 67 个教学视频，以二维码形式插入书中，书末附能力训练与提升参考答案，便于课程考核。教材配套在线课网站（https://www.xueyinonline.com/detail/222718418）资源丰富，含教学视频、动画、源代码、课件、拓展文本、教案、教学指南等。本书同步出版的《单片机应用技术》数字化教材被评为“河北省优秀数字教材”。

（4）对接真实生产，书中案例均配 C51 代码，有大量“开发提示”和“拓展链接”。

本书根据教育部《高等学校课程思政建设指导纲要》（教高〔2020〕3 号）要求，充分发挥课程的育人作用，贯穿单片机硬件和软件技术学习始终，为每个项目专门设置了“素质目标”，深入挖掘了近 30 个相关元素，并在每个项目结尾附有鼓舞学生培养兴趣和热爱专业的名人格言“小贴士”，潜移默化地培养学生“耐心、专注、坚持、精益求精”的职业素养与“科技强国、投身报国”的使命情怀，实现知识传授和价值引领有机统一。

此次修订极力做到“教学做”一体化有机贯穿教学内容，修订情况：①改为项目导向，由学习任务、实训任务和综合应用实例为驱动线，形式更合理，内容更通俗，图文更丰富，步骤更清晰；②将第 2 版教材的 17 个“任务”调整为 18 个“实训任务”，覆盖性、可操作性进一步增强；③更新了部分技术，删掉了过时的内容；④鉴于实际中多采用 C51 代码开发程序，联合企业对所有“实训任务”编制了 C51 代码，与真实生产相对接；⑤增加了 67 个二维码微课视频，并配备在线课网站和数字化教材。

本书由河北工业职业技术大学张文灼、胡雪花任主编；河北工业职业技术大学高梅、李香服、张茜，湖南理工职业技术学院曾小波，济南职业学院车君华任副主编；参加编写的还有郴州职业技术学院张玲玲，河北工业职业技术大学王文涛、沈丽月、郝凤琴、周博，河北科技师范学院刘雅俊，宁波第二技师学院俞挺，石家庄科林电气股份有限公司刘国军，石家庄民奥电子科技有限公司陈炜钢，宏利钢铁有限公司李宽良。编写分工为：张文灼编写项目 1～4，并对全书修改定稿；曾小波、车君华编写项目 5，张玲玲、俞挺编写项目 6；高梅、李香服、沈丽月编写项目 7；胡雪花、张茜编写项目 8，并调试全部代码；刘国军、陈炜钢、李宽良提供企业案例，并与胡雪花编写 C51 代码；河北工业职业技术大学全体编者制作数字资源；刘雅俊编写附录、能力训练与提升；王文涛、郝凤琴、周博绘制插图。

全书由河北工业职业技术大学王丽佳教授、刘秋成高级工程师任主审，他们对全书进行了认真细致的审阅，并提出了许多宝贵意见和建议，在此谨表谢意。

单片机技术日新月异，教学改革不断深化，加之编者水平有限，书中难免出现疏漏和不妥之处，敬请广大同行和读者批评指正，不胜感激。

编　者

二维码索引

（续）

序号	名称	图形	页码	序号	名称	图形	页码
23	灵活运用位操作类指令 1		107	34	简单交通信号灯模拟控制 C51 程序设计		129
24	灵活运用位操作类指令 2		109	35	分析中断及其处理过程		135
25	顺序彩灯的控制汇编程序设计		111	36	探究单片机的中断系统		136
26	顺序彩灯的控制 C51 程序设计		114	37	设定定时器控制寄存器		138
27	设计单片机分支程序 1		117	38	设定中断允许寄存器和优先级寄存器		139
28	设计单片机分支程序 2		118	39	外部中断触发编程训练汇编程序设计		144
29	多状态闪烁灯汇编程序设计		119	40	外部中断触发编程训练 C51 程序设计		145
30	多状态闪烁灯 C51 程序设计		121	41	模拟三相交流电的电路故障检测汇编程序设计		146
31	设计循环程序		123	42	模拟三相交流电的电路故障检测 C51 程序设计		147
32	控制 4 相步进电动机		125	43	设置定时计数器的功能		148
33	简单交通信号灯模拟控制汇编程序设计		128	44	复杂交通信号灯的控制汇编程序设计		155

（续）

序号	名称	图形	页码	序号	名称	图形	页码
45	复杂交通信号灯的控制 C51 程序设计		160	57	8×8 点阵“心形”图形显示屏的控制汇编程序设计		220
46	用单片机定时器控制报警声系统汇编程序设计		162	58	8×8 点阵“心形”图形显示屏的控制 C51 程序设计		222
47	用单片机定时器控制报警声系统 C51 程序设计		164	59	外接 D-A 转换接口		223
48	探究 89C51 的串行口结构和特性		175	60	基于 DAC0832 的灯循环渐变控制汇编程序设计		227
49	运行串行口方式 0		177	61	基于 DAC0832 的灯循环渐变控制 C51 程序设计		228
50	89C51 单片机双机通信汇编程序设计		181	62	外接 A-D 转换接口		229
51	89C51 单片机双机通信 C51 程序设计		183	63	利用 ADC0809 检测输入端电压汇编程序设计		234
52	采用 8255A 扩展并行 IO 口		194	64	利用 ADC0809 检测输入端电压 C51 程序设计		235
53	8 键控制 8 灯亮灭——8255A 并行 IO 口应用汇编程序设计		204	65	设计数字电子时钟 C51 程序设计		252
54	8 键控制 8 灯亮灭——8255A 并行 IO 口应用 C51 程序设计		205	66	单片机控制两坐标步进电动机 C51 程序设计		255
55	8 位字符的 LED 动态显示汇编程序设计		218	67	用单片机自动控制水塔水位 C51 程序设计		267
56	8 位字符的 LED 动态显示 C51 程序设计		219				

目 录

项目3 用C51语言编写单片机程序 /60

项目4 用汇编语言编写89C51单片机程序 /88

项目1 用单片机控制1只闪烁灯

项目导语

单片机属于微型计算机的一个独特分支，但又不同于个人微型计算机，目前世界上各类单片机年产量超过100亿片，我国年需求量就高达十几亿片。在当今工作和生活中，有越来越多的单片机在为我们服务。当遥控电视或大屏一体机享受其多彩画面时，单片机在接受遥控指令；当享受全自动洗衣机的智能时，是单片机在控制洗衣机；单片机在手机等现代通信设备、工业生产中亦发挥着重要作用，处处都有单片机的身影。因为单片机体积微小，只是一小块集成电路，被嵌入到了各产品之中，所以很多人没有意识到其存在，但它却是当今世界异常重要的智能化控制计算机。

能力目标

◇ 理解单片机的组成、特点、发展及应用。
◇ 能够辨认 MCS－51 系列单片机的常用产品。
◇ 掌握单片机应用系统的开发过程。
◇ 掌握不同数制之间的转换和有符号数的表示。
◇ 掌握单片机应用系统搭建及软件编写、固化、调试的基本方法。

思维导图

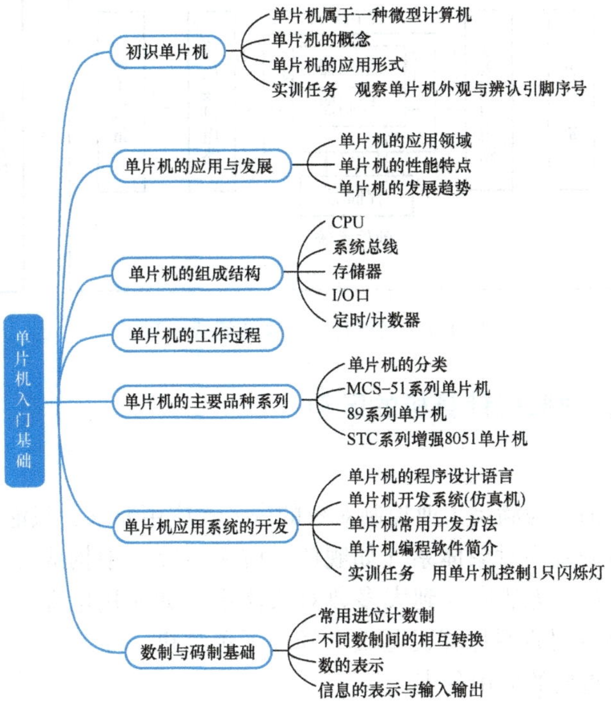

素质目标

◇ 树立为国担当的信念，科技强大足以兴邦，扎实学习以求报国。

◇ 培养分析归纳和总结的能力，将知识性内容合理归纳帮助理解。

◇ 培养细致耐心的学习态度与浓厚的兴趣，从此爱上单片机及其控制，将来为社会贡献力量。

◇ 培养严谨的工作态度，在单片机电路图基础上认真搭建硬件电路，每一步操作均需按照操作规范进行，否则无法实现控制效果。

学习任务 1.1　初识单片机

1.1.1　单片机属于一种微型计算机

初识单片机

单片机是现代微型计算机的一个独特而又重要的应用分支，微型计算机系列很多，内部结构不完全相同，但内部基本部件及工作过程十分相似。

微型计算机硬件系统通常由微处理器、存储器、输入/输出（Input/Output，I/O）接口电路及必要的外围设备等组成，通过系统总线有机地连接在一起，并通过I/O接口与外围设备及外围芯片相连。微型计算机系统由硬件系统和软件系统两大部分组成，两者相辅相成、缺一不可。微型计算机系统组成示意图如图 1-1 所示。

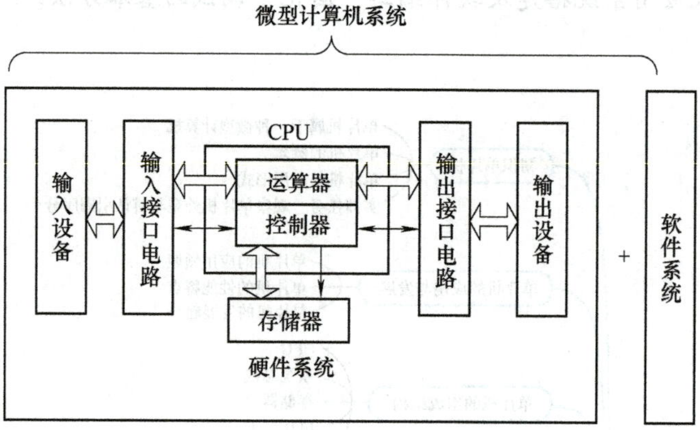

图 1-1　微型计算机系统组成示意图

1.1.2　单片机与普通微型计算机的区别

1. 产生

在单片机诞生之前，为满足工业控制对象的嵌入式应用要求，只能将通用计算机进行机械加固、电气加固后嵌入到对象体系（如舰船、航天器等）中构成控制系统等。通用计算机体积巨大且成本高昂，无法嵌入到大多数对象体系（如家用电器、汽车、机器人、仪器仪表等）中，因此在通用微型计算机基础上发展了单片机，如今单片机已成为现代微型计算机的一个独特而又重要的应用分支。

2. 概念

单片机是将 CPU（Central Processing Unit，中央处理器）、存储器、定时/计数器、I/O 接口电路和必要的外设集成在一块芯片上，构成的一个既小巧又完善的计算机硬件系统，可实现微型计算机的基本功能，因此早期称其为单片微型计算机（Single Chip Microcomputer，SCM），简称单片机。单片机体积很小，其构成情况及典型外形如图 1-2 所示，其中图 1-2b 为 Atmel 公司的 AT89S52 及芯片座实物图。

单片机
- CPU
- 数据存储器RAM
- 程序存储器ROM
- I/O接口
- 定时/计数器
- 必要外围设备

a) 构成情况

b) AT89S52及芯片座实物

图 1-2　单片机构成情况及典型外形

随着科学技术的发展，单片机芯片内扩展了各种控制功能，现今的单片机集成了许多面向测控对象的接口电路，已经突破了微机的传统内容，SCM 已不能准确表达其内涵，国际上逐渐采用微控制器（Micro Controller Unit，MCU）来代替。但国内“单片机”一词已约定俗成，可继续沿用。

★**开发提示：**拆开智能电器设备以后，在电路板上往往会有一片黑色带字符的相对较大的芯片，这就是单片机，它是整个电路板的控制核心，控制着电器产品的运行。

3. 单片机与通用微型计算机 CPU 的区别

二者结构基本相同，但单片机增设了“面向控制”的处理功能，增强了实时控制性。主要区别如下：

（1）通用的微型计算机 CPU　它以发展超强运算速度与强大数据处理能力为己任，如 AMD 公司目前的“锐龙 ThreadRipper 3990X”微处理器，早已将 64 片高达 4.3GHz 时钟频率的可协同并行运行 128 线程的 CPU 核心模块集成于一片芯片内；通用的微型计算机 CPU 价格较高，体积较大，功耗也很高。

（2）单片机　单片机主要用于控制领域，也发展了 16 位、32 位等机型，但发展方向是高可靠性、抗干扰、低功耗、低电压、低噪声和低成本。单片机的硬件配置和运算速度远比不上 PC 的 CPU，如 89C51 单片机常用的晶振频率有 6MHz、12MHz 和 24MHz 等。单片机内部程序空间也较小，一般在几 KB 到几十 KB。但单片机具有高可靠性、抗干扰、低功耗、低电压、低噪声，而且价格极为低廉，一片 AT89C51 单片机才几元钱，而 PC 的主流 CPU 要几百、上千甚至几千元，有时比单片机控制的整个设备还贵。

※**拓展链接：**CPU 产业被 Intel、AMD 等国外巨头垄断市场几十年，由中科院自主研发的芯片产品“龙芯”持续多年不断深耕，推出了三大系列 CPU 产品，并已应用至航空航天、国家安全、国防、交通、金融等众多领域，打破了中国无“芯”的历史。但我们自主研发设计的芯片与国外还有较大差距，我们应树立为国担当的信念，脚踏实地，努力学习，积极投身到科技报国之中，缩小与国外的差距。

1.1.3 丰富的单片机的应用形式

图 1-3 为单片机控制电磁炉的实例，单片机可完成电磁炉各温度档位对电磁线圈电流的控制，同时能对运行状态以指示灯形式显示出来。

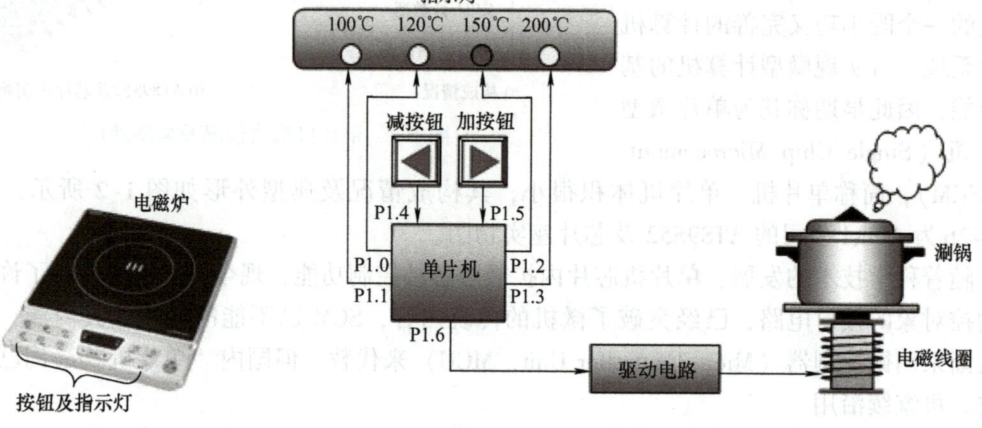

图 1-3 单片机控制的电磁炉

某工厂有一条图 1-4 所示的装小球生产线，可以设计一个单片机控制系统，利用单片机控制电动机 1 和电动机 2 协调转动，小球被传送带运送并掉入下方的纸箱中，纸箱在另一条传送带上被运送，可实现每个纸箱装满 10 个小球后就换下一个纸箱装球，同时还可以在数码管上显示相应数据。

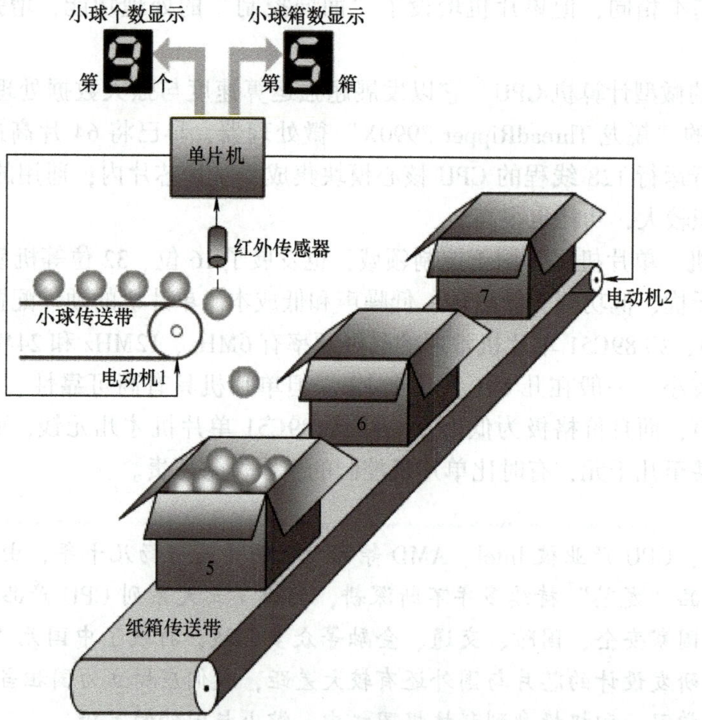

图 1-4 单片机控制的装小球生产线

单片机还隐藏在我们日常生活及工业领域的许多产品中，如鼠标、遥控器、洗衣机、机器人、生产流水线等。综观这些电子产品，它们都有一个特点，即都有输入或输出设备。如电磁炉、鼠标、遥控器的按键等是输入设备；电磁炉的4个指示灯及电磁线圈的驱动电路、洗衣机的电动机、机器人的执行机构等都是输出设备。形形色色的输入设备和输出设备都在单片机的控制下协调工作。

★**开发提示：**单片机芯片在没有被使用者开发前，只是一片集成电路芯片，只要写入不同的程序，同一片单片机便能完成不同的控制工作，而且还非常便宜。

实训任务1　观察单片机外观与辨认引脚序号

观察单片机外观与辨认引脚序号

1. 任务目的

对各类单片机外观形成感性认识，理解单片机与个人微机的区别，掌握单片机引脚序号的确定方法。

2. 任务完成步骤

（1）观察单片机的外观　仔细观察图1-5所示的各类型单片机外观。

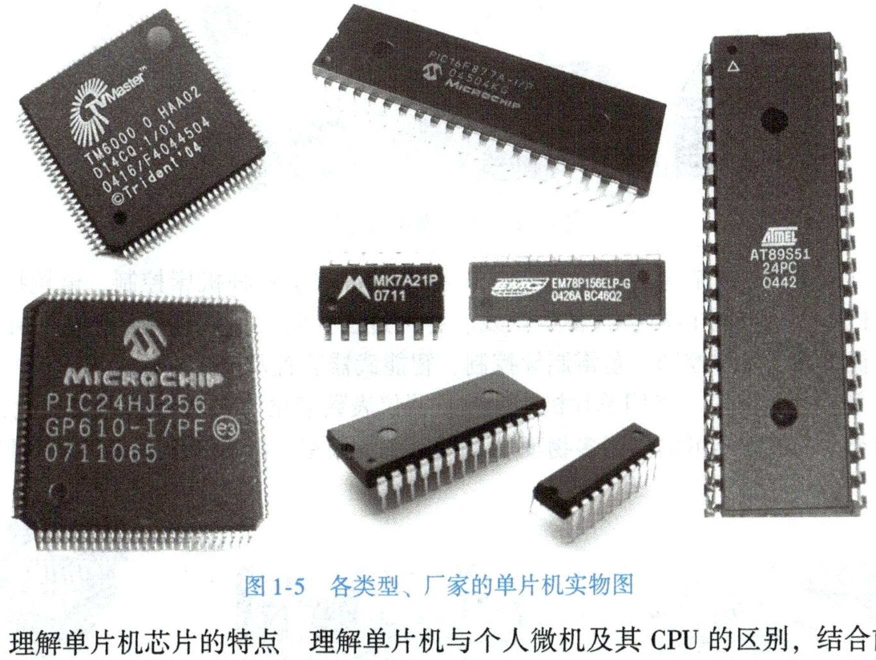

图1-5　各类型、厂家的单片机实物图

（2）理解单片机芯片的特点　理解单片机与个人微机及其CPU的区别，结合前文的知识，理解单片机芯片的特点。

（3）确认引脚序号　规则为将印有型号标识的一面面对自己，此面通常有明显的标记，如一个小圆点或一个斜角，此圆点或斜角附近是1号，其余引脚序号按逆时针顺次数下来即可，必要时结合芯片手册确定引脚序号。

学习任务 1.2 了解单片机的应用与发展

1.2.1 单片机广泛的应用领域

单片机系统能够取代以前利用复杂的数字组合电路及模拟电路构成的控制系统，并能够实现智能化，有人形容“凡是能想到的地方，单片机都可用得上，有电器的地方就有单片机”。

（1）日常生活及家电领域　目前各种家用电器已普遍采用单片机控制取代传统的控制电路，如洗衣机、电冰箱、空调机、微波炉、电饭煲及其他视频音像设备的控制器，视听大屏幕显示、各类信号指示、各类充放电设备、手机通信、电子玩具、信用卡、智能楼宇及防盗系统等。

（2）办公自动化领域　现代办公室中所使用的大量通信、信息产品多数都采用了单片机，如通用计算机系统中的键盘译码、打印机、绘图仪、复印机、电话、传真机及考勤机等。

（3）商业营销领域　广泛使用的电子秤（如图 1-6 所示）、收款机、条形码阅读器、仓储安全监测系统、商场保安系统、空气调节系统及冷冻保鲜系统等。

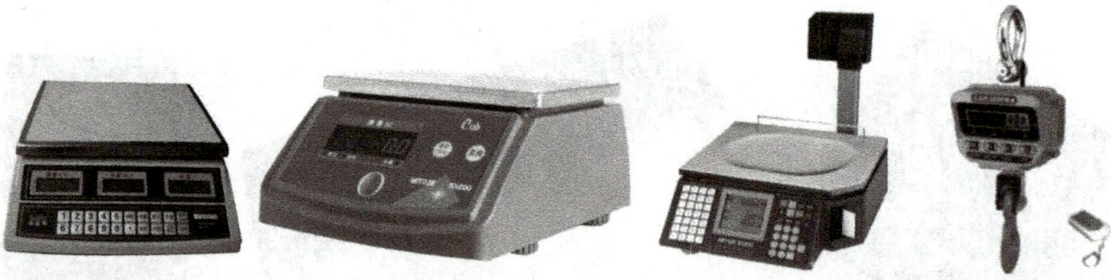

图 1-6　不同样式的电子秤

（4）工业自动化　在通用工业控制中，单片机可用于各种机床控制、电机控制，还可用于工业机器人（如图 1-7）、各种生产线、各种过程控制及各种检测系统等；在军事工业中，单片机可用于导弹控制、鱼雷制导控制、智能武器装置及航天导航系统等。

（5）智能仪器仪表　采用单片机控制使仪器仪表数字化（如图 1-8）、智能化、微型化，结合不同类型的传感器可实现诸多物理量（如电压、频率、湿度和温度等）的测量。

图 1-7　工业机器人自动装配与加工

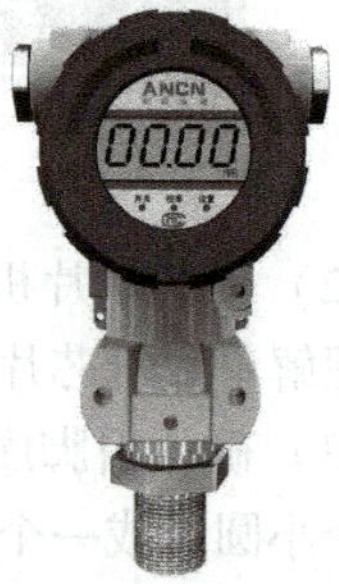

图 1-8　数字压力表

（6）集成智能传感器的测控系统　单片机与传感器相结合可以构成新一代的智能传感器，其将传感器初级变换后的电量做进一步的变换、处理，输出能满足远距离传送、能与微机接口的数字信号，如压力传感器与单片机集成在一起的微小型压力传感器可随钻机送至井下，以报告井底的压力状况。

（7）汽车电子与航空航天电子系统　在汽车工业中，可用于点火控制、变速器控制、防滑制动控制、排气控制及自动驾驶系统等；在航空航天中，可用于集中显示系统、动力监测控制系统、通信系统以及运行监视器（黑匣子）等。

1.2.2　单片机独特的性能

（1）体积小　单片机集成度很高，体积非常小，可非常方便地嵌入到各种应用场合。如 PIC12C508 型单片机只有一粒纽扣大小，仅有 8 根引脚。

（2）可靠性高　芯片本身是按工业测控环境要求设计的，内部布线很短，其抗工业干扰功能明显优于通用 CPU。程序指令、常数及表格数据等可固化在 ROM 中，不易破坏。

（3）控制功能强　单片机的指令系统有极丰富的条件及分支转移能力、I/O 口的逻辑操作及位处理能力，适用于专门的控制功能。

（4）易于扩展　片内具有计算机正常运行所必需的部件，芯片外部有许多供扩展用的三总线及并行、串行 I/O 口，很容易构成各种规模的计算机应用系统。

（5）低电压、低功耗　单片机广泛应用于便携式产品和家电消费类产品，对于此类产品，低电压、低功耗尤为重要。许多单片机可在 2.2V 电压以下工作，目前 0.8V 供电的单片机已问世，工作电流为 μA 级，一粒纽扣电池就可使单片机长期运行。

（6）性能价格比优异　由于单片机被广泛使用，其销量极大，各大公司商业竞争激烈，使其价格相对较低，性能价格比优异，价格从几元、几十到几百元人民币不等。

1.2.3　单片机的多元发展趋势

目前单片机正朝着多品种、高速、强运算能力、大寻址范围以及小型廉价方向发展；现今产品众多，不存在某单片机一统天下的垄断局面；此外，32 位单片机在复杂控制领域也已得到广泛应用。

（1）低功耗 CMOS 化　现在的单片机基本都采用了 CMOS（互补金属氧化物半导体）工艺，其特点是功耗低。而 CHMOS 工艺是 CMOS 工艺和 HMOS（高密度、高速度 MOS）工艺的结合，同时具备了高速和低功耗的特点。

（2）低噪声与高可靠性　为提高单片机的抗电磁干扰能力，使产品能适应恶劣的工作环境，满足电磁兼容性方面更高标准的要求，各单片机厂家在单片机内部电路中都采用了新的技术措施。

（3）存储器大容量化　运用新的工艺可使内部存储器大容量化，得以存储较大型的应用程序，这样可适应一些复杂控制的要求。当今单片机的寻址能力早已突破早期的 64KB 限制，内部 ROM 容量可达 62MB，RAM 容量可达 2MB，甚至更大，今后还将继续扩大。

（4）高性能化　主要是指进一步改进 CPU 性能，加快指令运算速度和提高系统控制可靠性。采用精简指令集结构和流水线技术，可大幅度提高运行速度，并加强了位处理功能、中断和定时控制功能。这类单片机的运算速度比标准单片机高出 10 倍以上。由于这类单片机有极高的指令速度，就可以用软件模拟硬件I/O功能，由此引入了虚拟外设的新概念。

（5）外围电路内装化 为适应更高要求的检测、控制，现今增强型的单片机集成了模-数转换器、数-模转换器、PWM（脉宽调制电路）、WTD（看门狗）以及LCD（液晶）驱动电路等。生产厂家还可根据用户要求量身定做单片机芯片。此外许多单片机都具有多种微型封装形式。

（6）增强I/O及扩展功能 大多数单片机I/O引脚输出的都是微弱电信号，驱动能力较弱，需增加外部驱动电路以驱动外围设备，现在有些单片机可以直接输出大电流和高电压，不需额外驱动模块即可驱动外围设备。另外还出现了很多高速I/O口的单片机，能更快地触发外围设备，也能更快地读取外部数据。扩展方式从并行总线发展到各种串行总线，从而减少了单片机引线，降低了成本。

学习任务1.3 分析单片机的组成结构

单片机是将组成计算机的基本部件集成在一块芯片上，图1-9为单片机的典型结构框图。

分析单片机的组成结构

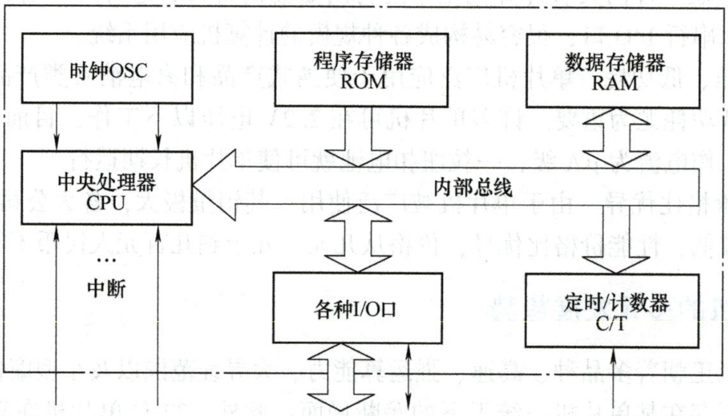

图1-9 单片机的典型结构框图

1.3.1 中央处理器——CPU

1. 控制器

控制器负责从程序存储器中取出指令，并逐条地分析指令和执行指令。控制器包括程序计数器、指令寄存器、指令译码器、微操作控制部件和时序控制电路。

（1）程序计数器（Program Counter，PC） PC有自动加载下一条将要执行的指令所在存储器单元地址编号的功能。当读取一条指令执行后，PC能自动指向下一条指令，为读取执行下一条指令做准备，因此单片机工作时，程序可以自动连续执行。

（2）指令寄存器（Instruction Register，IR） IR临时存放从存储器中取来的指令。

（3）指令译码器（Instruction Decoder，ID） ID负责翻译指令，从IR送来的指令经ID译码后，单片机即可知道该进行何种操作。

（4）微操作控制部件 不同的指令在指令译码器中翻译后，由微操作控制部件产生相应的控制命令和控制信号，用以控制单片机按指令要求进行相应的操作。

（5）时序控制电路　产生单片机各操作部件所需的定时脉冲信号，严格保证各操作动作的时间先后顺序。

2. 运算器

运算器完成指令要求的计算工作。在计算机中数的计算有两种：一种是算术运算，即加、减、乘、除四则运算；另一种是逻辑运算，如与、或、非、异或等。参加运算的数据在运算器中存放的地方是寄存器，不同类型的单片机寄存器的数量和具体功能不同。

1.3.2　公共信息传输通道——系统总线

系统总线将CPU、存储器及I/O接口等相对独立的部件连接起来，它作为多个功能部件共享的公共信息传输通道，是一组信号传输线的集合。共享总线的各个功能部件必须分时段使用总线传输信息，以保证总线上的信息任何时候都是唯一的。系统总线包括数据总线（Data Bus，DB）、地址总线（Address Bus，AB）和控制总线（Control Bus，CB）。

（1）数据总线　数据总线是一种双向的通信总线，用于实现CPU、存储器和I/O口之间的数据交换，数据可以是数值数据，也可以是指挥计算机工作的程序和相关数据。数据总线的根数很规范，一般有8、16、32和64根等。

（2）地址总线　地址总线是一种传输CPU发出的地址信号的单向通信总线，用于向存储器或I/O口提供地址码，以选择相应的存储器或I/O口。地址总线的根数称为地址总线宽度，其决定了CPU的寻址范围，即CPU所能寻找的存储单元或I/O口的数目。如某微型计算机有16根地址线，那么其可以寻找到2^{16}个存储单元或I/O口。地址总线宽度也很规范，一般有8、16、20、24、32和36根等。

（3）控制总线　控制总线传输的是保证微型计算机各部件同步和协调工作的控制信号，为单向通信总线，其中有的传输从CPU发出的信息，如读、写等信号，有的传输其他部件发给CPU的信息，如复位、中断请求等信号。控制总线的根数因机型的不同而不同，不像数据总线和地址总线那样规范。

1.3.3　存放程序与数据的介质——存储器

单片机的存储器按用途分为程序存储器和数据存储器，多数单片机还可以外部扩充存储器。

1. 程序存储器

程序存储器用来存放单片机的应用程序及运行中的常数数据，单片机应用系统一经开发完毕，其软件也就定型，运行中程序存储器的信息不允许更改。半导体只读存储器（Read only Memory，ROM）所存储的信息正常情况下只能读取而不能改写，断电后信息不丢失，所以常用作单片机程序存储器。ROM根据写入或擦除方式的不同可分为以下几种类型：

（1）掩膜ROM　由厂家在芯片生产封装时，将用户程序通过掩膜工艺写入，写入后不能修改。所以适合于程序已定型并大批量使用的场合，具有工作可靠和成本低等优点。

（2）可编程只读存储器（Programmable ROM，PROM）　用户可通过专用的写入器将应用程序写入其中，但只能写入一次，且写入的信息不能修改。

（3）紫外线擦除可编程只读存储器（Erasable Programmable ROM，EPROM）　用户可

根据需要对 EPROM 进行多次写入和擦除。当需要更改时，先将芯片放在专用的擦除器中，在紫外线照射下使其 MOS 电路复位，原存信息被擦除，然后重新写入，过去各种微型计算机系统应用 EPROM 的较多。

（4）电擦除可编程存储器（Electrically EPROM，EEPROM 或 E^2PROM） 与 EPROM 不同，E^2PROM 采用电的方法擦除信息，不必用紫外线照射，除了能整片擦除以外，还能实现字节擦除，并且擦除和写入操作可以在单片机内进行，不需要附加设备，数据保存可达 10 年以上，每块芯片可擦写 1 万次以上。因而，E^2PROM 比 EPROM 性能更优越，但价格较高，当今的单片机主要应用此种存储器。

（5）快闪存储器（Flash Memory） 简称闪存，是一种新型的可擦除、非易失性存储器，编程与擦除完全用电实现，数据可保存 10 年。其擦除和写入的速度比E^2PROM快得多，目前商品化的 Flash Memory 已做到允许擦写次数达 10 万次，存储容量可达数百 GB。这是目前大力发展的一种 ROM。

2. 数据存储器

数据存储器用于暂存运行期间的数据、现场采集的原始数据、中间结果、运算结果、缓冲和标志位等临时数据。因为需要经常进行读写操作，所以单片机通常采用随机存取存储器（Random Access Memory，RAM）作为外部数据存储器。

RAM 正常使用时，不仅能读取存放在存储单元中的数据，还能随时写入新的数据，断电后 RAM 中的信息全部丢失，属易失性存储器。CPU 读取其数据后，存储器内原数据不变；而新数据写入后，原数据被新数据代替。RAM 按器件制造工艺不同分为两类，分别为双极型 RAM 和 MOS 型 RAM。目前很多单片机都采用了 E^2PROM 和 Flash Memory 做数据存储器。

3. 信息存储相关概念

（1）位 位（bit，b）是计算机所能表示的最小的数据单元，可以表达一个二进制数据“1”或“0”。位信息是由存储器中具有记忆功能的电路（如触发器）实现的。

（2）字节 一个字节（Byte，B）由 8 个二进制位组成，字节是一个数据单位。一个 8 位二进制代码的最低位称为第 0 位（位 0），最高位称为第 7 位（位 7）。通常存储器中的一个存储单元的容量为一个字节，在微型计算机中信息大多是以字节形式存放的。信息以单、双字节形式在存储器中的存储如图 1-10 所示。

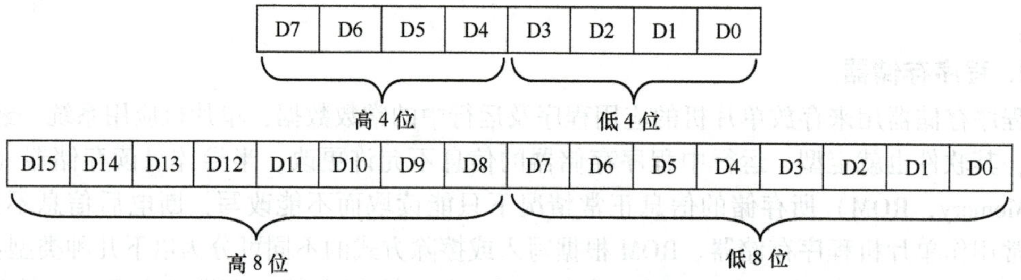

图 1-10 单、双字节形式在存储器中的存储

（3）存储单元 存储器是由大量寄存器组成的，其中每一个寄存器称为一个存储单元，一个存储单元又由若干位组成。一个存储单元一般为 4 位或 8 位，每一个位可以存储一位二进制数据。

（4）存储器容量　指在一块芯片中所能存储的二进制信息位数，容量单位有 bit、Byte 以及较大的单位 KB、MB 和 GB。换算关系如下：

1Byte = 8bit

$1KB = 2^{10}B = 1024B$

$1MB = 2^{10}KB = 1024KB$

$1GB = 2^{10}MB = 1024MB$

例如，8K×8 位的芯片，能存储 $8\times1024\times8 = 65536$ 位信息，存储容量为 8KB。

4. 存储器读写原理

在存储器中有很多存储单元，为使存入和取出时不发生混淆，必须给每个存储单元一个唯一的固定编号，这个编号就称为存储单元的地址，地址码由十六进制数表示。可以通过地址码访问某一存储单元。一般一个存储单元为一个字节，对应一个地址。

存储器芯片有数据总线、地址总线及必要的控制信号线。数据总线一般与存储单元的二进制数据位数相同，如果存储单元为 8 个位空间，则数据总线为 8 根。典型的存储器结构如图 1-11 所示。

探究存储器读写过程

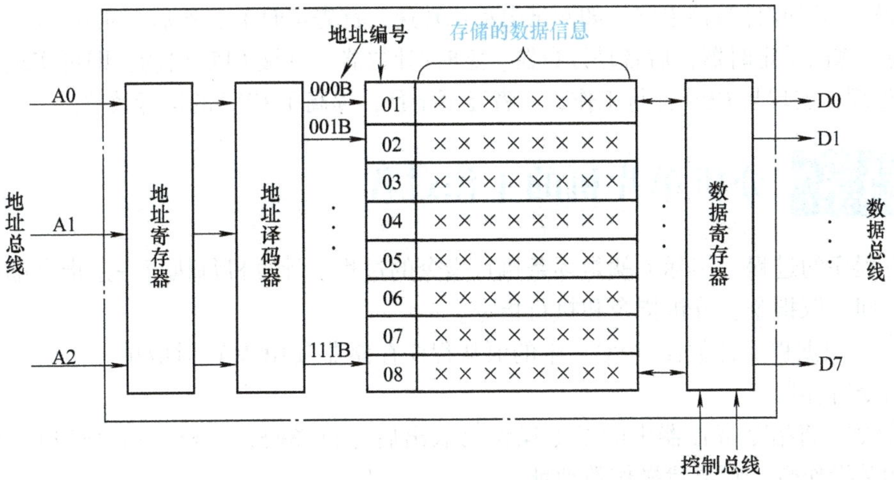

图 1-11　典型存储器结构

因为存储单元数量很大，为了减少存储器向外引出的地址线，在存储器内部都带有译码器。根据二进制编码译码的原理，n 根地址线可以区别 2^n 个地址编号。

例如，对于 16 位地址线的微型计算机系统来说，所能访问的最大地址空间为 2^{16} 个存储单元，而该系统每个单元可存储 1 个字节数据，所以能访问 64KB 数据。64KB 存储空间的地址范围是 0000H～FFFFH，第 0 个字节的地址为 0000H，第 1 个字节的地址为 0001H，…，第 65535 个字节的地址为 FFFFH。

对存储器的访问操作主要有两个，分别为读（取）和写（存）。对存储器某存储单元访问的工作过程为：

1）CPU 向存储器地址总线发送某存储单元的地址码。

2）某存储单元被选中，处于待命状态。

3）CPU 向存储器发送读或写的控制信号，确定读写性质。

4）如果计划向存储单元写数据，则 CPU 将要写入的信息发送到数据总线上，被选中的存储单元从数据总线接收信息；如果 CPU 计划读取信息，则存储单元自动将其内部信息传输到数据总线等待 CPU 读取。

1.3.4 输入与输出的通道——I/O 口

I/O 口是 CPU 与外界交换信息的数据通道，根据信号传输的形式可分为并行 I/O 口和串行 I/O 口两类。

（1）并行 I/O 口　单片机通过并行 I/O 口，允许 CPU 与外部交换信息时一次传递多位二进制数据，一般 8 根 I/O 线为一组，同时传输 8 个二进制位（0 或 1）。

（2）串行 I/O 口　串行 I/O 口一次只传递一位二进制信息，速度较慢，但其最大优点是通信线路少，只需 1 ~2 根传输线即可。单片机往往用串行 I/O 口和某些远程设备进行通信（大于 30m 时），或者和一些特殊功能的器件相连接。

1.3.5 记录时长与数量的器件——定时/计数器

定时/计数器在实际中应用非常广泛，单片机往往需要精确地定时或对外部事件进行计数，因而在其内部设置了定时/计数器电路。如测试电动机转速，首先定时 1s，然后记录这 1s 内电动机的转数，前者靠的是定时器，后者是计数器。定时/计数器一旦被 CPU 启动，即可实现定时/计数的自动处理，实现与 CPU 并行工作，二者互不干预，提高了 CPU 的运行效率。

学习任务 1.4 分析单片机的工作过程

单片机执行程序的过程，实际上就是逐条执行指令的过程。计算机每执行一条指令都可分为三个阶段，即：取指令、分析指令和执行指令。

（1）取指令　根据程序计数器（PC）中的值从程序存储器（ROM）对应单元中读出现行指令，送到指令寄存器。

（2）分析指令　将指令寄存器中的指令操作码取出后进行译码，分析其指令性质，如指令需要读取相关操作数，则寻找操作数地址。

（3）执行指令　按照分析指令的预期结果完成指令功能。

后续指令逐条地重复上述操作过程，直至遇到停机指令或循环等待指令。

★**开发提示：**单片机中的程序一般都已事先通过写入器固化在内部或外部程序存储器中，因而一开机即可自动执行指令。

学习任务 1.5 探究单片机的主要品种系列

现在全世界单片机品种总量已超过 10000 种，流行系列结构有近 30 种，其中仅 MCS - 51 系列就占了近十分之一，生产此种系列单片机的厂家有 90 多家，共计 990 多个衍生产品。

1.5.1　了解单片机的分类

（1）按应用范围分类　可分成专用型和通用型。专用型是针对某种特定产品而设计的，根据需要对单片机内部的硬件资源有所取舍，其外形也有所不同，例如用于体温计的单片机、用于洗衣机的单片机等；通用型是将所有资源提供给用户，适应性强，用户可根据需要对其进行开发。

（2）按字长分类　通用型单片机中，可按字长分为 4 位、8 位、16 位及 32 位单片机。

虽然现在计算机的 CPU 几乎全是 64 位的，但单片机只在航天、汽车和机器人等高技术以及复杂控制领域，以及需要高速处理大量数据时才选用 16 位或 32 位，如今智能手机的 32 位单片机处理器性能远超 8 位单片机，其频率一般在数千 MHz，并且多数属于 8 核左右的处理器。

> ★**开发提示：**由于 8 位单片机在性能价格比上占有优势，因此在未来相当长的时期内，16 位机可能被淘汰，而在一般工业领域，8 位单片机仍是单片机的主流机型。

（3）按生产厂家分类　单片机制造商很多，主要有 Intel、Motorola、Zilog、Philips、NEC、Atmel、AMD、华邦公司等，还有目前逐渐成为国内主流单片机供应商的宏晶科技有限公司。

1.5.2　认识影响深远的 MCS－51 系列单片机

MCS－51 系列单片机是 Intel 公司 1980 年推出的高档 8 位机，在众多通用 8 位单片机中，其影响最为深远。

1. MCS－51 单片机典型产品

包括三种典型基本产品：8031（片内无程序存储器）、8051 和 8751。

三种芯片只是在程序存储器的形式上不同，在结构和功能上都一样，特点如下：

（1）8031　片内无程序存储器，片外扩展 EPROM 后相当于一片 8751，应用较灵活。

（2）8051　片内含 4KB 的 ROM，ROM 中的程序是由单片机芯片生产厂家固化的，适用于大批量生产的产品。

（3）8751　片内含 4KB 的 EPROM，开发人员将程序用开发机或编程器写入其中。

2. 51 子系列和 52 子系列

Intel 公司的 MCS－51 系列单片机共有十几种芯片，分 51 子系列和 52 子系列，其中 51 子系列属于基本型，52 子系列属于增强型。两子系列芯片内核和外部封装完全相同，后者较前者只是在定时/计数器、中断源、内部 RAM 和 ROM 的数量上有所增加，见表 1-1。

Intel 公司后来将其 MCS－51 系列中的 8051/80C51 内核使用权以专利互换或出售形式转让给世界许多著名 IC 制造厂商，如 Philips、NEC、Atmel、AMD 和华邦公司等，这些公司在保持与 MCS－51 单片机兼容的基础上改善了其许多特性，同样的一段程序，在各单片机厂家的硬件上运行的结果都是一样的。这样，MCS－51 系列单片机就变成有众多制造厂商支持的、发展出上百个品种的大家族，统称为 MCS－51 系列。一直到现在，MCS－51 内核系列兼容的单片机仍是应用的主流产品（如流行的 89S51 和 89C51 等），各高校的教材仍以 MCS－51 单片机作为代表进行理论基础学习。

表 1-1 MCS-51 系列单片机分类

子系列	内部 ROM 形式				内部 ROM 容量/KB	内部 RAM 容量/B	定时/计数器	中断源
	无	ROM	EPROM	E^2PROM				
MCS-51 子系列	8031	8051	8751	8951	4	128	2×16	5
	80C31	80C51	87C51	89C51				
MCS-52 子系列	8032	8052	8752	8952	8	256	3×16	6
	80C32	80C52	87C52	89C52				

3. 单片机芯片半导体工艺

表 1-1 中芯片型号中带有字母"C"的，为 CHMOS 芯片，其余均为一般的 HMOS 芯片。CHMOS 除保持了 HMOS 高速度和高密度的特点之外，还具有 CMOS 低功耗的特点。例如 8051 的功耗为 630mW，是 80C51 功耗的五倍多。在便携式、手提式或野外作业仪器设备上，低功耗是非常有意义的，现今流行的单片机芯片大都采用 CHMOS 工艺。

4. 内部存储器配置形式

MCS-51 单片机内部程序储器有以下几种配置形式：无 ROM、掩膜 ROM、EPROM、E^2PROM和 Flash 型。不同配置形式对应不同单片机芯片，各有特点，也各有其适用场合，在使用时应根据需要进行选择。一般情况下，片内带掩膜 ROM 适用于定型大批量应用产品的生产；片内带 EPROM 适合于研制产品样机；外接 EPROM 的方式适用于研制新产品；E^2PROM和 Flash 型可反复电擦除改写，使用方便，为现今使用的主流。

1.5.3 熟知应用广泛的 89 系列单片机

89 系列单片机与 MCS-51 系列单片机的指令和引脚完全兼容，是目前市场占有率第一的单片机芯片，已成为用户的首选主流机型，主要特征是采用了可反复电擦除改写的内部程序存储器。市场上主要有 Atmel 公司的 AT89 系列和 Philips 公司的 P89 系列单片机，两公司的产品类似。另外华邦公司等也在生产完全兼容的 89 系列芯片。

AT89 系列单片机产量最大，派生产品较多，应用最广泛。AT89 系列单片机可分为标准型、低档型和高档型三种类型。AT89 系列单片机概况见表 1-2。

表 1-2 AT89 系列单片机概况

型号	AT89C51	AT89C52	AT89C1051	AT89C2051	AT89S8252
档次	标准型		低档型		高档型
Flash/KB	4	8	1	2	8
内部 RAM/KB	128	256	64	128	256
I/O/根	32	32	15	15	32
定时/计数器/个	2	3	1	2	3
中断源/个	5	6	3	6	9
串行接口/个	1	1	1	1	1
M 加密/级	3	3	2	2	3
片内振荡器	有	有	有	有	有
E^2PROM/KB	无	无	无	无	2

1. 标准型

主要有 AT89C51、AT89LV51、AT89C52、AT89LV52、AT89C55、AT89LV55 6 种型号，与 MCS - 51 系列单片机兼容，说明如下：

1）6 种型号中 AT89C51 是一种基本型号，它在 80C51 基础上增强了许多特性，最优秀的是由可重复电擦除改写的 Flash（至少可改写 1000 次）存储器取代了原来的一次性写入 ROM。

2）AT89LV51 是一种能在低电压范围工作的改进型，可在 2.7 ~ 6V 电压范围工作，其他功能和 89C51 相同。

3）AT89C52 是在 Intel 公司 80C52 内核基础上采用了 Flash 存储器。

4）AT89LV52 是 AT89C52 的低电压型号，可在 2.7 ~ 6V 电压范围内工作。

5）AT89C55 与 AT89C52 相比 Flash 存储器容量增加为 20KB。

6）AT89LV55 是 AT89C55 的低电压型号，可在 2.7 ~ 6V 电压范围内工作。

2. 低档型

低档型产品的基本部件结构和 AT89C51 差不多，只是 I/O 端口数目、内部存储器等少些，如 AT89C1051、AT89C2051 外部引脚均只有 20 个，其外形更为小巧。AT89C2051 实物如图 1-12 所示。

图 1-12　AT89C2051 实物

3. 高档型

在标准型的基础上增加了一些功能，形成了 AT89S 系列的高档型产品，如 AT89S51、AT89S52 及 AT89S8252 等。主要特点是在可重复电擦除改写的 Flash 存储器基础上增加了在线编程（In-System Programming，ISP）和看门狗功能。

AT89S51 可使用户很方便地进行程序的在线反复擦除改写操作，在工艺上进行了改进，成本大大降低，而功能却大大提升，成为了当前实际应用市场上的主流产品。目前 Atmel 已经停产 AT89C51，不再接收订单。由于 Atmel 前期生产的巨量库存以及部分公司仍在生产，所以市场上 AT89C51 还有很多，应用依然广泛。

AT89S51 可以向下完全兼容早期的 MCS - 51 系列兼容产品，相对于 AT89C51 性能也有了较大提升，但价格基本不变，甚至比 AT89C51 更低。AT89S51 新增加了很多功能，主要有：

1）新增在线编程功能，优势在于可以直接通过串行口改写单片机存储器内的程序，不需要将芯片从工作环境中剥离，是一个强大易用的功能。

2）AT89C51 的极限工作频率是 24MHz，AT89S51 最高工作频率为 33MHz，计算速度更快。

3）具有双工 UART 串行通道。

4）内部集成看门狗计时器，不再需要像 AT89C51 那样外接看门狗计时器单元电路。

5）双数据指示器。

6）电源关闭标识。

7）全新的密算法，AT89S51 程序的保密性大大加强，可有效保护知识产权不被侵犯。

1.5.4　了解 STC 系列增强 8051 单片机

宏晶科技公司推出的新一代超强抗干扰、高速、低功耗的 8051 内核单片机，其市场占有率越来越大，指令代码完全兼容传统的8051，速度快8～12倍，无须使用昂贵编程器，只需一根普通下载线即可下载程序。内部集成MAX810专用复位电路，集成4路PWM、8路高速10位A－D转换，可使用于电动机控制、强干扰场合。宏晶科技公司出品的STC11L60XE单片机实物如图1-13所示。

图1-13　STC11L60XE单片机实物

学习任务1.6　掌握单片机应用系统的开发流程

单片机实质上是一个硬件芯片，其应用属于典型的芯片级嵌入式系统应用。单片机通常很难直接和被控对象进行电气连接，必须外加各种扩展接口电路、外围设备、被控对象等硬件，以及配备适当的软件系统才能构成一个单片机应用系统，如图1-14所示。

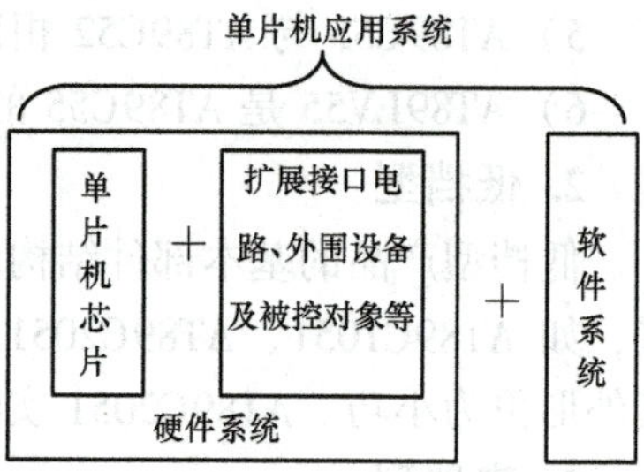

图1-14　单片机应用系统的组成

1.6.1　理解单片机的程序设计语言

单片机程序可以用机器语言、汇编语言和高级语言三种语言来编写。

1. 机器语言

机器语言是指以二进制数码表示指令和数据的一种语言，可直接被CPU所识别。用机器语言构成的程序称之为目标程序。

不同的微处理器，其指令系统的代码不同，用一种微处理器的指令系统编制的程序，放在另一种微处理器上就无法运行，所以机器语言是一种面向机器的语言。

> ★**开发提示：**机器只能识别机器码，即机器语言，所以用其他任何语言编写的程序最后都要转换成机器语言，才能送入CPU执行运算。

2. 汇编语言

汇编语言是以助记符代替机器指令的一种语言，目的是使指令容易阅读且直观易记。每条指令助记符写成一行，包括操作码和操作数。

用汇编语言写成的程序还只能称为源程序，执行之前要转换成以机器语言表示的目标程序。这种转换可用计算机的汇编软件自动完成，也可通过手工查表翻译完成。由于汇编语言的每条指令总是与相应的机器指令对应，所以汇编语言也是面向机器的语言。

> ★**开发提示：**汇编语言程序泛指用汇编语言编写出来的程序，而汇编程序则是一个专用程序，其专门用于将以汇编语言形式写出来的源程序转换为机器语言形式的目标程序。

3. 高级语言

高级语言是一种面向过程的语言，也就是使用此种语言只需要考虑解题的过程，而不必考虑使用的是什么机器。高级语言与计算机的种类及结构都无关，所使用的词和语句都尽量采用常用的单词、数学符号和表达式，用起来比较方便，如 BASIC、C、PASCAL 等语言。

显然高级语言更加直观易懂，但建议读者还是要从汇编语言学起，这是因为：

1）在功能相同的条件下，用汇编语言源程序比用高级语言源程序所生成的目标程序更简洁，运行速度更快，占用的存储单元更少。

2）最重要的是，通过汇编指令可直接控制单片机各硬件单元或寄存器，有助于深入学习单片机硬件资源，使学习更为扎实。

1.6.2　理解单片机开发系统（仿真机）

根据具体任务设计好硬件连接后，用单片机完成某项任务，还需要将操作步骤按照单片机所能识别的信息形式编成程序，将程序连同原始数据存入单片机的程序存储器，在程序控制下，单片机才能自动进行各种操作和运算。系统开发过程大体包括硬件系统设计、程序设计、仿真调试和程序固化四个步骤。单片机所有的软硬件调试都需要借助专门的开发工具，通常是一台 PC 配以特殊的硬件和调试软件，称为单片机开发系统或仿真机。借助开发系统可生成目标程序、排除目标系统中的软硬件故障，并可将程序固化到单片机中。

1.6.3　熟知单片机常用开发方法

目前常采用的单片机开发方法有在线仿真开发、离线仿真开发和 ISP 等方法。

1. 在线仿真开发

在线仿真开发是指将要开发的产品（用户系统）硬件做好并检查无误后，将单片机从用户插座上拔掉，以仿真机当作虚拟的单片机连接到用户插座，根据需求在仿真机中设计应用程序的方法。

首先利用仿真机对提供给用户的系统软硬件进行设计调试（称为仿真），然后试运行，若满足设计要求，则程序设计完成，不满足则继续在仿真机中修改。程序调试好后，取下仿真机，将程序固化到用户系统的单片机程序存储器中，将单片机插入用户插座，开发结束。一般的仿真器自带程序固化功能，也可使用单独的编程器固化。通用单片机仿真开发系统如图 1-15 所示。一般的仿真开发箱（图 1-15c、d）都可附带仿真器（图 1-15b），开发箱中配了常用外围芯片器件，可完成很多试验。

图 1-15a 中将仿真电缆（即 40 芯扁平线）的一头连接仿真器，另一头通过仿真头插入用户系统的单片机插座（注意不要插反），即 89C51 的 +5V（40 脚）通过此插座及扁平线与开发系统的 +5V 相连，89C51 的地端（20 脚）与开发系统的地线相连。然后连接好电源线，通过通信线与计算机相连，在计算机上装好与仿真器配套的软件，即可在线仿真。

在整个仿真系统中，最关键的是仿真器，其作用是完全取代用户单片机，通过个人计算机对其进行开发，随时可以将修改后的程序利用仿真头在硬件系统中运行测试，非常方便，但在线仿真器较贵。国内单片机开发系统已经很成熟，一般都具有以下基本功能：

1）对硬件系统电路诊断与检查功能。

2）程序输入、编辑、修改、保存、转储及打印功能。

3）用户程序的运行调试功能。

4）用户程序的汇编、反汇编及固化程序功能。

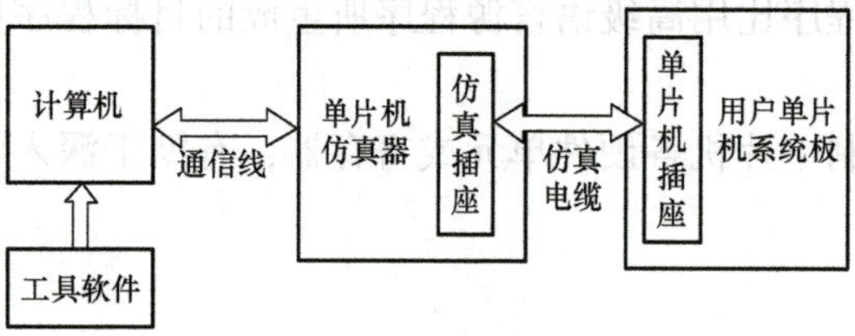

a) 单片机仿真开发系统框图

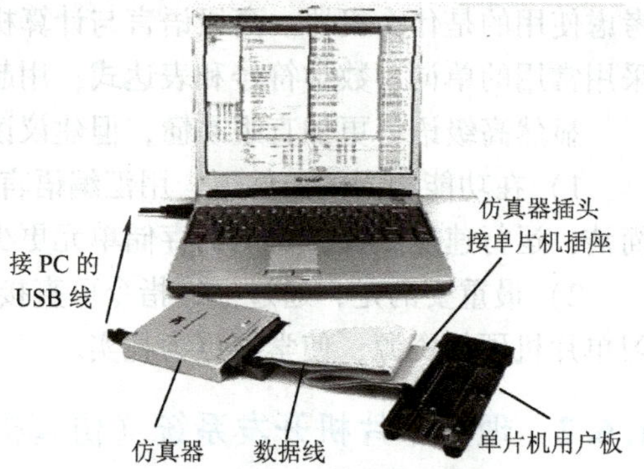

b) 仿真器实物

c) 单片机仿真开发箱1

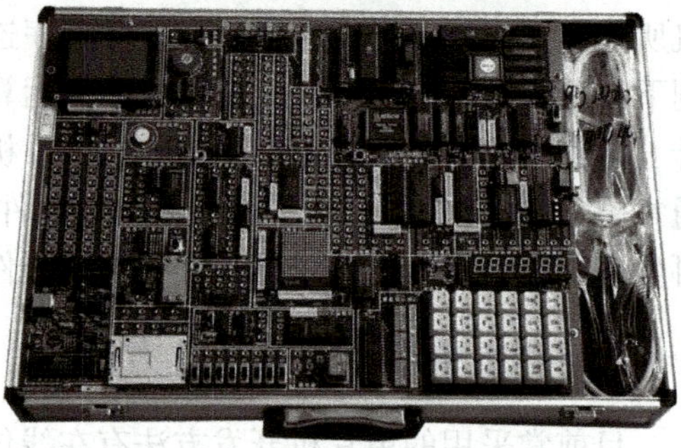

d) 单片机仿真开发箱2

图 1-15 通用单片机仿真开发系统

2. 离线仿真（软件仿真）开发

对于接口电路较多的系统，又无实时在线开发设备时，可先设计好硬件电路，即做好印制电路板或搭接好电路，在个人计算机的仿真软件中设计好程序，利用一个简易编程器（典型实物见图 1-16）即可将程序固化到单片机芯片中，然后将单片机直接插入硬件电路中试运行，如有问题，拔下单片机重新固化修改后的程序，如此反复，直至成功。

此方法成本低，简易可行，快速直接，适用带 Flash 存储器的芯片，如 89C51。但硬件故障需等单片机插入硬件系统经反复测试后才能发现。

图 1-16 典型的简易编程器

1—接 PC 的 USB 口 2—接 PC 的串行口

3—固化芯片插座 4—被固化的单片机芯片

> ★**开发提示**：编写单片机程序、编译（或汇编）程序需要编程软件，向芯片固化程序需要下载（固化）软件，有的软件还可将编程、编译（或汇编）、下载（固化）集于一身。

3. ISP 开发

普通的编程器、仿真器或开发箱成本高，价格从上百元到几千元不等。另外在开发过程中，程序每改动一次就要拔下电路板上的单片机芯片，编程后再插上，也比较麻烦。

对于可在线编程的单片机（如 AT89S 系列），可利用其串行口对内部的程序存储器进行编程，不需要编程器。单片机可以直接焊接到电路板上，同个人计算机相连后，通过 ISP 程序可将用户事先编好的程序直接写入内部程序存储器中，然后运行调试，有问题时可在个人计算机上修改程序，重新下载，调试结束即为成品。通过 ISP 甚至可以远程在线升级单片机中的程序，使单片机应用系统的设计、生产、维护、升级等环节都发生了深刻的变革。典型 ISP 下载程序的单片机实验系统如图 1-17 所示。

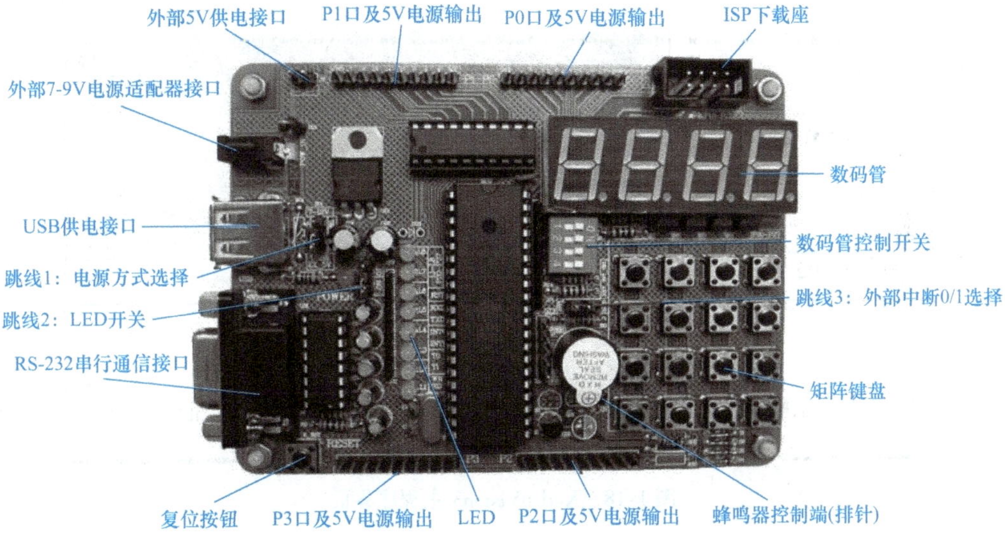

图 1-17　典型的 ISP 下载程序的单片机实验系统

★**开发提示：** 带 ISP 功能的单片机可省去编程器，自制一条 USB 转串口的通信线（请查相关资料）直接与 PC 联机传程序，可免去插拔芯片烧录的麻烦。通过 ISP 甚至可远程在线升级单片机程序。

学习任务 1.7　学习使用单片机编程与仿真软件

1.7.1　使用单片机 Keil C51 软件进行编程

不论何种开发，均需编写用户程序，并经编译（翻译成机器码）最终固化到单片机存储器中。编程软件不但提供编程的环境，还可将单片机程序转换成可直接识别的机器语言。

Keil C51 软件是德国开发的一个 MCS－51 单片机开发平台，是众多单片机应用开发的优秀软件之一，支持汇编语言、PLM 语言和 C 语言程序设计，不仅提供程序编辑功能，还可以完成软硬件仿真，易学易用，用户群极为庞大。Keil C51 比较稳定的版本是 Keil C51 V8.08（Keil uVision3），并且已有汉化版。

1. 工程的建立

在桌面上双击 Keil uVision3 图标启动主程序，界面包括菜单栏、工具栏、源文件编辑窗口、工程管理窗口和输出窗口五部分，如图 1-18 所示。

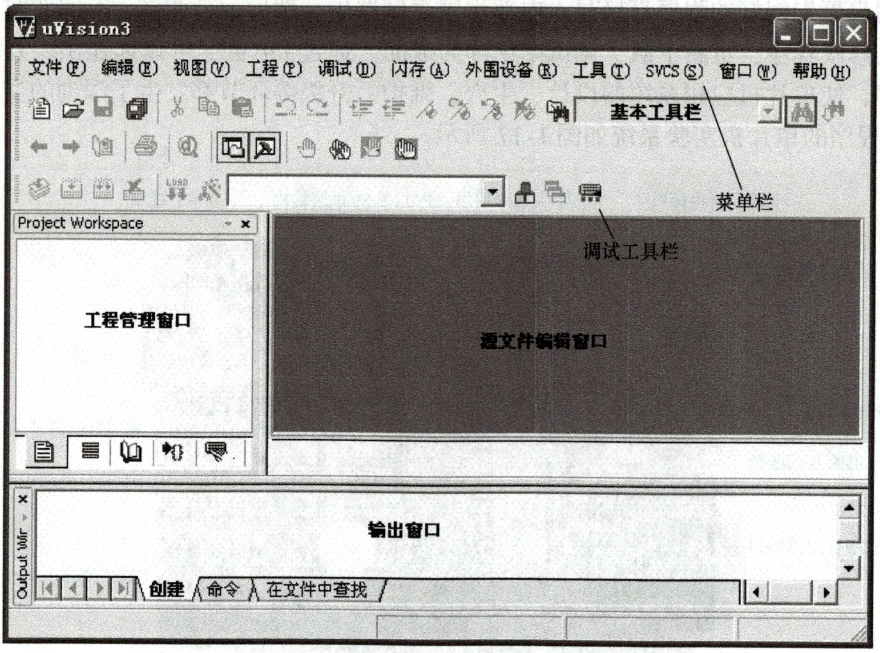

图 1-18 Keil uVision3 主程序界面

（1）源文件的建立 使用菜单“文件→新建”或者单击工具栏的新建文件按钮，即可在源文件编辑窗口处打开一个新的文本编辑窗口，在该窗口中输入以下汇编语言源程序。

```
        ORG    0000H
        AJMP   MAIN
        ORG    0050H
 MAIN:  MOV    A,#0FEH
   LP:  MOV    P1,A
        RL     A
        LCALL  DELAY
        AJMP   LP
DELAY:  MOV    R7,#200
   D1:  MOV    R6,#200
        DJNZ   R6,$
        DJNZ   R7,D1
        RET
        END
```

保存文件，必须加上扩展名（汇编语言源程序一般用 asm 或 a51 为扩展名），例如将文件保存为“lianxi. asm”。

（2）工程文件的建立　在项目开发中，不仅需要一个源程序，还要为此项目选择 CPU（Keil 支持数百种 CPU，且 CPU 特性并不完全相同），确定编译、汇编、连接的参数，指定调试方式，有些项目还会由多个文件组成。Keil 使用“工程”这一概念，将这些参数设置和所需的所有文件都放在一个工程中，只能对工程而不能对单一的源程序进行编译（汇编）和连接等操作。

单击“文件→新建→新建工程”菜单，在出现的保存对话框中输入“lianxi”作为工程名，不需要加扩展名，单击保存。之后弹出选择目标 CPU 对话框，如图 1-19 所示，在此单击“Atmel”前面的“+”号，展开该层，单击其中的“AT89C51”，再单击“确定”按钮回到主界面。此时，在工程窗口的文件页中，出现了“目标 1”，单击其上的“+”号展开，可看到下层的“源代码组 1”。

此时是一个空工程，需要手动将刚才编写好的源程序加入，右击“源代码组 1”，出现一个下拉菜单，如图 1-20 所示。选中其中的“添加文件到组‘源代码组 1’”后，出现一个对话框，要求寻找源文件。注意，该对话框下面的“文件类型”默认为 C source file（*.c）文件，而汇编文件以 asm 为扩展名，单击“文件类型”下拉列表，选中“Asm Source File（*.a51，*.asm）”，然后在列表框中即可找到“lianxi. asm”文件，双击将其加入项目。

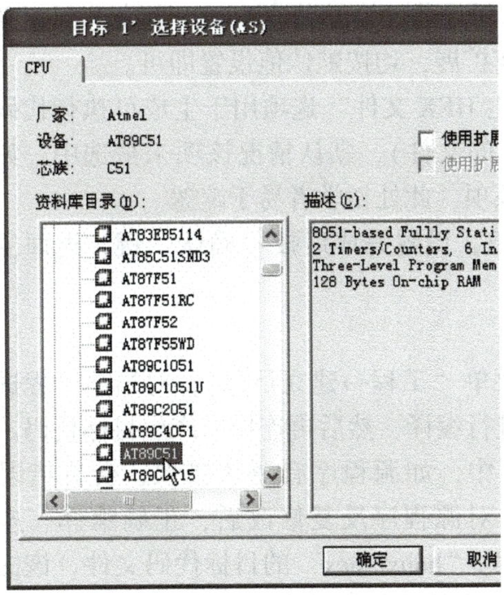

图 1-19　选择目标 CPU

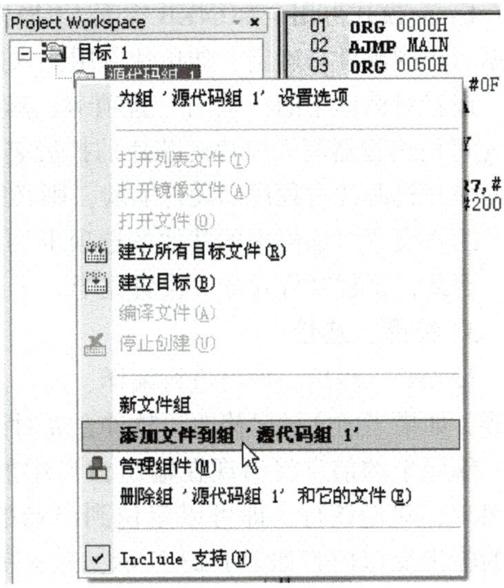

图 1-20　添加文件

注意： 文件加入项目后对话框并不消失，等待继续加入其他文件，但初学者常误认为操作没有成功而再次双击同一文件，这时会出现“重复加入文件”的提示，应单击“确定”返回前一对话框，然后单击“关闭”即返回主界面，然后单击“源代码组 1”前的“+”号，会发现“lianxi. asm”文件已在其中，双击文件名即打开该源程序。

2. 工程的详细设置

工程建立好后还要对工程进行进一步设置，以满足要求。

右击工程管理器窗口的“目标 1”，如图 1-21 所示，在下拉菜单中单击“为目标‘目标

1’设置选项”，即出现工程设置对话框，此对话框共 11 个选项卡，比较复杂，但绝大部分设置项取默认值即可。

单击工程设置对话框的“项目”选项卡，如图 1-22 所示，晶振频率默认值是所选 CPU 的最高可用频率，AT89C51 是 24MHz，该值与最终的目标代码无关，仅用于软件模拟调试时显示程序执行时间，一般将其设置成硬件所用晶振频率或默认值。

图 1-21　工程管理对话框

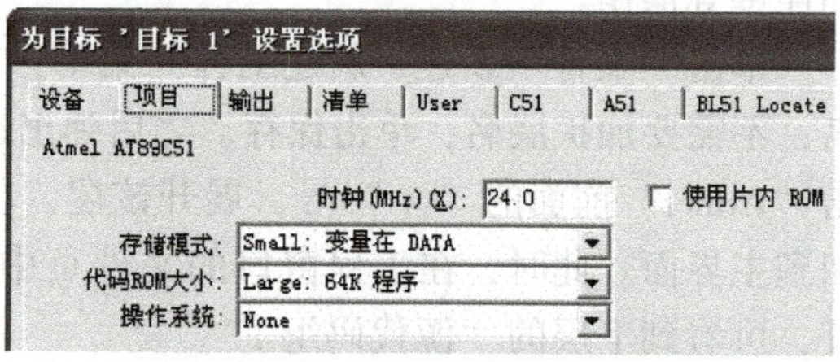

图 1-22　“项目”选项卡

“存储模式”用于设置 RAM 使用情况，有三个选择项：Small 是所有变量都在单片机的内部 RAM 中；Compact 可使用一页外部扩展 RAM；Large 则是可使用全部外部扩展 RAM。“代码 ROM 大小”用于设置 ROM 空间的使用类别，即：Small 模式只用小于 2KB 的程序空间；Compact 模式单个函数（子程序）代码量不能超过 2KB，整个程序可使用 64KB 程序空间；Large 模式可用全部 64KB 空间。“操作系统”项通常用默认值：None。其余选择项必须根据所用的硬件来确定，如单片应用，未进行任何扩展，均按默认值设置即可。

设置对话框中的“输出”选项卡，其中“产生 HEX 文件”选项用于生成可执行代码文件（可用编程器写入单片机芯片的扩展名为 HEX 的文件），默认情况该项未被选中，如要做向单片机芯片写程序的硬件实验，则必须选中该项，此处初学者易于疏忽。

工程设置对话框中的其他各选项卡均取默认值，设置完成后按“确认”键，返回主界面。至此，工程文件建立、设置完毕。

3. 编译、连接

设置好工程后，即可进行编译、连接。选择菜单“工程→建立目标”，对当前工程进行连接，如果当前文件已修改，软件会先对该文件进行编译，然后再连接以产生目标代码。

编译中的信息将出现在输出窗口中的创建页中，如源程序有语法错误，会有错误报告出现，双击该行，即可以定位到出错的位置，对源程序反复修改后，正确编译、连接后的输出窗口内容如图 1-23 所示，提示获得了名为“lianxi. hex”的目标代码文件。该文件即可被编程器读入并写到芯片中，同时还产生了一些其他相关的文件，可被用于 Keil 的仿真与调试。

图 1-23　正确编译、连接后的输出窗口内容

1.7.2　学习 Proteus 电路分析与仿真软件操作

Proteus ISIS 是英国 Labcenter 公司开发的电路分析与实物仿真软件，具有模拟电路仿真、数字电路仿真、单片机及其外围电路组成的系统的仿真、RS－232 动态仿真、I^2C 调试器、SPI 调试器、键盘和 LCD 系统仿真的功能，有各种虚拟仪器，如示波器、逻辑分析仪、信号发生器等。结合编程开发软件（如 Keil C51 软件），能够对单片机应用系统进行仿真和调试。

1. 工程的新建与保存

双击桌面上的图标（如图 1-24a 所示）打开软件，或在“开始”菜单查找“Proteus 7 Professional”（如图 1-24b 所示），双击打开该文件图标在其中找到 ISIS 7 Professional 图标，单击也可打开软件。

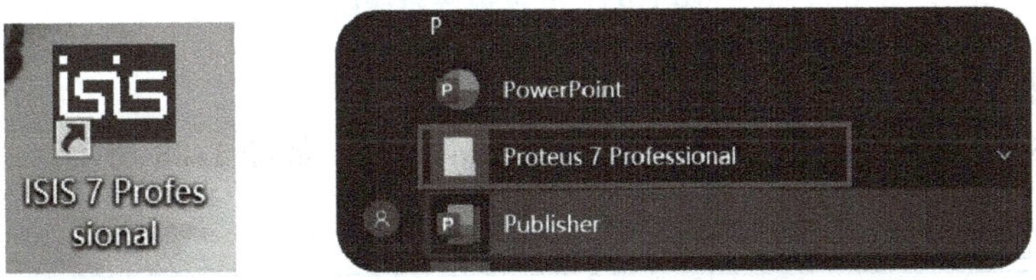

a) 桌面图标　　b) 开始菜单项

图 1-24　Proteus 软件图标

打开 Proteus ISIS 7.8 后跳出窗口如图 1-25 所示，先勾选右下角“Don't show this dialogue again?”，再单击“No”。

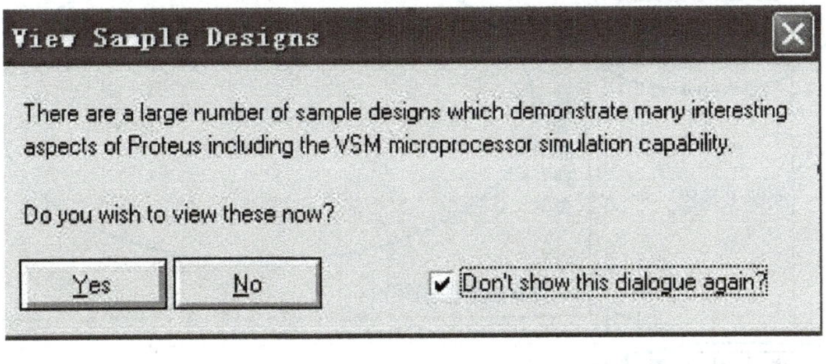

图 1-25　Proteus 软件打开后跳出的窗口界面

软件打开后，如图 1-26 所示为 File 下拉菜单。单击“New Design”新建工程文件。单击“Open Design”打开工程文件，查找到文件的保存路径，选择相应文件即可打开工程文件。单击“Save Design”打开文件保存对话框，如图 1-27 所示，选择文件保存路径，输入文件名称，单击“保存”即可保存工程文件。单击“Save Design As”将工程文件另存为其他名称和路径。单击“Save Design As Template”将工程文件保存为模板。

图 1-26　File 下拉菜单

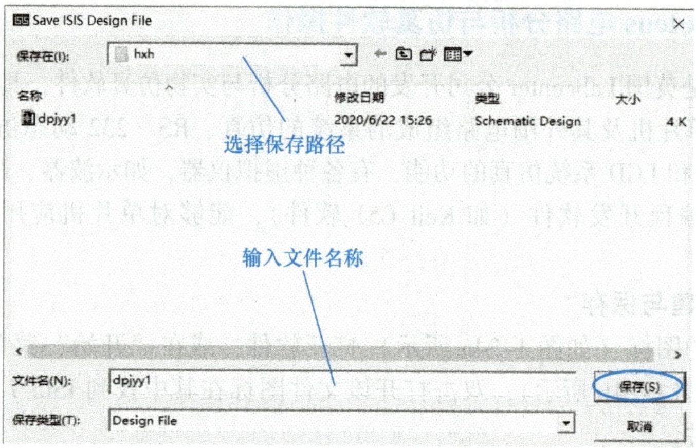

图 1-27 文件保存对话框

2. 图形绘制界面

Proteus ISIS 的工作界面是一种标准的 Windows 界面，如图 1-28 所示。

图 1-28 Proteus 软件绘图界面

3. 电路图绘制

（1）添加元器件列表 在绘制电路图前要先添加元器件到元器件列表中，单击图 1-29 中的“P”打开元器件库对话框“Pick Devices”，在“Keywords”下的框内输入元器件名称，按“Enter”即可检索到相应的元器件，选中该元件双击即可将该元件添加至元器件列表中。

（2）绘制电路图 绘制电路图时，在元器件列表中单击选中相应的元器件，将光标在绘图区域单击即可呈现出图 1-30 所示的状态 1，移动光标元器件跟随光标移动，在合适的位置单击即可将元器件放置于单击位置，呈现图 1-30 所示状态 2。需要其他元器件时，在元器件列表中选中相应的元器件，并将其放置在绘图区域即可。

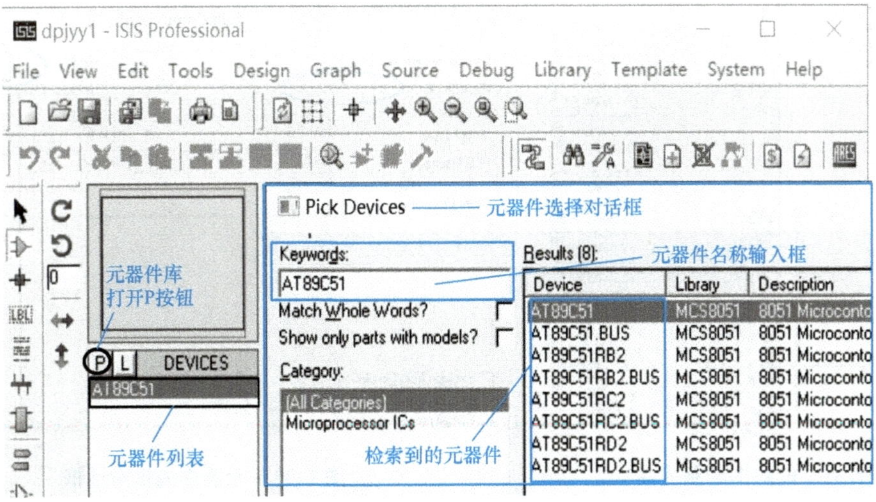

图 1-29　元器件选择对话框

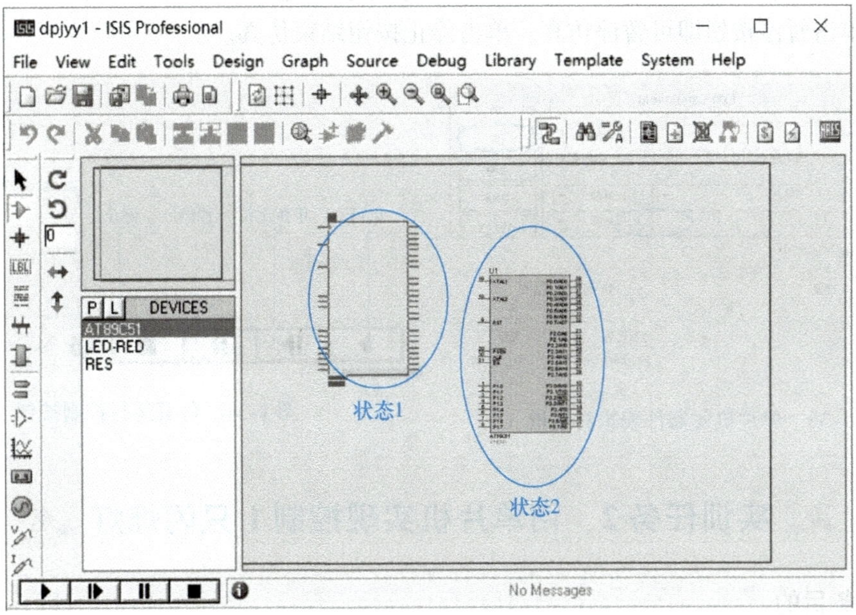

图 1-30　元器件放置

元器件放置好后，将光标放置于连线的一端单击，再在连线的另一端单击即可完成一条连线。重复连线操作可完成电路图绘制，如图 1-31 所示。

有时还需修改元器件参数，比如图 1-31 中电阻 R1 阻值太大，则需要修改电阻阻值。选中该元件双击即可打开元器件编辑对话框，如图 1-32 所示。修改电阻值后单击“OK”即可。

4. 程序烧写

单片机应用仿真时，不但需要电路图还需要将程序烧写至单片机中才能实现控制。双击单片机元件，打开单片机元器件编辑对话框，如图 1-33 所示，单击图中的文件夹位置，查到相应的 . HEX 文件，将其添加至单片机中，再单击“OK”即可完成程序烧写。

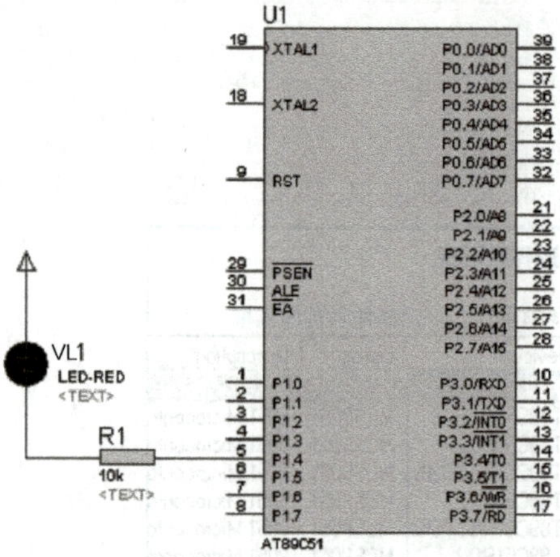

图 1-31 电路图绘制成品

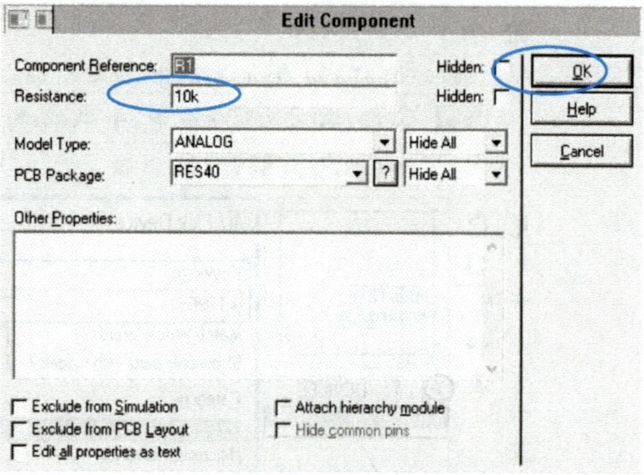

图 1-32 元器件编辑对话框

5. 仿真运行

仿真运行控制按钮在界面下方，如图 1-34 所示，单击运行按钮即可开始仿真，观看仿真结果。单击暂停按钮即可暂停仿真。单击停止按钮结束仿真。

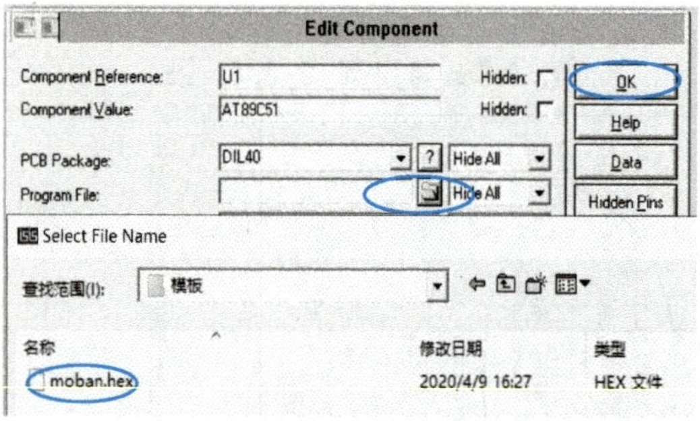

图 1-33 单片机元器件编辑对话框

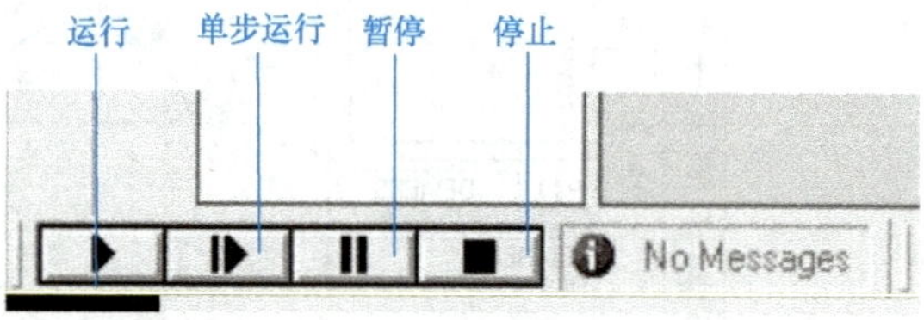

图 1-34 仿真运行控制按钮

实训任务 2 用单片机实现控制 1 只闪烁灯

1. 任务目的

了解单片机应用系统及其开发过程，对单片机控制有一个感性认识。

2. 任务内容

在广告行业中，单片机作为主控芯片得到了广泛应用。在本任务中，要求完成对一个彩灯的闪烁控制。彩灯的闪烁控制电路如图 1-35 所示，在单片机 P1.0 端口接一个发光二极管 VL1，使 VL1 不停地一亮一灭形成闪烁状态。发光 LED 彩灯实物如图 1-36 所示。

3. 任务完成步骤

（1）硬件搭建 按照原理图在万用电路板（分为无焊接面包板和需焊接的孔洞万用电路板，见图 1-37）上搭建，或者在仿真开发实验系统中搭建，也可采用简易实验板代替。搭建的彩灯闪烁控制电路如图 1-38 所示。

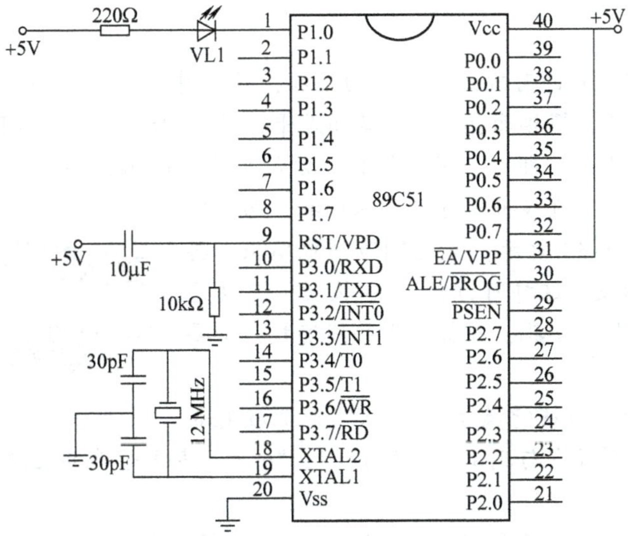

图 1-35　彩灯的闪烁控制电路

用单片机控制 1只闪烁灯电路讲解

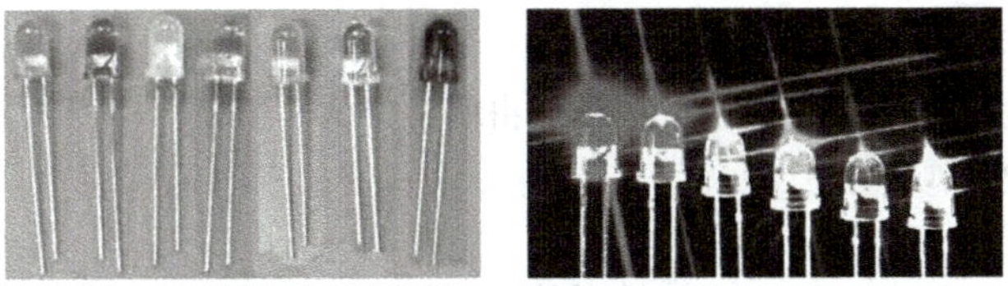

图 1-36　发光 LED 彩灯实物

用单片机控制 1只闪烁灯汇编程序设计

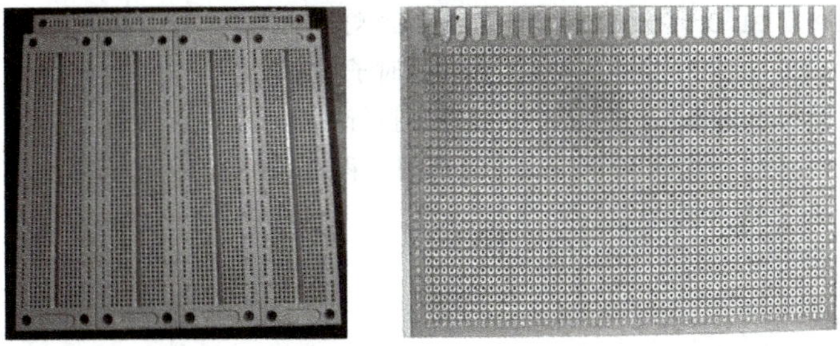

a) 4块组合的无焊接面包板　　b) 需焊接的孔洞万用电路板

图 1-37　万用电路板

a) 采用万用电路板搭建　　b) 采用简易实验板完成

图 1-38　搭建的彩灯闪烁控制电路

★**开发提示：**

1. 万用电路板正面有规则、均匀的插孔，是一种试验快速插接板，一般用其搭建简单电路。使用无焊接面包板时，背面是平行多组相连的铜片，将需要相连的元器件引脚插进同一排小孔即可，不需焊接，方便快捷；使用需焊接的孔洞万用电路板时，多数情况下并不直接将单片机插入小孔，而是将CPU插座（如图1-39所示）先连到万用电路板，再将单片机插入插座，这样可方便CPU拔插。其他元器件引脚可直接插进小孔，在背面用导线连接，必要时焊接。

图1-39 40脚CPU插座

2. 本部分知识与技能属于“1+X”职业技能等级证书“集成电路开发与测试（中级）”的“6.3 简易电子产品装配及调试”的考核范围。

(2) 软件编程 在PC中打开编程软件（如Keil C51或开发系统自带软件），输入参考程序。汇编参考程序如下：

```
          ORG   0000H          ;程序由地址0000H开始
          SJMP  START
          ORG   0030H
  START:  SETB  P1.0           ;关掉LED灯
          LCALL DELAY1S        ;调用延时子程序,如晶振为12MHz则延时1s
          CLR   P1.0           ;点亮LED灯
          LCALL DELAY1S        ;调用延时子程序
          SJMP  START          ;再循环执行一次
DELAY1S:  MOV   R7,#20         ;1s延时子程序
     D1:  MOV   R6,#200
     D2:  MOV   R5,#124
          DJNZ  R5,$
          DJNZ  R6,D2
          DJNZ  R7,D1
          RET
          END
```

★**开发提示：**指令“SETB P1.0”让P1.0引脚输出+5V高电平，关掉LED；而“CLR P1.0”与其相反，可点亮LED。延时子程序具体延时多少和单片机晶振频率有关，此处不必深究，相关计算参见例4-35。

C51参考程序如下：

```
/* 一位LED灯闪烁点亮,将一位LED灯连接至P1.0口,低电平点亮LED灯* /
#include <reg51.h>            //包含头文件
```

用单片机控制1只闪烁灯C51程序设计

```
#define ON 0                 //宏定义,即将低电平 0 用 ON 表示
#define OFF 1                //宏定义,即将高电平 1 用 OFF 表示
sbit LED = P1^0;             //单片机 I/O 引脚位定义,即将 P1.0 引脚定义
为 LED
void delay(unsigned char n)  //延时 n×100ms 函数(也可称为子程序)
{
   unsigned char a,b,c;
   for(c=n;c>0;c--)
      for(b=142;b>0;b--)
         for(a=200;a>0;a--);
}
void main( )                 //主函数
{
  while(1)                   //循环执行 while(1)后{ }内的程序段,实现 LED 灯循环闪烁
                               点亮
  {
    LED=OFF;                 //熄灭 LED 灯
    delay(10);               //保持 LED 灯熄灭 1s
    LED=ON;                  //点亮 LED 灯
    delay(10);               //保持点亮 LED 灯 1s
  }
}
```

（3）编译、仿真调试　将输入的程序编译直至没有错误，生成 . HEX 程序文件。通过软件调试观察 P1. 0 存储单元结果变化是否正确，如果采用仿真开发系统还可在线仿真。

（4）编程下载（烧录固化）　通过编程器、借助下载（烧录固化）软件，将 . HEX 二进制程序文件写入单片机芯片（如 89C51 或 89S51），如采用开发系统支持，可以通过通信线在线写入。

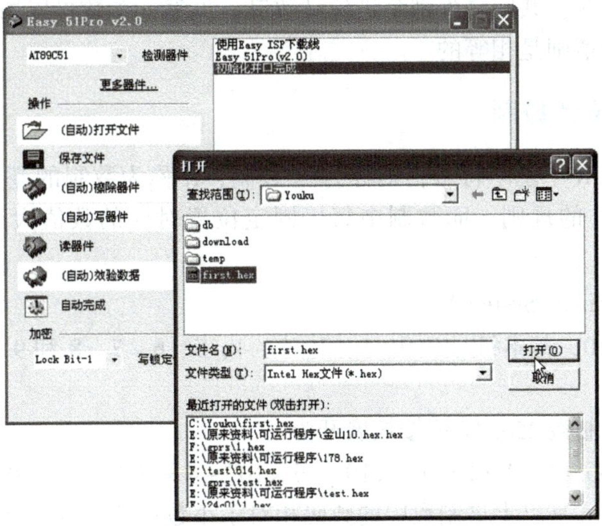

图 1-40　单片机程序烧录固化软件 Easy 51Pro

当前较为实用与流行的单片机程序烧录固化软件为 Easy 51Pro，如图 1-40 所示，使用极其简单。将通信线一端连接单片机编程器，另一端连接 PC，然后利用 Easy 51Pro 程序固化。若重新写入程序，先“擦除器件”后再“写器件”。如采用支持 ISP 下载功能的芯片（如 AT89S52），则较为流行的固化软件为 PROGISP，如图 1-41 所示。不论采用哪种下载软件，都需根据实际单片机芯片选择正确的单片机型号。

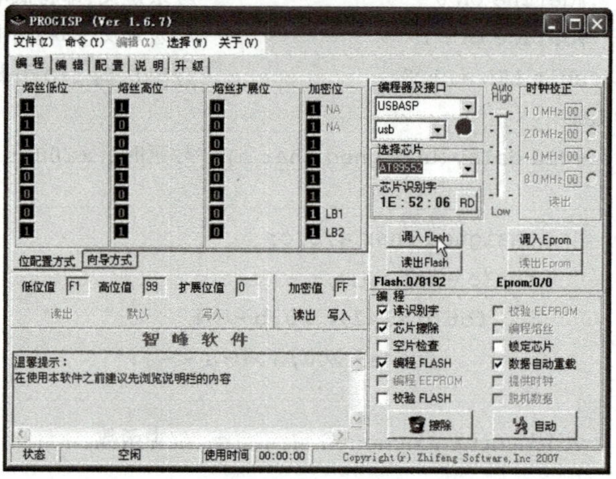

图 1-41 单片机程序 ISP 烧录固化软件 PROGISP

（5）应用系统脱机运行 将编程完成的芯片（如 89C51）插入到硬件电路板对应处或 CPU 插座，接通电源观察效果。若未出现预期效果，则说明硬件连接有问题或者程序编写错误；若属于程序出错，则需要再次返回步骤（2），编辑、修改源程序，再次生成 .HEX 程序文件，通过步骤（4），在固化软件中下载程序，直至成功。

学习任务 1.8 学习数制与码制知识

在计算机中，由于电气元器件最易实现的两种稳定状态为器件的“开”与“关”，以及电平的“高”与“低”，因此采用二进制数的“0”和“1”可以很方便地与其两种状态相对应，从而表示机内的数据运算与存储。

学习数制与码制

计算机内任何复杂的信息都是由 0 和 1 的不同组合形式来表示的。在编程时，为了方便阅读和书写，人们还经常用八进制数或十六进制来表示二进制数。但无论哪种数制，共同之处都是进位计数制。虽然一个数可以用不同计数制形式表示其大小，但该数的量值则是相等的。

1.8.1 常用的进位计数制

如果数制只采用 R 个基本符号，则称为 R 数制，R 称为数制的基数，进位计数制的编码符合“逢 R 进位”的规则。而数制中每一固定位置对应的数值大小称为权，各位的权为 R^n。

1. 十进制（Decimal System）

主要特点：R = 10，基本符号为 0、1、2、3、4、5、6、7、8 和 9。逢 10 进 1，基数为 10，权为 10^n。

例如，一个十进制数 256.47 可按权展开为

$$256.47 = 2\times10^2 + 5\times10^1 + 6\times10^0 + 4\times10^{-1} + 7\times10^{-2}$$

从上式可以看出 n 是以十进制数中的数码相对于小数点的位置来划分的，说明如下：

十进制数：	……		2	5	6	·	4	7		……
n：	……	3	2	1	0		−1	−2	−3	……
权：	……	10^3	10^2	10^1	10^0		10^{-1}	10^{-2}	10^{-3}	……

2. 二进制（Binary System）

主要特点：R=2，基本符号为0和1，逢2进1，基数为2，权为2^n。表示形式为：$(11101)_2$或11101B。推荐用后缀为B的书写形式。

按权展开的形式和十进制相同，具体如下：

二进制：	1	1	1	0	1
权：	2^4	2^3	2^2	2^1	2^0
	16	8	4	0	1

$11101B=1\times2^4+1\times2^3+1\times2^2+0\times2^1+1\times2^0=16+8+4+1=29$

3. 八进制（Octal System）

主要特点：R=8，基本符号为0、1、2、3、4、5、6和7。逢8进1，基数为8，权为8^n。表示形式为：$(1101)_8$或1101O。

4. 十六进制（Hexadecimal System）

主要特点：R=16，基本符号为0、1、2、3、4、5、6、7、8、9、A、B、C、D、E和F。其中，A~F分别对应十进制的10~15。逢16进1，基数为16，权为16^n。表示形式为：$(256B)_{16}$或256BH。推荐用后缀为H的书写形式。

各数制组成对应表见表1-3。

表1-3 各数制组成对应表

八进制	十进制	十六进制	二进制	八进制	十进制	十六进制	二进制
0	0	0H	0000B	11	9	9H	1001B
1	1	1H	0001B	12	10	AH	1010B
2	2	2H	0010B	13	11	BH	1011B
3	3	3H	0011B	14	12	CH	1100B
4	4	4H	0100B	15	13	DH	1101B
5	5	5H	0101B	16	14	EH	1110B
6	6	6H	0110B	17	15	FH	1111B
7	7	7H	0111B	20	16	10H	0001 0000B
10	8	8H	1000B	21	17	11H	0001 0001B

1.8.2 不同数制间如何相互转换

三种数制之间整数如何转换方法如图1-42所示。

1. R进制转换为十进制

基数为R的数字，只要将各位数字与其位权相乘，其积相加，和数就是十进制数。

例1-1 将1101101.0101B转换为十进制数。

$1101101.0101B=1\times2^6+1\times2^5+0\times2^4+1\times2^3+1\times2^2+0\times2^1+1\times2^0+0\times2^{-1}+1\times2^{-2}+0\times2^{-3}+1\times2^{-4}=109.3125$

例 1-2 将 0.2AH 转换为十进制数。

$0.2AH = 2 \times 16^{-1} + 10 \times 16^{-2} = 0.1640625$

当从 R 进制转换到十进制时，可以把小数点作为起点，分别向左右两边进行，即对其整数部分和小数部分分别转换。将二进制数转换为十进制时，只要把数位是 1 的那些位的权值相加，其和就是等效的十进制数。

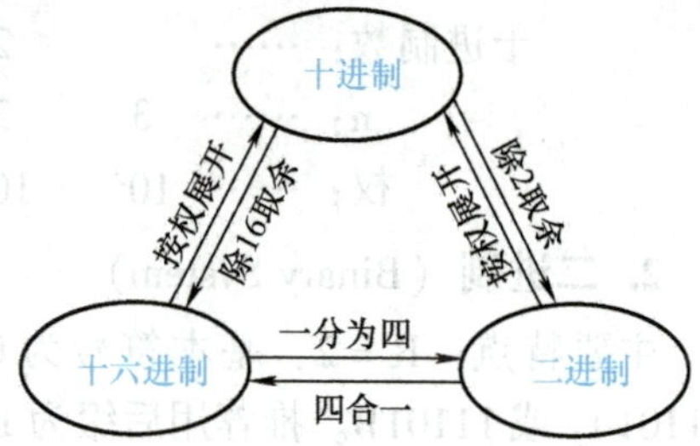

图 1-42 三种数制之间整数的转换方法

2. 十进制转换为 R 进制

将十进制数转换为 R 进制数时，可将此数分成整数与小数两部分分别转换，然后再拼接起来即可实现。

（1）整数转换　可用十进制数连续地除以 R，其余数即为 R 进制数的各位的数码，称之为“除 R 取余法”。

例 1-3 将 $(57)_{10}$ 转换为二进制数。

```
2 | 57                 余数
  2 | 28  ··············1  低位    ↑
    2 | 14 ·············0         高
      2 | 7 ············0         位
        2 | 3 ··········1         到
          2 | 1 ········1         低
              0 ········1  高位    位书写
```

所以，$(57)_{10} = 111001B$。

（2）小数转换　连续地乘以 R，直到小数部分为 0，或达到所要求的精度为止（小数部分有时可能永不为零），得到的整数即组成 R 进制的小数部分，称为“乘 R 取整法”。要注意的是，十进制小数常常不能准确地换算为等值的二进制小数（或其他 R 进制数），有换算误差存在。

3. 二进制与十六进制的转换

二进制、十六进制数的相互转换在应用中占有重要的地位。由于这两种数制的权之间有内在的联系，即 $2^4 = 16$，因而它们之间的转换比较容易，即每位十六进制数相当于四位二进制数。在转换时，位组划分是以小数点为中心向左右两边延伸，中间的 0 不能省略，两头不够时可以补 0。此方法称为“四位合一”法。

例 1-4 将 1011010.1B 转换成十六进制数。

```
0101  1010 . 1000        1011010.1B = 5A.8H
  5     A  .   8
```

例 1-5 将十六进制数 7F.28H 变为二进制数。

```
 7     F   .   2     8      7F.28H = 1111111.00101B
0111  1111 .  0010  1000
```

4. 二进制数的运算

二进制数同样有算术运算与逻辑运算，二进制中的算术运算与十进制的算术运算基本相同，具体运算如下。

（1）加法　二进制的进位规则是逢二进一，因此只需注意此规则即可。

例 1-6 完成 00010100B + 00000101B 的运算。

```
  0 0 0 1 0 [1] 0 0
+ 0 0 0 0 0 [1] 0 1
-------------------
  0 0 0 1 1 [0] 0 1
            ↑此处向左产生了进位
```

（2）减法　二进制的减法与十进制的减法也相同，但在计算机内部二进制减法是用补码加法来运算的，因此计算机内部就不存在减法运算的问题了，关于补码将在后文介绍。

（3）乘除法　在计算机内部，二进制乘除法是用一个二进制数的移位运算完成的。

例如进行00010100B×0000010B，只需将00010100B左移1位，得到00101000B就是积；将被除数整体右移1位即可实现除以2的除法运算。

（4）逻辑运算　二进制数逻辑运算包含基本的“与”“或”“异或”以及“非”。对两个二进制数进行逻辑运算，就是分别按位求其逻辑运算值。

非又称求反，例如对X＝10100001B进行非运算的结果为$\overline{X}$＝01011110B。

或常用“＋”或“∨”表示，参与运算的两个对应位只要有一个为1，结果即为1。

与常用“·”或“∧”表示，参与运算的两个对应位只要有一个为0，结果即为0。

异或常用“⊕”表示，参与运算的两个对应位只要相同，结果即为0，否则为1。

二进制数的逻辑或、与、异或运算规则见表1-4。

表1-4　二进制数的逻辑或、与、异或运算规则

Xi	Yi	Zi＝Xi＋Yi	Zi＝Xi·Yi	Zi＝Xi⊕Yi
0	0	0	0	0
0	1	1	0	1
1	0	1	0	1
1	1	1	1	0

例1-7　X＝10100001B，Y＝10011011B，求X∨Y。

```
  1 0 1 0 0 0 0 1
∨ 1 0 0 1 1 0 1 1
-----------------
  1 0 1 1 1 0 1 1
```

所以，X∨Y＝10111011 B。

例1-8　X＝10100001 B，Y＝10011011 B，求X∧Y。

```
  1 0 1 0 0 0 0 1
∧ 1 0 0 1 1 0 1 1
-----------------
  1 0 0 0 0 0 0 1
```

所以，X∧Y＝10000001 B。

1.8.3　单片机内部的数据如何表示

1. 机器数和真值

在计算机中，无论数值还是符号，只能用0和1表示，规定数的最高位为符号位，即

"0"表示正，"1"表示负。这种在计算机中使用的连同符号位一起数字化的数，称为机器数，机器数所表示的真实值称为真值。例如以8位机为例（以后本书不特殊说明均指8位）：

1）+18在机器中表示为00010010B。

2）-18在机器中表示为10010010 B。

3）机器数10110101 B所表示的真值为-53（十进制）或-0110101 B（二进制）。

2. 有符号数的机器数

对有符号数，机器数常用的表示方法有原码、反码和补码三种。

（1）原码　最高位为符号位，"0"表示正，"1"表示负，其余位表示数值的大小。设机器数位长为n，则数X的原码为

$$[X]_{原}=\begin{cases}0X_1X_2\cdots X_{n-1} & (X\geqslant 0)\\ 1X_1X_2\cdots X_{n-1} & (X\leqslant 0)\end{cases}$$

其对应于原码的111…1 B～011…1 B。

例如

$$[+7]_{原}=00000111B$$
$$[-7]_{原}=10000111B$$

数0的原码有两种不同形式

$$[+0]_{原}=000\cdots 0\ B$$
$$[-0]_{原}=100\cdots 0\ B$$

n位原码表示数值的范围为

$$-(2^{n-1}-1)\sim+(2^{n-1}-1)$$

原码表示简单、直观，与真值间转换方便。但用其进行加、减法运算不方便，而且0有+0和-0两种表示方法。

（2）反码　规定正数的反码与其原码相同；负数的反码是对其原码逐位取反，但符号位除外。反码可表示为

$$[X]_{反}=\begin{cases}0X_1X_2\cdots X_{n-1} & (X\geqslant 0)\\ 1\overline{X}_1\overline{X}_2\cdots\overline{X}_{n-1} & (X\leqslant 0)\end{cases}$$

例如

$$[+3]_{反}=00000011B$$
$$[-3]_{反}=11111100B$$

数0的反码也是两种形式

$$[+0]_{反}=00000000\ B\ (全0)$$
$$[-0]_{反}=11111111\ B\ (全1)$$

n位反码表示数值的范围为

$$-(2^{n-1}-1)\sim+(2^{n-1}-1)$$

其对应于反码的100…0B～011…1B。

将反码还原为真值的方法是：反码→原码→真值，即 $[X]_{原}=[[X]_{反}]_{反}$。

或者说，当反码的最高位为0时，后面的二进制序列值即为真值，且为正；最高位为1时，则为负数，后面的数值位要按位求反后才为真值。

（3）补码　正数的补码与其原码相同；负数的补码是在其反码的末位加1。补码的定义可用表达式表示为

$$[X]_{补}=\begin{cases}0X_1X_2\cdots X_{n-1} & (X\geqslant 0)\\1\overline{X}_1\overline{X}_2\cdots\overline{X}_{n-1}+1 & (X\leqslant 0)\end{cases}$$

例如

$$[+3]_{补}=00000011\ B$$
$$[-3]_{补}=11111101\ B$$

数0的补码只有一个，即

$$[+0]_{补}=[-0]_{补}=00000000\ B(全0)$$

n位补码表示数值的范围为

$$-2^{n-1}\sim+(2^{n-1}-1)$$

其对应于补码的100…0 B～011…1 B。

补码还原为真值的方法是：补码→原码→真值。或者说，若补码的符号位为0，则其后的数值的值即为真值，且为正；若符号位为1，则应将其后的数值位按位取反加1，所得结果才是真值，且为负。

目前，各微型计算机大都以补码作为机器码，原因是补码的减法运算可变为加法运算，从而省掉减法器电路，而且其符号位与数值位一起参加运算，运算后能自动获得正确结果。

在日常生活中有许多“补”数的事例。如钟表，假设标准时间为6点整，而某钟表却指在9点，若要把表拨准，则有两种拨法：一种是倒拨3小时，即9－3＝6；另一种是顺拨9小时，即9＋9＝6。尽管将表针倒拨或顺拨不同的时数，但却得到相同的结果，即9－3与9＋9是等价的。这是因为钟表采用12小时进位，超过12就从头算起，即9＋9＝12＋6，该12称之为模（mod）。

（4）编码总结　综上所述，可以得出以下结论：

1）原码、反码和补码的最高位都是表示符号位。

符号位为0时，表示真值为正数，其余位为真值。

符号位为1时，表示真值为负，其余位除原码外不再是真值；对于反码，需按位取反才是真值；对于补码，则需按位取反加1才是真值。

2）对于正数，三种编码都是一样的，即 $[X]_{原}=[X]_{反}=[X]_{补}$；对于负数，三种编码互不相同。所以，原码、反码和补码本质上是用来解决负数在机器中表示的三种不同的编码方法。

3）二进制位数相同的原码、反码、补码所能表示的数值范围不完全相同。以8位为例，其表示的真值范围分别为

$$\begin{cases}原码：-127\sim+127\\反码：-127\sim+127\\补码：-128\sim+127\end{cases}$$

3. 无符号数的机器数

无符号数在计算机中通常有两种表示方法。

1）位数不等的二进制码，将所有位数均用来表示数的大小。

2）BCD（Binary-Coded Decimal）码，又称“二－十进制代码”，是一种用二进制编码的十进制代码，既满足人们最熟悉的是十进制的习惯，又能让计算机接受。BCD码用二进制数码来表示十进制数，既具有二进制的形式，又具有十进制的特点，便于数据传递处理。其表示形式有两种：压缩BCD码和非压缩BCD码。前者每位BCD码用4位二进制表示，1个字节（8位二进制）表示2位BCD码；后者每位BCD码用1个字节表示，高4位总是0000，低4位的0000～1001表示十进制数码0～9，0～9所对应的二进制码见表1-5。

表1-5 十进制数码与BCD码对应表

十进制数码	0	1	2	3	4	5	6	7	8	9
二进制码	0000	0001	0010	0011	0100	0101	0110	0111	1000	1001

例1-9 对93编写BCD码。

用压缩BCD码表示，则需用1个字节（8位二进制），即

1001 | 0011 B
9 3

用非压缩BCD码表示，则需用2个字节（16位二进制），即

00001001 | 00000011 B
9 3

★**开发提示**：在应用计算机解决实际问题时，常常需要在这几种机器码之间进行转换。一串二进制数码究竟数值多大，代表什么含义，取决于程序员的实际编程需要。有时会出现编码一样，但所代表含义不同的情况，但对于计算机自身来说，只是一串相同的0、1组合而已。

4. 字符编码——ASCII码

字符常用的编码就是ASCII（American Standard Code for Information Interchange）码，是“美国标准信息交换代码”的简称，编码表见附录A，这是目前国际上最为流行的字符信息编码方案。ASCII码包括0～9共10个数字、大小写英文字母及专用符号等94种可打印字符，还有34种控制字符（如换行等）。

一个字符的ASCII码通常占一个字节，由7位二进制数编码组成，所以ASCII码最多可表示128个不同的符号。由于没有用到字节的最高位，很多系统利用这一位作为校验码，以便提高字符信息传输的可靠性。

1.8.4 丰富的数据信息如何表示与传输

信息是多种多样的，如文字、数字、图像、声音以及各种仪器输出的电信号等，在单片机内部均采用0和1的数字化信息编码。除了内部均用二进制来表示各种信息以及运算外，单片机还要从外界将各种形式的信息输入，如文字、数字、按键信息等；同时也要将运算结果传输到外界，如向某些器件发送控制码等，不同的信息需要采用不同的编码方案，二进制数可被看作是数值信息的一种编码。所有这些信息的传送与接收处理都必须采用二进制编码，由一些专用的外围设备和软件来实现转换。由外界信息转化为二进制编码的过程称为数

字化，通过这些转换，人们似乎感觉不到计算机内部二进制的存在。

能力训练与提升

动手与动脑

1. 描述单片机的含义和主要特点。
2. 描述单片机发展的历史和其主要技术发展方向。
3. 详细描述单片机常用的系列、品种，以及 AT89C51 系列单片机的主要特征。
4. 描述单片机程序存储器和数据存储器的区别。
5. 描述单片机应用系统开发的基本方法。

思考与练习

1. 将下列二进制和十六进制数转换为十进制数。

（1）11011B　　（2）0.01B　　（3）10111011B　　（4）EBH

2. 将下列十进制数转换为二进制和十六进制数。

（1）255　　（2）127　　（3）0.90625　　（4）5.1875

3. 机器数、真值、原码、反码和补码如何表示？

4. 设计器字长为 8 位，求下列数值的二进制、十六进制原码、反码和补码。

（1）+0　　（2）-0　　（3）+33　　（4）-33　　（5）-127

5. 将下列数看成无符号数时，对应的十进制数是多少？若将其看成有符号数的补码，则对应的十进制数是多少？

（1）10100001B　　（2）10000000B

6. 若要访问外部 32KB 的存储空间，假设每个存储单元是一个字节，试计算需要多少根地址线。

7. 单项选择题。

（1）49D 的二进制补码为______。

A）11101111 B　　B）00110001 B　　C）0001000 B　　D）11101100 B

（2）十进制数 29 的二进制原码表示为______。

A）11100010 B　　B）10101111 B　　C）00011101 B　　D）00001111 B

（3）以下______不是构成单片机的部件。

A）微处理器（CPU）　B）存储器　　C）I/O 接口电路　　D）打印机

（4）下列不是计算机内部常用码制的是______。

A）原码　　B）反码　　C）补码　　D）ASCII

（5）计算机中最常用的字符信息编码是______。

A）ASCII　　B）BCD 码　　C）余 3 码　　D）循环码

小贴士：

成功的真正秘诀在于兴趣。

——杨振宁

项目2 用单片机模拟按键开关灯

项目导语

单片机应用相当广泛，它不同于个人微型计算机，更不同于一般意义上的 CPU，在控制领域中，其结构、成本及灵活性远远强于个人微型计算机，它能嵌入到任何电子系统或控制系统中，几乎所有的产品中都能看到单片机的身影。要想发挥单片机的优势，必须掌握单片机的内部结构和资源，才能通过指令正确指挥对应的部件完成操作。

能力目标

◇ 理解 MCS-51 单片机引脚功能，以及 P0、P1、P2 和 P3 口功能。
◇ 通过任务掌握基本的 I/O 操作。
◇ 理解单片机的存储器结构。
◇ 掌握典型专用寄存器的功能特点。

思维导图

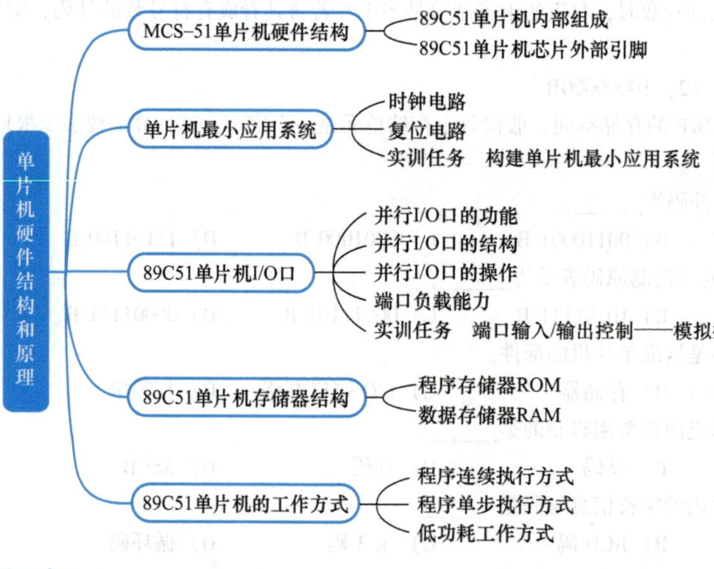

素质目标

◇ 具有看齐意识和良好的大局观，能理解各部件是在时钟信号的统一步调下工作的。
◇ 培养规则意识，能理解单片机各部件都是在预定的规则下统一协调运行的。
◇ 培养耐心、专注、坚持的精神，能对单片机内外部繁多的组成部分和功能进行耐心分析和专注学习，并坚持下去，终会对单片机形成一个系统性的准确把握。
◇ 具有良好的沟通能力，能在实训过程中与同组同学协商实训方案和思路。

学习任务 2.1　探究单片机硬件结构

探究单片机内部组成与外部引脚

MCS-51 系列单片机价格低廉，派生产品众多，便于开发，在一般工业领域，其性能能满足大部分需要，目前应用最广泛，在相当长的一段时期内仍将是主流。AT89 系列单片机是以 MCS－51 为核心发展而来，AT89C51 单片机是 AT89 系列的主流，使用非常广泛。本项目以 AT89C51 单片机（以下简称 89C51 单片机）为例，说明单片机的内部组成及信号引脚。

2.1.1　分析 89C51 单片机内部组成

89C51 单片机的基本组成如图 2-1 所示。

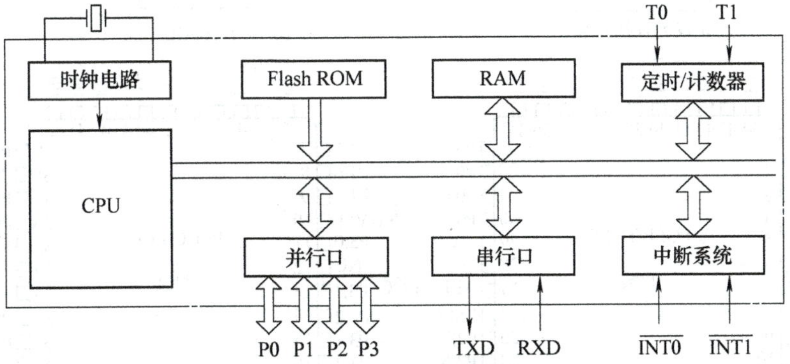

图 2-1　89C51 单片机的基本组成

（1）8 位的 CPU　CPU 是 89C51 单片机的核心，完成运算和控制功能，一次能处理 8 位二进制数或代码。

（2）256B 的内部 RAM　内部 RAM 能作为寄存器供用户使用的只是前 128 个单元，用于存放可读写的临时数据，后 128 个单元被专用寄存器占用。

（3）4KB 的内部 Flash ROM　简称内部 ROM，存放程序、原始数据或表格数据。

（4）2 个 16 位的定时/计数器 T0/T1　89C51 单片机共有 2 个 16 位的定时/计数器，以实现定时或计数功能，并以其定时或计数结果对计算机进行控制。

（5）4 个 8 位并行 I/O 口　分别为 P0、P1、P2 和 P3，实现数据的并行输入输出。

（6）1 个全双工的串行口　实现单片机和其他设备之间的串行数据传送。

（7）5 个中断源　包括 2 个外部中断，2 个定时/计数中断，1 个串行口发送/接收中断。

（8）片内时钟振荡电路　89C51 允许的晶振频率一般为 1～24MHz，靠外接晶振起振。

2.1.2　学习 89C51 单片机芯片引脚功能

89C51 各类型号外部引脚相互兼容，89C51 实际有效引脚为 40 个，具有 PDIP、TQFP、PLCC 三种封装形式，以适应不同产品的需求，使用时均需插入与其对应的插座中，其中 PDIP 是普通的双列直插式，较为常用；TQFP、PLCC 都是具有 44 个 J 型引脚的方形芯片，但 TQFP 体积更小、更薄。其封装和逻辑图如图 2-2 所示。

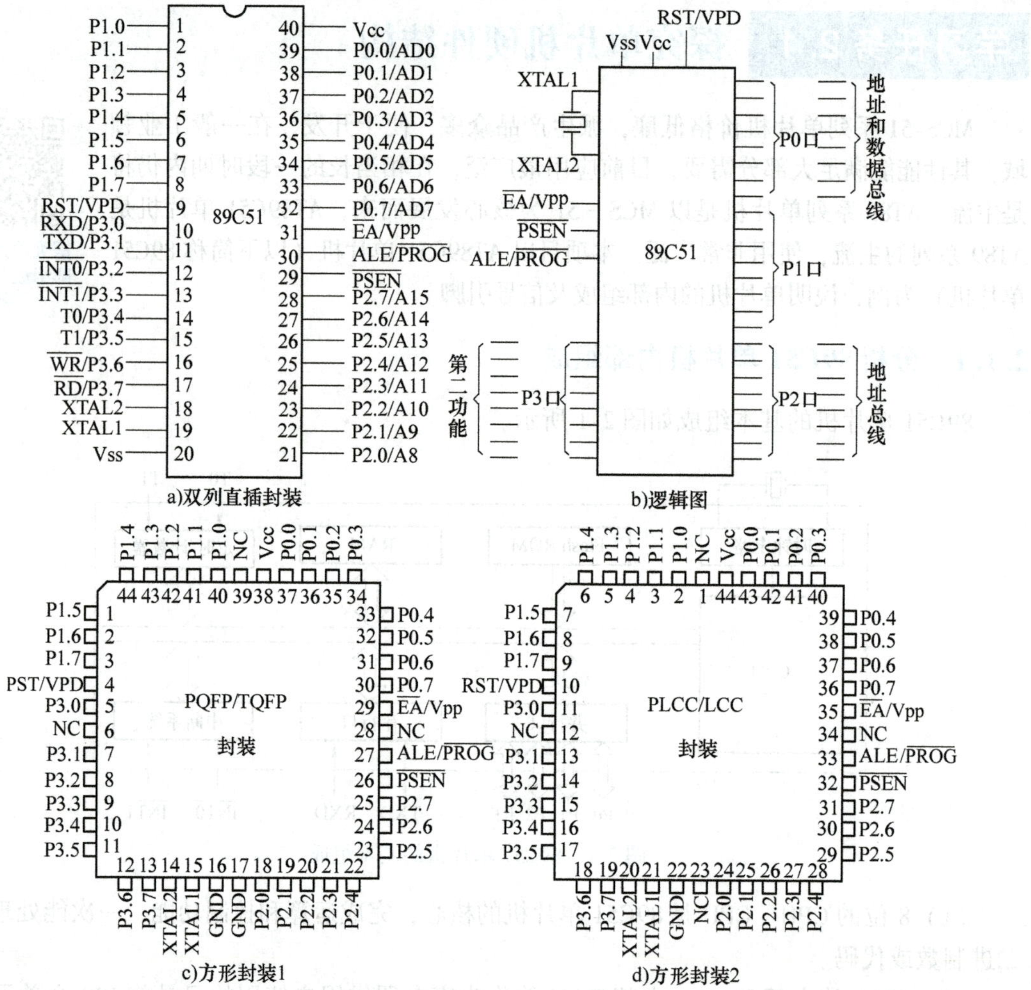

图 2-2 89C51 单片机封装和逻辑图

由于工艺及标准化等原因，芯片的引脚数目是有限制的，但单片机为实现其功能所需要的信号数目却远远超过此数，因此出现了需要与可能的矛盾，这可以通过给一些信号引脚赋以第二功能来解决。

1. I/O 口引脚（32 条）

P0.0～P0.7：P0 口 8 位准双向口线。

P1.0～P1.7：P1 口 8 位准双向口线。

P2.0～P2.7：P2 口 8 位准双向口线。

P3.0～P3.7：P3 口 8 位准双向口线。

2. 控制引脚（4 条）

（1）ALE/$\overline{\text{PROG}}$ 地址锁存控制信号。在系统扩展时，ALE 输出的信号用于控制锁存器把 P0 口输出的低 8 位地址锁存起来，配合 P0 口引脚的第二功能使用，以实现低位地址和数据的隔离。正常操作时因能按晶振频率 1/6 的固定频率从 ALE 端发出正脉冲信号，所以有时可以加以利用，但应**注意**，每次访问外部数据存储器时，会少输出一个 ALE 脉冲。此引脚第二功能$\overline{\text{PROG}}$是对内部程序存储器固化程序时，作为编程脉冲输入端。

（2）$\overline{\text{PSEN}}$　外部程序存储器读选通信号。在读外部程序存储器时，$\overline{\text{PSEN}}$有效，发出低电平，可以用作对外部程序存储器的读操作选通信号。

（3）$\overline{\text{EA}}$/Vpp　访问程序存储器控制信号。当$\overline{\text{EA}}$信号为低电平时（$\overline{\text{EA}}=0$），CPU 只执行外部程序存储器指令；而当$\overline{\text{EA}}$信号为高电平时（$\overline{\text{EA}}=1$），则 CPU 优先从内部程序存储器执行指令，并可自动延至外部程序存储器单元。对于 E^2PROM 型单片机（89C51）或 EPROM 型单片机（8751），在 E^2PROM 或 EPROM 编程期间，第二功能 Vpp 引脚用于施加一个 +12V 或 +21V 电源。

（4）RST/VPD　RST 是复位信号输入端，当 RST 端输入的复位信号延续两个机器周期以上的高电平时，单片机完成复位初始化操作；第二功能 VPD 是备用电源引入端，当电源发生故障引起电压降低到下限值时，备用电源经此端向内部 RAM 提供电压，以保护内部 RAM 中的信息不丢失。

3. 时钟引脚（2 条）

XTAL1 和 XTAL2 分别为外接晶振输入及输出端。当使用芯片内部时钟时，两个引线端用于外接石英晶体和微调电容；当使用外部时钟时，用于接外部时钟脉冲信号。详见后文。

4. 电源引脚（2 条）

Vss：地线；Vcc：+5V 电源。

学习任务 2.2　掌握单片机的时钟与复位电路功能

2.2.1　什么是时钟电路

掌握单片机的时钟与复位电路

1. 产生方式

时钟电路用于产生单片机工作所需要的时钟信号，唯一的时钟信号控制下的时序可保证单片机各部件同步工作。根据产生方式不同分内部（外接晶体振荡器）和外部（外接时钟源）两种时钟电路，电路接法及各类型晶振实物如图 2-3 所示。

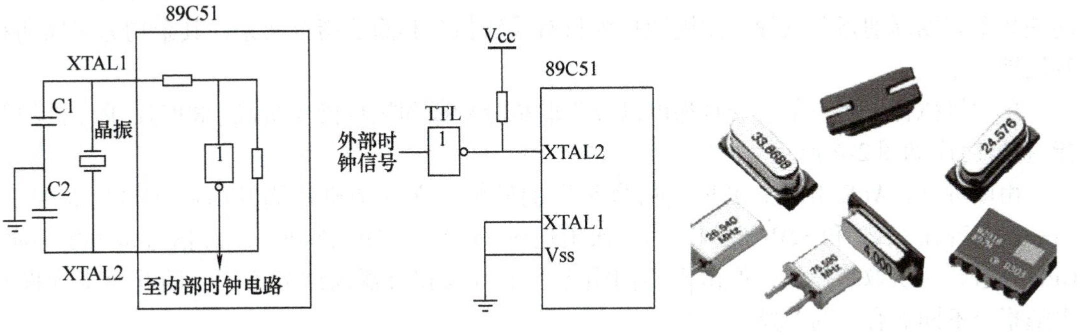

a)内部时钟　b)外部时钟　c) 各类型晶振实物

图 2-3　时钟电路接法及晶振实物

（1）使用内部时钟　如图 2-3a 所示，89C51 芯片内部有一个高增益反相放大器，其输入端为芯片引脚 XTAL1，输出端为引脚 XTAL2。在芯片的外部，XTAL1 和 XTAL2 之间由用户自行跨接晶体振荡器（图 2-3c）和微调电容，从而构成一个稳定的自激振荡器。

电容 C1 和 C2 一般取 30pF 左右，晶体振荡频率范围是 1.2～24MHz。晶体振荡频率越高，单片机运行速度越快。通常使用振荡频率为 6MHz 或 12MHz。

（2）使用外部脉冲信号　在由多片单片机组成的系统中，为了实现各单片机之间时钟信号的同步，应当引入唯一的公用外部脉冲信号作为各单片机的振荡脉冲。这时外部的脉冲信号是经 XTAL2 引脚接入，其连接如图 2-3b 所示。

2. 单片机时序

单片机时序就是 CPU 在执行指令时生成所需控制信号的时间顺序，时序所研究的是指令执行中各信号之间的相互关系。

时序是用定时单位来说明的。89C51 单片机的时序定时单位共有四个，从小到大依次是：节拍、状态、机器周期和指令周期。

（1）时钟频率与振荡周期　单片机晶振芯片每秒振荡的次数称为时钟频率，也称为振荡频率，振荡一次所需的时间称为振荡周期。

（2）节拍与状态　振荡脉冲的周期定义为节拍（用 P 表示）。振荡脉冲经过二分频后，就是单片机的时钟信号的周期，定义为状态（用 S 表示）。

这样，一个状态就包含两个节拍，前半周期对应的节拍称为节拍 1（P1），后半周期对应的称为节拍 2（P2）。

（3）机器周期　89C51 单片机采用定时控制方式，因此它有固定的机器周期。规定一个机器周期的宽度为 6 个状态，并依次表示为 S1～S6。由于一个状态又包括两个节拍，因此一个机器周期总共有 12 个节拍，分别记作 S1P1、S1P2、…、S6P2，因此机器周期就是振荡脉冲的 12 分频，即

$$机器周期 = 12 \times 振荡脉冲周期$$

当振荡脉冲频率为 12MHz 时，1 个机器周期为 1μs。

当振荡脉冲频率为 6MHz 时，1 个机器周期为 2μs。

（4）指令周期　指令周期是执行一条指令所需要的时间，一般由若干个机器周期组成，执行不同指令所需要的机器周期数也不相同。

机器周期数越少的指令执行速度越快。89C51 单片机指令通常可以分为单周期指令、双周期指令和四周期指令三种。四周期指令只有乘法指令和除法指令两条，其余均为单周期和双周期指令。

单片机执行任何一条指令时都可以分为取指令阶段和执行指令阶段。89C51 单片机的取指/执行时序如图 2-4 所示。

由图可见，ALE 引脚上出现的信号是周期性的，在每个机器周期内两次出现高电平。第一次出现在 S1P2 和 S2P1 期间，第二次出现在 S4P2 和 S5P1 期间。ALE 信号每出现一次，CPU 就进行一次取指操作，但由于不同指令的字节数和机器周期数不同，因此取指令操作也随指令不同而有小的差异。

按照指令字节数和机器周期数，89C51 单片机的指令可分为 6 类，分别是：单字节单周期指令、单字节双周期指令、单字节四周期指令、双字节单周期指令、双字节双周期指令、

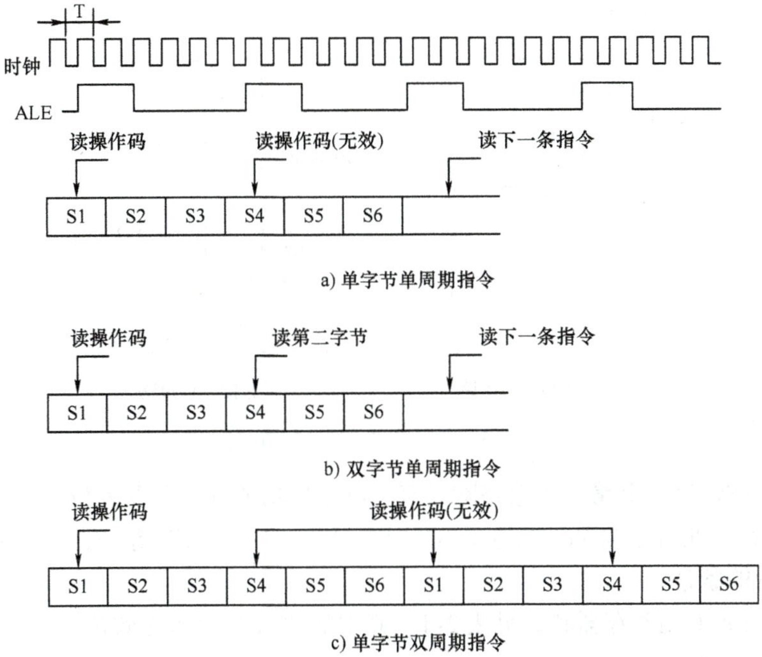

图 2-4　89C51 单片机的取指/执行时序

三字节双周期指令。

图 2-4a、b 分别给出了单字节单周期和双字节单周期指令的时序。单周期指令的执行始于 S1P2，这时操作码被锁存到指令寄存器内。若是双字节则在同一机器周期的 S4 读第二字节；若是单字节指令，则在 S4 仍有读出操作，但被读入的字节无效，且程序计数器 PC 并不改变。

图 2-4c 给出了单字节双周期指令的时序，两个机器周期内进行四次读操作码操作。因为是单字节指令，后三次读操作都是无效的。

2.2.2　什么是复位电路

单片机复位是使 CPU 初始化操作，主要是使 CPU 与其他功能部件都处在一个确定的初始状态，并从这个状态开始工作。复位后 PC = 0000H，使单片机从第一个单元取指令。无论是在单片机刚开始接上电源时，还是断电后或者发生故障后都要复位。

单片机复位期间不产生 ALE 和 $\overline{\text{PSEN}}$ 信号，即 ALE = 0 和 $\overline{\text{PSEN}}$ = 1，复位期间不会有任何取指令操作。

1. 复位信号

在 RST 引脚持续加上两个机器周期（24 个振荡周期）的高电平，单片机即发生复位。若时钟频率为 12MHz，每个机器周期为 1μs，则只需 2μs 以上时间高电平即可实现复位。

2. 复位电路

单片机常用的复位电路如图 2-5 所示。

图 2-5a 为上电复位电路，其是利用电容充电来实现的。在接电瞬间，RST 端的电位与 Vcc 相同，随着充电电流的减少，RST 的电位逐渐下降。

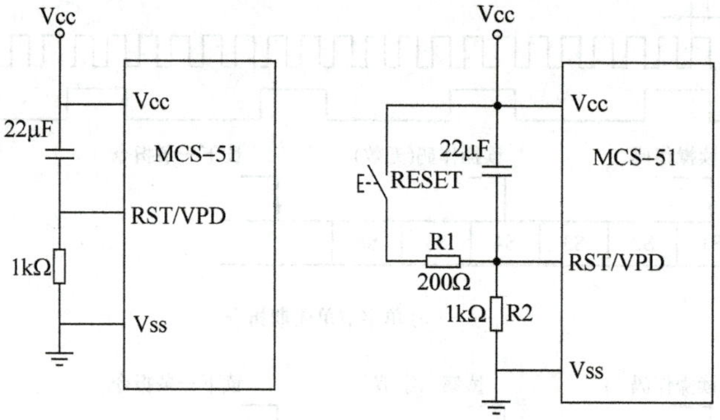

a)上电复位电路　　b)按键复位电路

图 2-5　单片机常用的复位电路

图 2-5b 为按键复位电路。该电路除具有上电复位功能外，若要复位，只需按图 2-5b 中的“RESET”键，此时电源 Vcc 经电阻 R1、R2 分压，可在 RST 端产生一个复位高电平。

3. 复位后的状态

复位后内部各专用寄存器状态见表 2-1，其中的“ ×”表示无效位。

表 2-1　复位后内部各专用寄存器状态

寄存器	复位状态	寄存器	复位状态
PC	0000H	TMOD	00H
ACC	00H	TCON	00H
B	00H	TL0	00H
PSW	00H	TH0	00H
SP	07H	TL1	00H
DPTR	0000H	TH1	00H
P0 ~ P3	FFH	SCON	00H
IP	× ×000000B	SBUF	不定
IE	0 × ×00000B	PCON	0 × × ×0000B

实训任务 3　构建单片机最小应用系统

1. 任务目的

了解单片机最小应用系统的构成及编程调试过程。

2. 任务内容

在万用电路板上构建 89C51 单片机最小应用系统，接线如图 2-6 所示，准备图中所需电子元器件，需要接线内容包括时钟引脚、复位端、电源端、地端和$\overline{EA}$端，单片机剩下的其他引脚可以不接线。

该系统在单片机 P1 口上驱动 8 个发光二极管。

构建单片机最小应用系统汇编程序设计

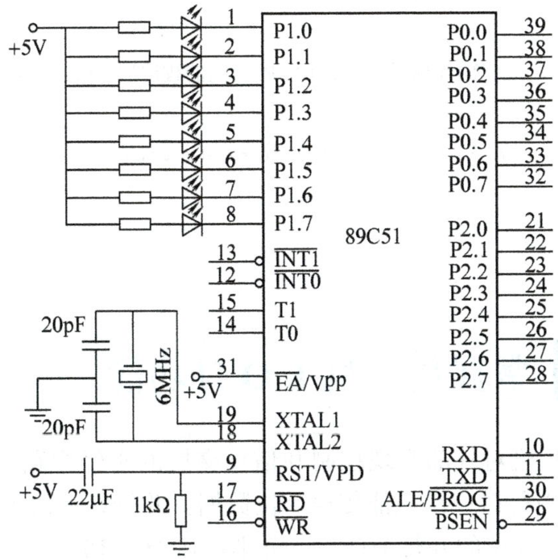

图 2-6　构建 89C51 单片机最小应用系统

3. 任务完成步骤

(1) 硬件搭建　按照原理图在万用电路板上或者开发系统中搭建。

(2) 软件编程并下载　在编程软件中分别输入如下程序，并下载到 89C51 芯片中。

1) 汇编参考程序如下：

```
① ORG    0000H
  MOV    P1,#0F0H;也可写为 MOV    P1,#11110000B
  END
② ORG    0000H
  MOV    P1,#0FH;也可写为 MOV    P1,#00001111B
  END
```

构建单片机最小应用系统C51程序设计

2) C51 参考程序如下：

```
/* 程序 1:8 位 LED 灯中低 4 位点亮,将 8 位 LED 灯连接至 P1 口,低电平点亮 LED 灯 */
#include <reg51.h>      //包含头文件
#define LED P1          //宏定义,即将 P1 用 LED 表示
void main( )            //主函数
{
    while(1)            //循环执行 while(1)后{}内的程序段,实现 8 位 LED 灯中低 4 位一直点亮
    {
      P1 = 0xF0;        //P1 = 11110000;点亮 P1.0 ~ P1.3 上所连 LED 灯
    }
}
/* 程序 2:8 位 LED 灯中高 4 位点亮,将 8 位 LED 灯连接至 P1 口,低电平点亮 LED 灯 */
#include <reg51.h>      //包含头文件
#define LED P1          //宏定义,即将 P1 用 LED 表示
```

```
void main( )              //主函数
{
    while(1)              //循环执行 while(1)后{}内的程序段,实现 8 位 LED 灯中高 4 位一直点亮
    {
      P1 = 0x0F;          //P1 = 00001111;点亮 P1.4 ~ P1.7 上所连 LED 灯
    }
}
```

（3）观察效果。

学习任务 2.3 掌握单片机 I/O 口功能

I/O 口是 89C51 单片机对外部实现控制和信息交换的必经之路，用于信息的传送。I/O 口分并行口和串行口，串行口一次只能传送一位数据，并行口一次可以传输一组数据。

89C51 单片机有 4 个 8 位的并行 I/O 口，分别记作 P0、P1、P2 和 P3，外部对应 4 组共 32 根金属引脚，内部被归入专用寄存器之列；有一个可编程的、全双工的串行 I/O 口。

2.3.1 并行 I/O 口的功能

89C51 单片机的并行 I/O 口为单片机与外部器件或设备进行信息交换提供了多功能的输入/输出通道，是单片机扩展外部功能、构成单片机应用系统的重要物理基础。

4 个 I/O 口都具有字节寻址和位寻址功能，每一位均可作为双向的通用 I/O 口使用，具体如下：

1）P0 口为双功能 8 位并行 I/O 口。可作为通用数据 I/O 口使用；在访问片外扩展的存储器时，又可作为地址/数据总线分时传输低 8 位地址和 8 位数据。

2）P1 口为单一功能的并行 I/O 口，只用作通用的数据 I/O 口。

3）P2 口为双功能 8 位并行 I/O 口。可作为通用数据 I/O 口使用，又可在访问片外扩展的存储器时用作高 8 位地址总线。

4）P3 口为双功能 8 位并行 I/O 口，第一功能是通用数据 I/O 口，第二功能见下文。

2.3.2 并行 I/O 口的结构

89C51 单片机的 4 个并行 I/O 口在结构和特性上基本相同，每个口都包含一个锁存器，一个输出驱动器（场效应晶体管）和输入缓冲器，但又各具特点，P0 ~P3 口逻辑电路如图 2-7a ~ d 所示。

（1）共性　从图中可以看出，I/O 口的每一位都包含有 1 个数据输出锁存器、1 个数据输出的驱动器（场效应晶体管）和 2 个数据输入缓冲器（读锁存器和读引脚）。其中位锁存器为 D 触发器。在 CPU 控制下可对 P0 ~ P3 进行读写操作或对引脚进行读写操作。

（2）差异　在 P0 口和 P2 口结构中，有一个 2 选 1 的转换器 MUX，如图 2-7a、c 所示。在控制信号的作用下，多路转接电路可以分别接通锁存器输出端或地址/数据线。

从图 2-7a ~ d 可以看出，P1 ~ P3 口内部结构和 P0 口稍有不同，P1 ~ P3 口具有内部上

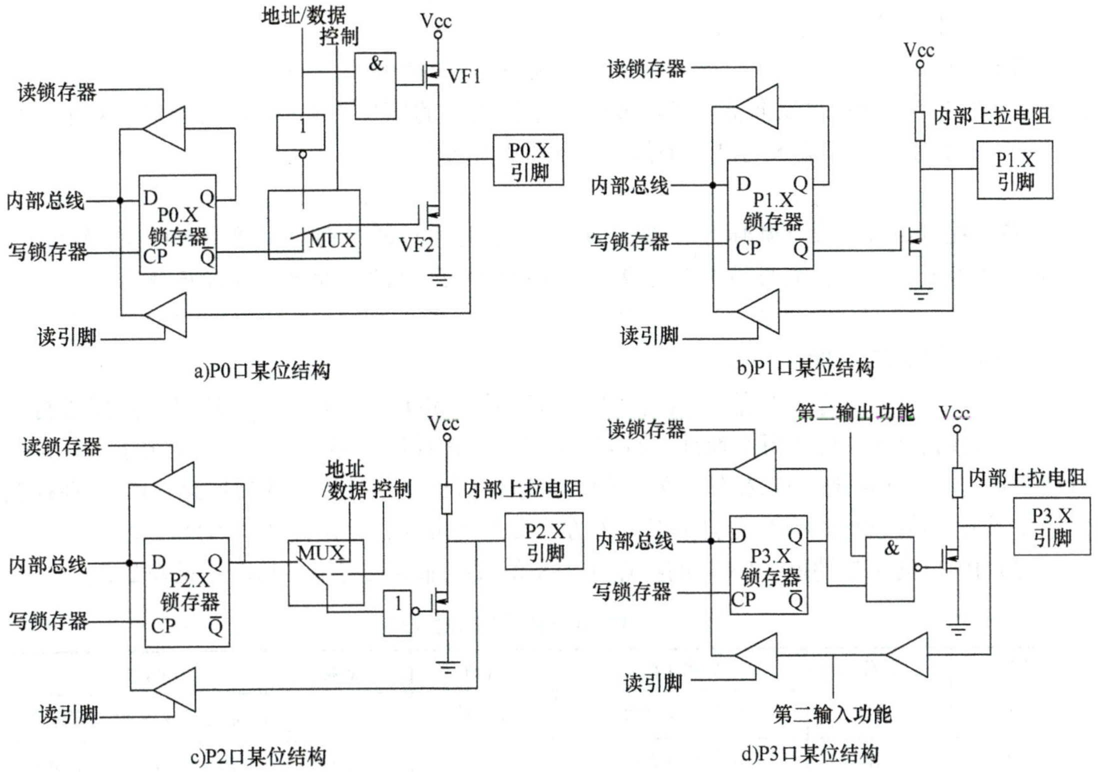

图 2-7　89C51 单片机并行 I/O 口结构

拉电阻（由耗尽型场效应晶体管构成）；P0 口则不同，其内部没有上拉电阻，在驱动场效应晶体管的上方有一个上拉场效应晶体管。

2.3.3　并行 I/O 口的操作

1. 用作通用 I/O

当各端口处于通用 I/O 功能时，有两种工作状态：输入状态和输出状态。

输入状态也就是将端口引脚受外接电路（自身发信息）影响的高低电平状态读入；输出状态即由内到外发送数据驱动外部电路（接受内部信息）。

（1）用作输出　当四个端口作为输出口使用时，通过指令直接向四个端口对应的内部专用寄存器 P0 ~ P3 写数据，即可完成对外输出。此时自动生成写脉冲并加在 D 触发器的 CP 端，数据写入锁存器，并向端口引脚输出。

注意：当 P0 口进行一般的 I/O 输出时，由于输出电路是漏极开路电路，必须外接上拉电阻才能有高电平输出；P1 ~ P3 口具有内部上拉电阻，都能由集电极开路电路或漏极开路电路所驱动，在与外部元器件连接时，无需再外接上拉电阻。

（2）用作输入　P1 ~ P3 口的引脚由内部上拉电阻拉为高电平，同样也可以由外部信号拉为低电平。P0 口上拉场效应晶体管只在对外部存储器进行读写操作中用作地址/数据总线时才起作用，其他情况下处于截止状态。

P1 ~ P3 口均必须通过指令将端口的位锁存器写入“1”后，使输出驱动电路的场效应晶体管截止，才能读入正确的信息。P0 口如用于高阻输入，也要向位锁存器写“1”，使驱动场效应晶体管截止，此时引脚“浮空”。

四个端口如不写“1”而直接读数据，可能使读入的引脚信号出错。例如，如果位锁存器原来状态为 0，则通过反向器加到场效应晶体管栅极的信号为 1，使该管导通，对地呈低阻状态，其会使从引脚输入的高电平信号受到影响而变低。

★**特别提示**：四个端口都称为“准双向口”，不是真正的双向口，读取 P0 ~ P3 各引脚端口外的数据前，先用指令向对应端口或引脚输出“1”，才可以读入正确信息。

2. 端口的第二功能

（1）P0、P2 口的第二功能　通过“MOVX”或“MOVC”指令可对外部存储器进行读写操作。此时，P0 口自动用作地址/数据总线功能，在控制信号作用下，转接电路 MUX 会自动拨到上方，接通地址/数据线，发出低 8 位地址信息并分时传送数据信息；P2 口在控制信号作用下，转接电路 MUX 会自动拨到上方，接通地址端，发出高 8 位地址信息。

（2）P3 口的第二功能　P3 口的特点在于 8 条口线都定义有第二功能，见表 2-2。

表 2-2　P3 口各引脚第二功能表

引脚	名称	功能注释	引脚	名称	功能注释
P3.0	RXD	串行数据接收	P3.4	T0	定时/计数器 0 外部输入
P3.1	TXD	串行数据发送	P3.5	T1	定时/计数器 1 外部输入
P3.2	$\overline{\text{INT0}}$	外部中断 0 申请	P3.6	$\overline{\text{WR}}$	外部 RAM 写选通
P3.3	$\overline{\text{INT1}}$	外部中断 1 申请	P3.7	$\overline{\text{RD}}$	外部 RAM 读选通

对于第二功能为输出的信号引脚，当作为 I/O 口使用时，第二功能信号引线应保持高电平，与非门开通，以维持从锁存器到输出端数据输出通路的畅通。当输出第二功能信号时，该位的锁存器应置“1”，使与非门对第二功能信号的输出是畅通的，从而实现第二功能信号的输出。

对于第二功能为输入的信号引脚，在口线的输入通路上增加了一个缓冲器，输入的第二功能信号就从这个缓冲器的输出端取得。而作为 I/O 口使用的数据输入，仍取自三态缓冲器的输出端。不管是作为输入口使用还是作为第二功能信号输入，输出电路中的锁存器输出和第二功能输出信号线都应保持高电平。

3. “读-修改-写”指令操作

四个端口作为输入口使用时，分读引脚和读端口两种情况。为此在各端口电路中均有两个用于读入驱动的三态缓冲器。

1）读引脚就是读芯片引脚的数据，这时使用下方的数据缓冲器，由“读引脚”信号把缓冲器打开，将端口引脚上的数据从缓冲器通过内部总线读进来。使用传送指令（MOV）进行读操作都是属于这种情况。

2）读端口则是指通过上面的缓冲器读锁存器 Q 端的状态。在端口已处于输出状态的情况下，本来的 Q 端与引脚的信号是一致的，可以对口进行“读-修改-写”操作指令。

例如“ANL P0，A”就是属于“读-修改-写”指令，执行时先读入 P0 口锁存器中的数据。然后与 A 的内容进行逻辑与，再将结果送回 P0 口。

> ★**提示**：对于“读–修改–写”指令，不直接读引脚而读锁存器是 CPU 的自动行为，无需用户干预。

特意读锁存器是为了避免可能出现的错误，因为在端口已处于输出状态时，如端口负载恰是一个晶体管的基极，导通了的 PN 结会将端口引脚的高电平拉低，直接读引脚会把本来的“1”误读为“0”。但从锁存器 Q 端读取则能避免这样的错误，从而得到正确数据。

2.3.4　端口负载能力

P0 口输出级的每一位可驱动 8 个 LSTTL 门。P0 口用作通用 I/O 口时，由于输出级是漏极开路电路，故用其驱动 NMOS 电路时需外加上拉电阻；而用作地址/数据总线时，无需外接上拉电阻。

端口输入输出控制–模拟按键开关灯汇编程序设计

P1 口 ~ P3 口输出级的每一位可驱动四个 LSTTL 门。由于其输出级内部有上拉电阻，因此组成系统时无需外加上拉电阻。

实训任务 4　端口输入/输出控制——模拟按键开关灯

1. 任务目的

理解和运用 P1 口及 P3 口的输入/输出功能。

2. 任务内容

如图 2-8 所示，开关 S1 接在 P3.0 口上，发光二极管 VL1 接在单片机 P1.0 口上。要求监视开关 S1，如果开关 S1 合上，VL1 亮，开关 S1 打开，VL1 灭。

3. 任务分析

（1）开关状态的检测过程　对开关状态的检测对于单片机来说，是从单片机的 P3.0 口输入信号，而输入的信号只有高电平和低电平两种：当打开 S1，即输入高电平；当闭合 S1，即输入低电平。

（2）输出控制　当 P1.0 口输出高电平，即 P1.0 = 1 时，根据发光二极管的单向导电性可知，这时发光二极管 VL1 熄灭；当 P1.0 口输出低电平，即 P1.0 = 0 时，发光二极管 VL1 亮；可使用“SETB P1.0”指令使 P1.0 口输出高电平，使用“CLR P1.0”指令使 P1.0 口输出低电平。

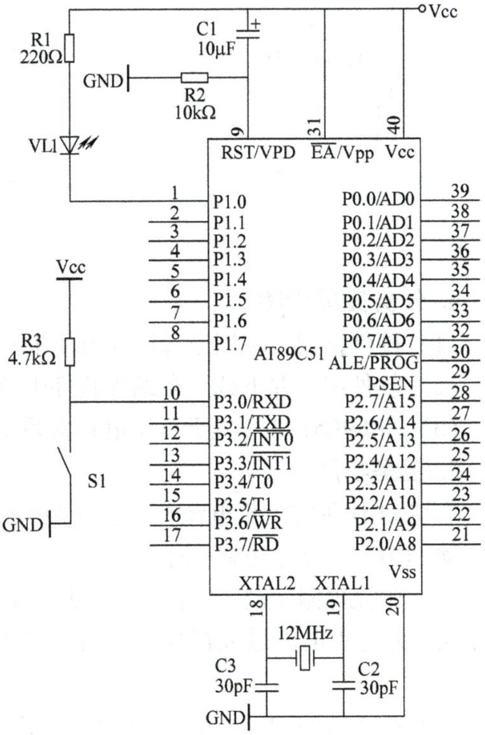

图 2-8　模拟开关灯控制图

（3）软件编程

1）汇编语言源程序如下：

```
        ORG   0000H
START:  SETB  P3.0        ;向 P3.0 发“1”,为读该引脚做准备
        JB    P3.0,L1     ;检测 P3.0 状态,如为“1”程序转向 L1 运行,否则顺序执行
        CLR   P1.0        ;P1.0 引脚清零,变为低电平
        SJMP  START       ;转向 START,循环执行程序
    L1: SETB  P1.0        ;将 P1.0 引脚置“1”,变为高电平
        SJMP  START       ;转向 START,循环执行程序
        END
```

端口输入输出控制-模拟按键开关灯C51程序设计

2）C51 参考程序如下：

```
#include <reg51.h>              //包含头文件
#define ON 0                    //宏定义,即将低电平 0 用 ON 表示
#define OFF 1                   //宏定义,即将高电平 1 用 OFF 表示
sbit LED = P1^0;                //单片机 I/O 引脚位定义,即将 P1.0 引脚定义为 LED
sbit KEY = P3^0;                //单片机 I/O 引脚位定义,即将 P3.0 引脚定义为 KEY
void main()                     //主函数
{
   while(1)                     //循环执行 while(1)后{}内的程序段
   {
      if(KEY = =0)              //按键按下,P3.0 为低电平,否则 P3.0 为高电平
      {
        LED = ON;               //点亮 LED 灯
      }
      else
       LED = OFF;               //熄灭 LED 灯
   }
}
```

4. 任务完成步骤

（1）硬件搭建　按照原理图在万用电路板上或者开发系统中搭建。

（2）软件编程并下载　在编程软件中分别输入参考程序并下载到 89C51 芯片中。

（3）将 89C51 芯片置于万用电路板系统，或使用开发系统，拨动开关 S1 观察效果。

5. 任务扩展

点亮 LED 所需工作电流较大，而 89C51 单片机 I/O 口引脚负载能力有限，一般不能直接驱动 LED，解决方法有三种：

（1）限流电阻驱动　本任务采用此方案，LED 负极与单片机 I/O 引脚相连，另一端与电源相连，为防止电流过大损坏单片机，需串联上拉限流电阻，一般几百欧即可，如图 2-9a 所示。

（2）晶体管驱动　增加 LED 驱动电路，采用晶体管或集成电路，如图 2-9b 所示，当 P1. X 输出高电平时，晶体管截止，LED 不亮。值得注意的是，LED 不宜接在发射极。

（3）集成电路驱动　如图 2-9c 所示，常采用 7407（同相驱动）或 7406（反相驱动），也可用其他合适的集成芯片驱动。

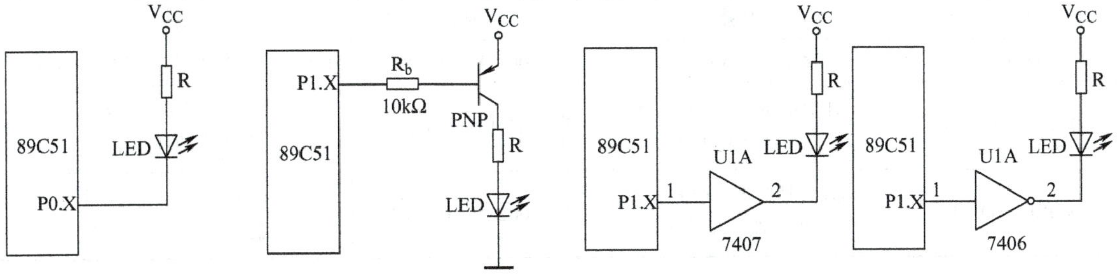

低电平点亮　低电平点亮　低电平点亮　高电平点亮

a) 限流电阻驱动　b) PNP型晶体管驱动　c) 集成电路驱动

图 2-9　LED 常见驱动电路

学习任务 2.4　分析单片机存储器结构

89C51 的程序存储器和数据存储器是各自独立的，各有各的寻址系统、控制信号和功能。芯片内部集成有内部 RAM 和内部 ROM，当容量不够时，均可进行外部扩展。

因此 89C51 单片机存储器在物理结构上可分为内部数据存储器、内部程序存储器、外部数据存储器和外部程序存储器四个存储空间。

2.4.1　程序存储器 ROM

认识程序存储器ROM

程序存储器用于存放编好的程序和表格常数。89C51 片内有 4KB 的 Flash ROM，片外最多能扩展 64KB 程序存储器，片内外的 ROM 是统一编址的。89C51 单片机 ROM 配置及执行程序走向如图 2-10 所示。

程序执行时对内外 ROM 的选择情况如下：

1）$\overline{EA}$接高电平，89C51 单片机的程序计数器 PC 优先在内部 ROM 的 0000H～0FFFH 地址范围内（即前 4KB 地址）寻址，当 PC 在 1000H～FFFFH 地址范围寻址时，自动转到外部 ROM。

2）$\overline{EA}$接低电平，89C51 单片机只能寻址外部 ROM，外部存储器可以从 0000H 开始编址。

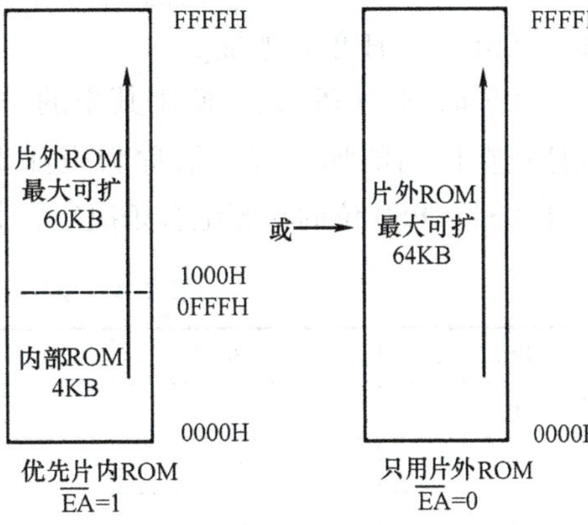

图 2-10　89C51 单片机 ROM 配置及执行程序走向

89C51 的程序存储器中有些单元具有特殊功能，使用时应予以注意。其中一组特殊单元是 0000H～0002H。系统复位后，（PC）=0000H，单片机从 0000H 单元开始取指令执行程序。如果程序不从 0000H 单元开始，应在这三个单元中存放一条无条件转移指令，以便直接转去执行指定的程序。还有一组特殊单元是 0003H～002AH，共 40 个单元，这 40 个单元被均匀地分为五段，作为五个中断源的中断地址区。程序存储器特殊功能存储单元见表 2-3。

表 2-3 89C51 程序存储器特殊功能存储单元

地址	功能	地址	功能
0000H	程序执行起始地址	0013H ~ 001AH	外部中断 1 中断服务程序地址起止区
0003H ~ 000AH	外部中断 0 中断服务程序地址起止区	001BH ~ 0022H	定时/计数器 1 中断服务程序地址起止区
000BH ~ 0012H	定时/计数器 0 中断服务程序地址起止区	0023H ~ 002AH	串行口发送/接收中断服务程序地址起止区

中断响应后，按中断种类自动转到各中断区的首地址去执行程序。在中断地址区中理应存放中断服务程序，但往往 8 个单元难以存下一个完整的中断服务程序，因此通常在中断地址区首地址存放一条无条件转移指令，响应中断后，通过跳转指令转到中断服务程序的实际入口地址去执行中断程序。

2.4.2 数据存储器 RAM

89C51 单片机片内集成有 256 个 RAM 单元，每个单元都是 8 个数据位，分低 128 单元（单元地址 00H ~7FH）和高 128 单元（单元地址 80H ~FFH）两部分区域，片外最多能扩展 64KB，配置如图 2-11 所示。

1. 内部 RAM 低 128 单元

内部 RAM 低 128 存储单元是单片机的真正 RAM，按用途分为三个区，如图 2-12 所示。

（1）工作寄存器区　共有 4 组寄存器，每组有 8 个寄存器单元，各组都分别以 R0 ~ R7 作寄存单元名称。寄存器常用于存放操作数及中间结果等，由于其功能及使用不做预先规定，因此称之为通用寄存器，有时也称为工作寄存器。4 组通用寄存器占据内部 RAM 的 00H ~ 1FH 单元地址。

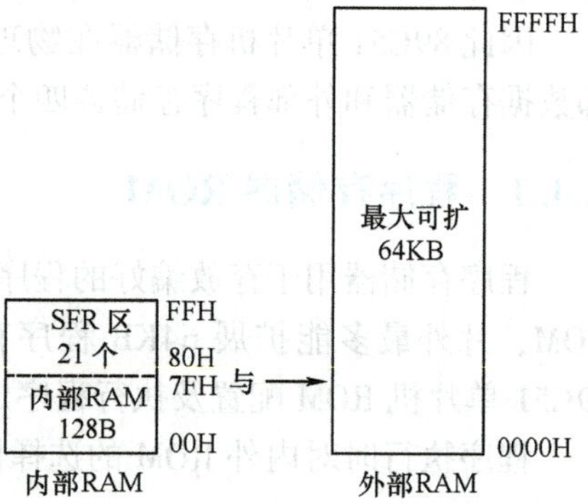

图 2-11 89C51 单片机数据存储器配置

在任一时刻，CPU 只能使用其中的一组寄存器，并且把正在使用的那组寄存器称为当前寄存器组。到底是哪一组，由程序状态字寄存器 PSW 中 RS1、RS0 位的状态组合来决定，其对应关系见表 2-4。

表 2-4 设置 RS1、RS0 选择寄存器组

RS1	RS0	当前寄存器组	内部 RAM 地址
0	0	第 0 组	00H ~ 07H
0	1	第 1 组	08H ~ 0FH
1	0	第 2 组	10H ~ 17H
1	1	第 3 组	18H ~ 1FH

通用寄存器为 CPU 提供了就近存储数据的便利，有利于提高单片机的运算速度。此外，使用通用寄存器还能提高程序编制的灵活性，因此在单片机的应用编程中应充分利用这些寄

存器，以简化程序设计，提高程序运行速度。

（2）位寻址区　内部 RAM 的 20H ~ 2FH 单元，既可作为一般 RAM 单元使用，进行字节操作，也可以对单元中每一位进行位操作，因此将该区称之为位寻址。位寻址区共有 16 个 RAM 单元，计 128 位，位地址为 00H ~ 7FH。89C51 具有布尔处理功能，这个位寻址区可以构成布尔处理器的存储空间。

（3）用户 RAM 区　在内部 RAM 低 128 单元中，通用寄存器占去 32 个单元，位寻址区占去 16 个单元，剩下 80 个单元，这就是供用户使用的一般 RAM 区，其单元地址为 30H ~ 7FH，对用户 RAM 区的使用没有任何规定或限制。

（4）堆栈区　堆栈是用来临时存储某些数据信息的存储器专用区，89C51 单片机没有专用的堆栈，而是从内部数据存储器中通过软件指定一个区域作为堆栈区，一般应用中常将堆栈开辟在用户 RAM 区中。

地址									区域
7FH ~ 30H	用户 RAM 区								数据缓冲区
2FH	7FH	7EH	7DH	7CH	7BH	7AH	79H	78H	位寻址区
2EH	77H	76H	75H	74H	73H	72H	71H	70H	
2DH	6FH	6EH	6DH	6CH	6BH	6AH	69H	68H	
2CH	67H	66H	65H	64H	63H	62H	61H	60H	
2BH	5FH	5EH	5DH	5CH	5BH	5AH	59H	58H	
2AH	57H	56H	55H	54H	53H	52H	51H	50H	
29H	4FH	4EH	4DH	4CH	4BH	4AH	49H	48H	
28H	47H	46H	45H	44H	43H	42H	41H	40H	
27H	3FH	3EH	3DH	3CH	3BH	3AH	39H	38H	
26H	37H	36H	35H	34H	33H	32H	31H	30H	
25H	2FH	2EH	2DH	2CH	2BH	2AH	29H	28H	
24H	27H	26H	25H	24H	23H	22H	21H	20H	
23H	1FH	1EH	1DH	1CH	1BH	1AH	19H	18H	
22H	17H	16H	15H	14H	13H	12H	11H	10H	
21H	0FH	0EH	0DH	0CH	0BH	0AH	09H	08H	
20H	07H	06H	05H	04H	03H	02H	01H	00H	
1FH ~ 18H	工作寄存器组 3（R0～R7）								工作寄存器区
17H ~ 10H	工作寄存器组 2（R0～R7）								
0FH ~ 08H	工作寄存器组 1（R0～R7）								
07H ~ 00H	工作寄存器组 0（R0～R7）								

图 2-12　内部 RAM 低 128 单元配置

2. 内部 RAM 高 128 单元（专用寄存器区）

内部 RAM 的高 128 单元是供给专用寄存器使用的，其单元地址为 80H ~ FFH。因为这些寄存器的功能已做专门规定，所以称为专用寄存器（Special Function Register），也可称为特殊功能寄存器。89C51 共有 21 个可寻址的专用寄存器，其中有 11 个专用寄存器是可以位寻址的，各寄存器的名称、符号、位地址、字节地址及对应位名称一并列于表 2-5 中。

表 2-5　89C51 专用寄存器地址表

名称	符号	位地址/位定义								字节地址
B 寄存器*	B	F7	F6	F5	F4	F3	F2	F1	F0	F0H
累加器 A*	ACC	E7	E6	E5	E4	E3	E2	E1	E0	E0H
程序状态字*	PSW	D7	D6	D5	D4	D3	D2	D1	D0	D0H
		CY	AC	F0	RS1	RS0	OV	/	P	
中断优先级控制*	IP	BF	BE	BD	BC	BB	BA	B9	B8	B8H
		/	/	/	PS	PT1	PX1	PT0	PX0	
I/O 口 3*	P3	B7	B6	B5	B4	B3	B2	B1	B0	B0H
		P3.7	P3.6	P3.5	P3.4	P3.3	P3.2	P3.1	P3.0	

（续）

名称	符号	位地址/位定义								字节地址
中断允许控制*	IE	AF	AE	AD	AC	AB	AA	A9	A8	A8H
		EA	/	/	ES	ET1	EX1	ET0	EX0	
I/O 口 2*	P2	A7	A6	A5	A4	A3	A2	A1	A0	A0H
		P2.7	P2.6	P2.5	P2.4	P2.3	P2.2	P2.1	P2.0	
串行数据缓冲	SBUF									(99H)
串行控制*	SCON	9F	9E	9D	9C	9B	9A	99	98	98H
		SM0	SM1	SM2	REN	TB8	RB8	TI	RI	
I/O 口 1*	P1	97	96	95	94	93	92	91	90	90H
		P1.7	P1.6	P1.5	P1.4	P1.3	P1.2	P1.1	P1.0	
定时/计数器 1 高字节	TH1									(8DH)
定时/计数器 0 高字节	TH0									(8CH)
定时/计数器 1 低字节	TL1									(8BH)
定时/计数器 0 低字节	TL0									(8AH)
定时/计数器方式选择	TMOD	GATE	C/$\overline{T}$	M1	M0	GATE	C/$\overline{T}$	M1	M0	(89H)
定时/计数器控制*	TCON	8F	8E	8D	8C	8B	8A	89	88	88H
		TF1	TR1	TF0	TR0	IE1	IT1	IE0	IT0	
电源控制及比特率选择	PCON	SMOD	/	/	/	GF1	GF0	PD	IDL	(87H)
数据指针高字节	DPH									(83H)
数据指针低字节	DPL									(82H)
堆栈指针	SP									(81H)
I/O 口 0*	P0	87	86	85	84	83	82	81	80	80H
		P0.7	P0.6	P0.5	P0.4	P0.3	P0.2	P0.1	P0.0	

注：加“*”的可以位寻址，字节地址带括号的不可位寻址，“/”表示保留位。

全部专用寄存器可寻址的位共 83 位，这些位都具有专门的定义和用途。这样加上位寻址区的 128 位，在 89C51 的内部 RAM 中共有 128 + 83 = 211 个可寻址位。

21 个可字节寻址的专用寄存器是不连续地分布在内部 RAM 高 128 单元之中，尽管还有许多空闲地址，但用户并不能使用。对专用寄存器只能使用直接寻址方式，书写时既可使用寄存器符号，也可使用寄存器单元地址。现简单介绍如下：

（1）累加器 ACC（Accumulator） 累加器为 8 位寄存器，最为常用，功能较多，地位重要。它既可用于存放操作数，也可用来存放运算的中间结果。89C51 单片机中大部分单操作数指令的操作数就取自累加器，许多双操作数指令中的一个操作数也取自累加器。

（2）寄存器 B 寄存器 B 是一个 8 位寄存器，主要用于乘除运算。乘法运算时，B 中存放乘数。乘法操作后，乘积的高 8 位存于 B 中，除法运算时，B 中存放除数。除法操作后，余数存于 B 中。此外，寄存器 B 也可作为一般数据寄存器使用。

（3）程序状态字 PSW（Program Status Word） PSW 是一个 8 位寄存器，用于存放程序

运行中的各种状态信息。其中有些位状态是根据程序执行结果，由硬件自动设置的，而有些位状态则使用软件方法设定。PSW 的位状态可以用专门指令进行测试，也可以用指令读出。一些条件转移指令就是根据 PSW 某些位的状态，进行程序转移。PSW 的各位定义见表 2-6。

表 2-6 PSW 各位定义

位地址	D7H	D6H	D5H	D4H	D3H	D2H	D1H	D0H
	PSW.7	PSW.6	PSW.5	PSW.4	PSW.3	PSW.2	PSW.1	PSW.0
位名称	CY	AC	F0	RS1	RS0	OV	/	P

除 PSW.1 位保留未用外，对其余各位的定义及使用介绍如下：

CY（PSW.7）——进位标志位。CY 是 PSW 中最常用的标志位，其功能有二：一是存放算术运算的进位标志，在进行加或减运算时，如果操作结果最高位有进位或借位时，CY 由硬件置“1”，否则清“0”；二是在位操作中，作累加位使用，在位传送、位与、位或等位操作时，操作位之一固定是进位标志位。

AC（PSW.6）——辅助进位标志位。在进行加减运算中，当有低 4 位向高 4 位进位或借位时，AC 由硬件置“1”，否则清“0”。在 BCD 码调整中也要用到 AC 位状态。

F0（PSW.5）——用户标志位。这是一个供用户定义的标志位，需要利用软件方法置位或复位，用以控制程序的转向。

RS1 和 RS0（PSW.4，PSW.3）——寄存器组选择位。用于选择 CPU 当前工作的通用寄存器组。这两个选择位的状态是由软件设置的，被选中的寄存器组即为当前通用寄存器组。但当单片机上电或复位后，RS1 和 RS0 均为 0。

OV（PSW.2）——溢出标志位。在带符号数加减运算中，OV =1 表示加减运算超出了累加器 A 所能表示的有符号数的有效范围（-128 ~ +127），即产生了溢出，因此运算结果错误；否则，OV =0 表示运算正确，即无溢出产生。

在乘法运算中，OV =1 表示乘积超过 255，即乘积的高低字节分别存储在 B 与 A 中；否则，OV =0，表示乘积只在 A 中。

在除法运算中，OV =1 表示除数为 0，除法不能进行；否则，OV =0，除数不为 0，除法可正常进行。

P（PSW.0）——奇偶标志位。表明累加器 A 中内容的奇偶性，如果 A 中有奇数个“1”，则 P 置“1”，否则清“0”。凡是改变累加器 A 中内容的指令均会影响 P 标志位。

此标志位对串行通信中的数据传输有重要的意义。在串行通信中常采用奇偶校验的办法来校验数据传输的可靠性。

(4) 数据指针 DPTR（Data Pointer） DPTR 主要是用来保存 16 位地址，编程时，DPTR 既可以按 16 位寄存器使用，也可以按两个 8 位寄存器（DPH、DPL）分开使用，即：

DPH——DPTR 高位字节；

DPL——DPTR 低位字节。

当执行“MOV DPTR，#2001H”后，DPH 的内容为 20H，DPL 的内容为 01H，与连续执行“MOV DPH，#20H”和“MOV DPL，#01H”的结果等价。

当对 64KB 外部数据存储器寻址时，DPTR 可作为间址寄存器使用，此时，使用如下两条指令：

```
MOVX      A,@ DPTR
MOVX      @ DPTR,A
```

在访问程序存储器时，DPTR 可用作基址寄存器，采用“基址 + 变址寻址方式”访问程序存储器，这条指令常用于读取程序存储器内的表格数据，即

```
MOVC      A,@ A + DPTR
```

（5）堆栈指针 SP（Stack Pointer） 堆栈是一个特殊的存储区，设在内部 RAM 中，用来暂存数据和地址，按“先进后出”的原则存取数据。堆栈有入栈和出栈两种操作，用 SP 作为堆栈指针。

SP 是一个 8 位寄存器，系统复位后 SP 的内容为 07H，使得堆栈实际上从 08H 单元开始。如果需要改变，用户可以通过指令在 00H ~ 7FH 中任意选择。但 08H ~ 1FH 单元分别属于工作寄存器 1 ~ 3 区，如程序中要用到这些区，则最好把 SP 值改为 1FH 或更大的值，堆栈最好在内部 RAM 的 30H ~ 7FH 单元中开辟。SP 的内容一经确定，堆栈的底部位置即确定，由于 SP 内容可用指令初始化为不同值，因此堆栈底部位置是不确定的，栈顶最大可为 7FH 单元。

堆栈操作如图 2-13 所示，每压入一个数，堆栈指针 SP 内容自动加 1，其数值指向新的栈顶单元，从堆栈取出数据，遵循先进后出的原则，也就是从栈顶开始取数，每弹出一个数，堆栈指针 SP 内容自动减 1。

注意： SP 内容所指的栈顶总是有内容的，每次新存进去的数总是放在栈顶之上，即（SP）+1 的地方，而不是在栈顶单元。

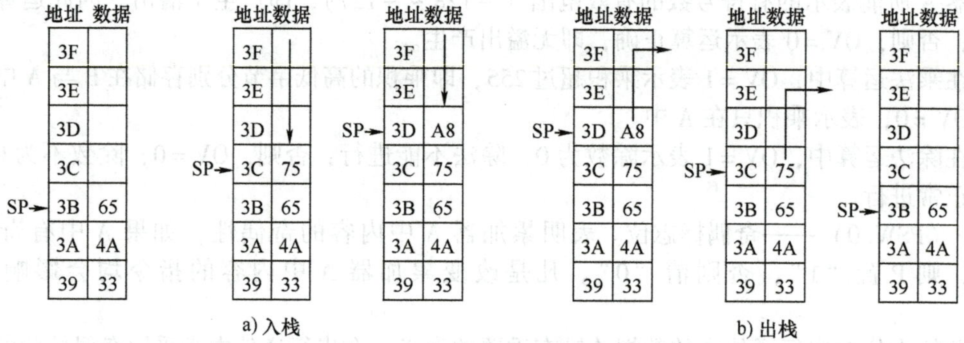

图 2-13 堆栈操作示意图

对堆栈操作有两种情况：

1）人工用指令把数据推入堆栈或从堆栈弹出，将堆栈作为临时储存数据的地方。

2）由 CPU 自动把有关数据推入或弹出，如执行子程序或中断时，把下一条指令地址值推入堆栈，以便执行完子程序或中断程序后能返回到程序原处，此方式不需要编程人员干预。

（6）I/O 口寄存器 P0、P1、P2 和 P3 89C51 单片机并没有专门的 I/O 口操作指令，而是把 I/O 口当作寄存器使用，数据传送统一使用“MOV”指令进行，这样四组 I/O 口还可以当作寄存器以直接寻址方式参与其他操作。

（7）定时/计数器0和1　定时/计数器0和1（T0和T1）分别由8位寄存器TL0、TH0以及TL1和TH1组成，但逻辑上却是两个独立的16位定时/计数器，可以单独对这四个寄存器寻址，但不能将T0和T1当作16位寄存器使用。

（8）定时/计数器方式选择寄存器TMOD　TMOD用于控制两个定时/计数器的工作方式，TMOD可用字节传送指令设置其内容，但不能位寻址，详细内容将在后文中叙述。

（9）串行数据缓冲器SBUF　SBUF用来存放需发送和接收的数据，其由两个独立的寄存器组成，一个是发送缓冲器，另一个是接收缓冲器，发送或接收的操作其实都是对串行数据缓冲器进行操作。

（10）程序计数器PC（Program Counter）　PC是一个16位的计数器，其作用是控制程序的执行顺序，其内容为下一条将要执行的指令在ROM中的存储地址，寻址范围达64KB。PC有自动指向下一条指令的功能，从而实现程序的顺序执行。PC不占据RAM单元，一般不计作专用寄存器，在物理上是独立的，因此PC没有地址，是不可寻址的，用户无法直接对其进行读写，但可以通过转移、调用、返回等指令间接改变其内容，以实现程序执行流向的转移。

（11）其他控制寄存器　IP、IE、TCON、SCON和PCON等寄存器主要用于中断和定时，详细内容将在后文中叙述。

学习任务2.5　掌握单片机的工作方式

89C51单片机共有复位、程序连续执行、程序单步执行、掉电保护、低功耗以及编程和校验6种工作方式。

2.5.1　程序连续执行方式

程序连续执行方式是单片机的基本工作方式。由于复位后（PC）=0000H，因此程序执行总是从地址0000H开始。但一般程序并不是真正从0000H开始，因此就需要在0000H开始的单元中存放一条无条件转移指令，以便跳转到实际程序的入口去执行。

2.5.2　程序单步执行方式

程序单步执行方式是指单片机在某个按键的控制下一条一条地执行用户程序的方式，即按一次按键就执行一条用户指令。该方式常常用于开发系统中用户程序的调试。

2.5.3　低功耗工作方式

1. 待机方式

如果使用指令使PCON寄存器IDL位置“1”，则89C51即进入待机方式。这时振荡器仍然工作，并向中断逻辑、串行口和定时/计数器电路提供时钟，但向CPU提供时钟的电路被阻断，因此CPU不能工作，与CPU有关的专用寄存器如SP、PC、PSW、ACC以及全部通用寄存器也都被“冻结”在原状态。

在待机方式下，中断功能应继续保留，以便采用中断方法退出待机方式。为此，应引入一个外中断请求信号，在单片机响应中断的同时，PCON.0位被硬件自动清“0”，单片机就退出待机方式而进入正常工作方式。其实在中断服务程序中只需安排一条 RETI 指令，就可以使单片机恢复正常工作，返回断点继续执行程序。

2. 掉电保护方式

寄存器 PCON 的 PD 位控制单片机进入掉电保护方式，因此对于 89C51，在检测到电源故障时，除进行信息保护外，还应把 PCON. 1 位置“1”，使之进入掉电保护方式。此时单片机一切工作都停止，只有内部 RAM 单元的内容被保存。备用电源由 VPD 端引入，待 Vcc 正常后，硬件复位信号维持 10ms 即能使单片机退出掉电方式。

能力训练与提升

动手与动脑

1. 给出单片机最小系统的概念，并画图展示。
2. 画出 MCS-51 系列单片机时钟电路，并指出石英晶体和电容的取值范围。
3. 描述什么是机器周期，机器周期和时钟频率有何关系？当时钟频率为 6MHz 时，机器周期是多少？
4. 描述 89C51 的 4 个并行 I/O 口的功能。
5. 描述 P3 口的第二功能，并绘图展示 P3 口各端子。
6. 描述 MCS-51 系列单片机内部 RAM 的组成是如何划分的？描述各部分功能，并画图展示。
7. 对于实训任务 4，编写程序监视开关 S1，如果开关 S1 合上，VL1 灭；开关 S1 打开，VL1 亮。
8. 详细描述 MCS-51 系列单片机常用的复位方法，画出电路图。

思考与练习

1. MCS-51 系列单片机由哪些单元组成？各自的功能是什么？
2. MCS-51 系列单片机控制线有几根？每一根控制线的作用是什么？
3. MCS-51 系列单片机 ROM 空间中，0003H~002BH 有什么用途？用户应怎样合理安排？
4. 89C51 单片机有多少个特殊功能寄存器？其分布在何地址范围？
5. DPTR 是什么寄存器？其作用是什么？它由哪几个寄存器组成？
6. 简述程序状态寄存器 PSW 各位的含义。单片机如何确定和改变当前的工作寄存器区？
7. 什么是堆栈？堆栈指示器 SP 的作用是什么？在堆栈中存取数据的原则是什么？
8. P0~P3 口作为输入口时，有何要求？
9. 单项选择题。

（1）一个机器周期等于______个振荡周期。

A）4　　B）6　　C）8　　D）12

（2）若 89C51 的晶振频率为 12MHz，则一个机器周期等于______ μs。

A）1.5　　B）3　　C）1　　D）0.5

（3）89C51 的时钟最高频率是______。

A）1.2MHz　　B）6MHz　　C）12MHz　　D）24MHz

（4）特殊功能寄存器的地址分布在______区域。

A）00H~1FH　　B）20H~2FH　　C）30H~7FH　　D）80H~0FFH

（5）当工作寄存器处于 1 区时，对应的地址空间是______。

A）00H~07H　　B）08H~0FH　　C）10H~17H　　D）18H~1FH

(6) 在89C51的21个特殊功能寄存器中，有______个具有位寻址能力。

A) 11　　B) 12　　C) 13　　D) 14

(7) 单片机内部RAM的可位寻址的地址空间是______。

A) 00H~1FH　B) 20H~2FH　C) 30H~7FH　D) 80H~0FFH

(8) 作为基本数据输出端口使用时，______口一般要外接上拉电阻。

A) P0　　B) P1　　C) P2　　D) P3

小贴士：

发展独立思考和独立判断的一般能力，应当始终放在首位，而不应当把获得专业知识放在首位。

——爱因斯坦

项目3 用C51语言编写单片机程序

项目导语

C语言是一种功能性和结构性很强的语言，用C语言编写程序更贴近人们的思维习惯，程序员不必十分熟悉处理器运算过程。很多处理器支持C编译器，程序员对新的处理器也能很快上手，而不必详细知道处理器的具体内部结构。除了对时钟要求严格的，需要使用汇编语言或者汇编与C51混合编程外，其余情况包括硬件接口操作都可使用C语言编写。通过C语言可极大提高程序开发速度。

能力目标

◇ 理解C51程序的数据结构。
◇ 掌握C51的运算符及表达式的书写。
◇ 掌握C51程序的函数结构和调用形式。
◇ 掌握简单的C51程序编程实例。

思维导图

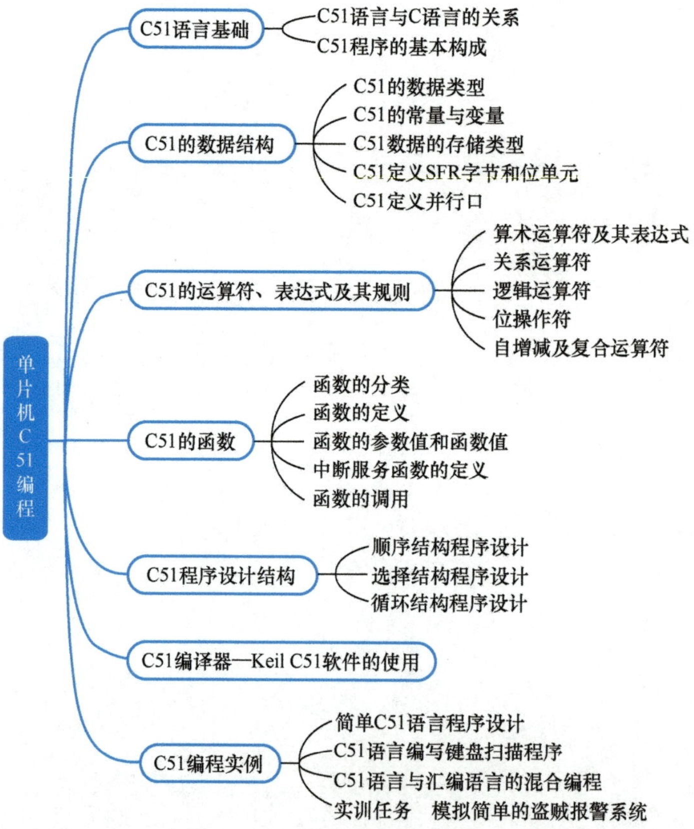

素质目标

◇ 具备总体筹划的思维，在完成一个工程时，能采用分而化之的手段，划分为子任务和模块。
◇ 具备团队合作互助的理念精神，懂得一个人的力量是有限的，而多人精诚合作则可实现一个人无法实现的目标，懂得团队协作是走向成功的关键因素。
◇ 培养严谨、一丝不苟的工匠精神，在编程过程中必须确保每句代码直至每个字符都要正确，对程序采取严格检查，才能准确地完成控制任务。

学习任务3.1　初识C51语言

3.1.1　理解C51语言与C语言的关系

在单片机开发中，汇编语言可读性和可维护性不强，代码可重用性较低，移植性较差。编程前必须考虑存储器结构，尤其要考虑内部数据存储器与特殊功能寄存器正确合理地使用以及按实际地址处理端口数据。

用C语言编写程序比用汇编语言更贴近人们的思维习惯，程序员不必十分熟悉处理器的运算过程，可以使程序员尽量少的对硬件进行操作。C语言是一种功能性和结构性很强的语言，很多处理器都支持C编译器，程序员对新的处理器也能很快上手，而不必知道处理器的具体内部结构。除了对时钟要求严格的，需要使用汇编语言或者汇编与C51混合编程外，其余情况包括硬件接口操作都可使用C语言编写。

MCS-51系列单片机的C语言编程，一般称为C51语言编程。C51语言编译器很多，目前使用最为广泛的是德国Keil公司的Keil C51编译器，其被嵌入到了Keil uVision集成环境中，现在已有汉化版本。

C51语言与标准C语言程序的不同之处在于，C51语言根据单片机存储结构及内部资源定义相应的C语言中的数据类型和变量，其他语法规定、程序结构及程序设计方法与标准C语言相同。

3.1.2　掌握C51程序的基本构成

C51程序构成与C语言程序基本相同，源程序文件扩展名为.c。

下面看一个C51编程实例：外部中断0引脚（P3.2）接一个开关，P1.0接一个发光二极管。开关闭合一次，触发外部中断使发光二极管改变一次状态。

```
#include <reg51.h>                    /* 包含编译器自带的头文件* /
#include <intrins.h>
void delay(void)                      /* 用户自定义的延时函数* /
{
  int a =5000;
  while(a - -)
  _nop_();
}
```

```
void int_srv(void)interrupt 0 using 1        /* 用户自定义的中断服务函数* /
{
 delay();
 if(INT0 = =0)
    {P10 =! P10;
     while(INT0 = =0)
     ;
     }
}
void main()                                   /* 主函数* /
{
 P10 =0;
 EA =1;
 EX0 =1;
 while(1)
 ;
}
```

通过上面的实例可以得出如下结论：

1）C 语言是由函数构成的，main 主函数是程序的入口，主函数中所有的程序执行完毕，则程序执行完毕。

2）被调用的函数分为两类：编译器定义的库函数和用户根据自己需要编制自定义的函数。对于库函数，编程时用 include 预处理指令将头文件包含在用户文件中，直接调用即可。例如通过书写“#include <reg51.h>”，可实现_nop_（）代表空操作。

3）一个函数由两部分组成：函数说明部分和函数体。函数说明部分包括函数名、函数类型、函数属性、函数参数名、形式参数类型，一个函数名后面必须跟一个圆括号，函数参数可以没有，如 main（）；函数说明部分下面最外层的一对｛｝为函数体的范围，包括变量定义和执行语句。

4）C 程序书写格式自由，一行内可以写几个语句，一个语句可分写在多行上，C 程序无行号。

5）每个语句和数据定义的最后必须有一个分号，不可省略，即使是程序中最后一个语句也应包含分号。

6）可以用/＊……＊/对 C 程序中的任何部分做注释。

学习任务 3.2 掌握常用的 C51 的数据结构

用 C51 编写的应用程序，虽不像用汇编语言那样具体地组织、分配存储器资源和处理端口数据，但对数据类型与变量的定义，必须要与单片机的存储结构相关联，否则编译器不能正确地映射定位。

3.2.1 理解 C51 的数据类型

C51 的数据类型可分为四种。与标准 C 数据类型的最大不同之处是增加了位型。

1）基本类型：包括位型（bit）、字符型（char）、整型（int）、长整型（long）、浮点型（float）、双精度浮点型（double）。

2）构造类型：数组类型（array）、结构体类型（struct）、共用体（union）、枚举（enum）。

3）指针类型（*）。

4）空类型。

Keil C51 具体支持的数据类型见表 3-1。

表 3-1　Keil C51 支持的数据类型

数据类型	长度/bit	长度/B	值域范围
unsigned char	8	1	0～255
signed char	8	1	-128～127
unsigned int	16	2	0～65535
signed int	16	2	-32768～32767
unsigned long	32	4	0～4294967295
signed long	32	4	-2147483648～+2147483647
float	32	4	+1.175494E-38～+3.402823E+38
一般指针	24	3	0～65535
bit	1	—	0，1
sfr	8	1	0～255
sfr16	16	2	0～65535
sbit	1	—	0，1

3.2.2　掌握 C51 的常量与变量

C51 中的数据有常量和变量之分。

1. 常量

在程序运行过程中，其值不能改变的量称为常量，可以有不同的数据类型。如 0、1、2、-3 为整型常量；4、6、-1.23 等为实型常量；‘a’、‘b’为字符型常量。

2. 变量

在程序运行过程中，其值可以改变的量称为变量。每一个变量都在内存中占据一定的存储单元（地址），并在该内存单元中存放该变量的值。

（1）位变量（bit）　该变量的类型是位，值可以是 1（true）或 0（false）。与 8051 单片机硬件特性操作有关的位变量必须定义在内部存储区（RAM）的可位寻址空间中。

（2）字符变量（char）　字符变量的长度为 1B，即 8 位，很适合 8051 单片机，因为 8051 单片机每次可处理 8 位数据，除非指明是有符号变量（signed char），字符变量的值域范围是 0～255。对于有符号的变量，最具重要意义的位是最高位上的符号标志位（msb），在此位上，1 代表“负”，0 代表“正”。

（3）整型变量（int）　整型变量的长度为 16 位，8051 系列 CPU 将 int 型变量的 msb 存放在低地址字节。有符号整型变量也使用 msb 作为标志位，并使用二进制的补码表示数值，可直接使用几种专用的机器指令来完成多字节的加、减、乘、除运算。

（4）长整型变量（long int） 长整型变量的长度是32位，占用4个字节（byte），其他方面与整型变量相似。

（5）浮点型变量（float） 浮点型变量为32位，占4B，许多复杂的数学表达式都采用浮点变量数据类型。它用浮点位表示数的符号，用阶码和尾数表示数的大小。用其进行任何数学运算都需要使用由编译器决定的各种不同效率等级的库函数。

例3-1 分析如下程序，体会变量与常量的应用。

```
#define CONST 60
main( )
{
  int variable,result;
  variable =20;
  result =variable* CONST;
  print(“result =% d \n”,result);
}
```

程序运行结果：result = 1200。

程序开头的“#define CONST 60”定义了一个符号常量CONST，在后面的程序中凡是出现CONST的地方，都代表常量60。variable和result是变量，数据类型为整型（int）。

注意：符号常量和变量的区别在于，符号常量的值在其作用域中不能改变，也不能用等号赋值。习惯上，符号常量名用大写字母，变量名用小写字母，以示区别。

3.2.3 掌握C51数据的存储类型

学习C51的存储类型和定义方式

Keil C51编译器完全支持MCS－51单片机的硬件结构，可完全访问硬件系统的所有部分。该编译器通过将变量、常量定义成不同的存储类型的方法，将它们定义在不同的存储区中。Keil C51编译器所能识别的存储类型见表3-2。

表3-2 Keil C51编译器所能识别的存储类型

存储类型	说明
DATA	直接寻址内部数据存储区，访问速度快
IDATA	间接寻址内部数据存储区，可访问全部内部RAM地址空间
PDATA	分页寻址外部数据存储区，由“MOVX @Ri”访问
CODE	代码存储区，由“MOVC @DPTR”访问
XDATA	外部数据存储区，由“MOVX @DPTR”访问
BDATA	可位寻址内部数据存储区，允许字节与位混合访问

当使用存储类型DATA、BDATA定义常量和变量时，C51编译器会将其定位在内部数据存储区中（内部RAM），这个存储区根据MCS－51单片机CPU的型号不同，其长度分别为64B、128B、256B、512B。存储区不是很大，但能快速收发各种数据，外部数据存储器从物理上来说属于单片机的一个组成部分，但用这种存储器存放数据，在使用前必须将其移到内部数据存储区中。内部数据存储区是存放临时性传递变量或使用频率较高的变量的理想场所。

当使用CODE存储类型定义数据时，C51编译器会将其定义在代码空间（ROM或

EPROM），这里存放着指令代码和其他非易变信息。调试完成的程序代码被写入 MCS－51 单片机的内部 ROM/EPROM 或外部 EPROM 中。在程序执行过程中，不会有信息写入这个区域，因为程序代码不能进行自我改变。

当使用 XDATA 存储类型定义常量、变量时，C51 编译器会将其定位在外部数据存储空间（外部 RAM），该空间位于片外附加的 8KB、16KB、32KB 或 64KB RAM 芯片中（如常用的 6264、62256 等），其最大可寻址范围为 64KB。在使用外部数据区的信息之前，必须用指令将其移动到内部数据区中，当数据处理完之后，将结果返回到外部数据存储区，片外数据存储区主要用于存放不常使用的变量，或收集等待处理的数据，或存放要被发往另一台计算机的数据。

PDATA 存储类型属于 XDATA 类型，其一字节地址（高 8 位）被妥善保存在 P2 口中，用于 I/O 操作。

IDATA 存储类型可以间接寻址内部数据存储器（可以超过 127B）。

访问内部数据存储器（DATA，BDATA，IDATA）比访问外部数据存储器（XDATA，PDATA）相对要快一些，因此可将经常使用的变量置于内部数据存储器中，而将规模较大的，或不常使用的数据置于外部数据存储器中。

C51 存储类型及其大小和值域见表 3-3。

表 3-3　C51 存储类型及其大小和值域

存储类型	长度/bit	长度/B	值域范围
DATA	8	1	0～255
IDATA	8	1	0～255
PDATA	8	1	0～255
CODE	16	2	0～65535
XDATA	16	2	0～65535

3.2.4　用 C51 定义 SFR 字节和位单元

1. 定义 SFR 字节单元

例如：

```
sfr PSW = 0xD0;        /* 定义程序状态字 PSW 的地址为 D0H* /
sfr TMOD = 0x89;       /* 定义定时/计数器方式控制寄存器 TMOD 的地址为 89H* /
sfr P1 = 0x90;         /* 定义 P1 口的地址为 90H* /
```

2. 定义可位寻址的 SFR 位

例如：

```
sbit CY = 0xD7;        /* 定义进位标志 CY 的地址为 D7H* /
sbit AC = 0xD0^6;      /* 定义辅助进位标志 AC 的地址为 D6H* /
sbit RS0 = 0xD0^3;     /* 定义 RS0 的地址为 D3H* /
```

标准的 SFR 在 reg51. h、reg52. h 等头文件中已经被定义，只要用#include 将头文件包含做出申明即可使用。例如：

```
#include <reg51.h>
sbit P10 = P1^0;
sbit P12 = P1^2;
main( )
{
  P10 = 1;
  P12 = 0;
  PSW = 0x08;
  ……
}
```

3. 定义位变量

例如：

```
bit lock;              /* 将 lock 定义为位变量* /
bit direction;         /* 将 direction 定义为位变量* /
```

注意：不能定义位变量指针，也不能定义位变量数组。

3.2.5 用 C51 定义并行口

单片机内部并行口用 sfr 定义，外部并行口用指针定义，指针的定义在 absacc.h 头文件中。例如：

```
#include <absacc.h>
#define PA XBYTE[0xffec]
main( )
{
 PA = 0x3A;             /* 将数据 3AH 写入地址为 0xffec 的存储单元或 I/O 口* /
}
```

学习任务 3.3 掌握 C51 的运算符、表达式及其规则

掌握C51语言的运算符和运算规则

3.3.1 算术运算符及其表达式

1. 算术运算符

+　　(加法运算符，或正值符号)

-　　(减法运算符，或负值符号)

*　　(乘法运算符)

/　　(除法运算符)

%　　(模/求余运算符)

2. 算术表达式

用算术运算符和括号将运算对象连接起来的式子称为算术表达式。运算对象包括常量、变量、函数、数组及结构等。

例如：a + b、a + b * c/d、a * （b + c） - （b - d） /f 等。

算术运算符的优先级为：先乘 * 、除/、求余% ，后加 + 、减 - ，括号最优先。

3.3.2 关系运算符

<　　（小于）

>　　（大于）

< =　（小于或等于）

> =　（大于或等于）

= =　（测试等于）

! =　（测试不等于）

前四种关系运算符优先级相同，后两种也相同，但前四种的优先级高于后两种；关系运算符的优先级低于算术运算符；关系运算符的优先级高于赋值运算符。

3.3.3 逻辑运算符

C51 提供三种逻辑运算符：

&&　　逻辑与（AND）

‖　　逻辑或（OR）

!　　逻辑非（NOT）

其中“&&”和“‖”是双目运算符，要求有两个运算对象，而! 是单目运算符，即只有一个运算对象。

C51 逻辑运算符与算术运算符、关系运算符、赋值运算符之间优先级的次序如下：逻辑非运算符优先级最高，算术运算符次之，关系运算符再次之，&& 和 ‖ 再次之，最低为赋值运算符。

3.3.4 位操作符

C51 提供了如下位操作运算符：

&　　按位与

|　　按位或

^　　按位异或

~　　按位取反

<<　　位左移

>>　　位右移

除按位取反运算符 ~ 以外，以上位操作运算符都是两目运算符，即要求运算符两侧各有一个运算对象。

位运算符只能是整型或字符整型，不能为实型数据。

3.3.5 自增减及复合运算符

自增减运算符的作用是使变量值自动加 1 或减 1。如：++i，--i，i++，i--。

自增减运算只能用于变量而不能用于常量表达式。（++）（--）的结合方向是“自右向左”。

凡是二目运算符，都可以与赋值运算符“=”一起组成复合运算符，C51 共提供了 11

种复合运算符，即：+=，-=，*=，/=，%=，<<=，>>=，&=，|=，^=，~=。例如：a+=5 等同于 a=a+5。

学习任务 3.4 用 C51 函数完成模块化编程及调用

在高级语言中，函数和“子程序”“过程”很相似，都是描述同样的事情，都含有以同样的方法重复地去做某件事的意思，在 C51 中使用“函数”这个术语。主程序 main（）可以根据需要用来调用函数。当函数执行完毕时，就发出返回（return）指令，而主程序 main（）用后面的指令来恢复主程序流的执行，同一个函数可以在不同的地方被调用，并且函数可以重复使用。

掌握函数定义及函数调用方法

3.4.1 C51 函数有何分类

C 语言函数分为主函数 main（ ）和普通函数两种，对于普通函数，从用户使用的角度又划分为标准库函数和用户自定义函数。

1. C51 库函数

C51 编译器提供了丰富的库函数，使用这些库函数可大大提高编程效率，用户可以根据需要随时调用。每个库函数都在相应的头文件中给出了函数的原型，使用时只需在源程序的开头用编译预处理命令#include 将相关的头文件包含进来即可。

例如，要进行绝对地址访问，只需要在程序开头使用“#include <absacc.h>”将头文件包含即可。要访问 SFR 和 SFR 的位，则只需要在程序开头使用“#include <reg51.h>或#include <reg52.h>”将头文件包含即可。

2. 用户自定义函数

用户自定义函数是根据需要编写的函数。从其定义形式上划分为三种形式：无参数函数、有参数函数和空函数。

（1）无参数函数　此种函数在被调用时，既无参数输入，也不返回结果给调用函数，它是为完成某种操作而编写的。

（2）有参数函数　在被定义时，必须定义与实际参数一一对应的形式参数，并在函数结束时返回结果，供调用该函数使用；调用时，必须提供实际的输入参数。

（3）空函数　此种函数体内无语句，是空白的。调用此种空函数时，什么工作也不做，不起任何作用，定义此种函数的目的并不是为了执行某种操作，而是为了以后程序功能的扩充。在程序的设计过程中，往往根据需要确定若干模块，分别由一些函数来实现。而在程序设计的第一阶段，往往只设计最基本的功能模块的函数，其他模块的功能函数，则可以在以后补上。为此先将这些非基本模块的功能函数定义成空函数，预留空位，以后再用一个编好的函数代替。

★**开发提示：** 设计程序时，将需要反复执行的代码封装为函数，而在需要执行该段代码功能的地方调用预先封装好的函数，既可实现代码复用，更能保证代码的一致性，只需要修改该函数代码，那么所有调用位置均可得到更新。同时，将大任务拆分成多个函数也是分治法和模块化设计的基本思路，有利于复杂问题简单化。

3.4.2　如何定义 C51 函数

C51 函数的定义形式为：

返回值类型　函数名（形式参数列表）

{

　函数体语句

}

无参数函数一般不带返回值，因此函数返回值类型识别符可以省略；空函数的函数体语句部分为空。

3.4.3　何为函数的参数值和函数值

C 语言采用函数之间的参数传递方式，使一个函数能对不同的变量进行功能相同的处理，从而大大提高了函数的通用性和灵活性。

函数之间的参数传递是在函数调用时，通过主调用函数的实际参数与被调用函数的形式参数之间进行数据传递来实现。

被调用函数的最后结果由被调用函数的 return 语句返回给调用函数。

1. 形式参数和实际参数

（1）形式参数　在定义函数时，函数名后面括号中的变量名称为形式参数，简称形参。

（2）实际参数　在函数调用时，主调用函数名后面括号中的表达式称为实际参数。

下面以求两个数的最大公约数程序为例加以说明。

```
#include <stdio.h>
int  gcd(u,v)
int  u,v;
{
 int  temp;
 while(v != 0)
 {
  temp = u% v;
  u = v;
  v = temp;
 }
 return(u);
}
main()
{
 int result,a = 150,b = 35;
 print ("a = % d,b = % d",a,b)
 result = gcd(a,b);
 print("The gcd of % d and % d is % d \n",a,b,result);
}
```

程序运行结果：

```
a =150,b =135
The gcd of 150 and 35 is 5
```

程序中，函数说明语句“int gcd（u，v）”的括号中的变量 u、v 即为该函数的被调用函数的形式参数。而在主函数 main（ ）中的“result = gcd（a，b）”语句括号中的变量 a、b 则是调用函数的实际参数。该语句在调用 gcd（ ）函数的同时，将已赋值的实际参数 a、b 传递给 gcd（u，v）函数的形式参数 u、v，由 gcd 函数用 u、v 进行运算。

在 C 语言的函数调用中，实际参数与形式参数之间的数据传递是单向进行的。只能由实际参数传递给形式参数，而不能由形式参数传递给实际参数。

实际参数与形式参数的类型必须一致，否则会发生类型不匹配的错误。被调用函数的形式参数在函数未被调用之前，并不占用实际内存单元。只有当函数调用发生时，被调用函数的形式参数才被分配给内存单元，此时内存中调用函数的实际参数和被调用函数的形式参数位于不同的单元中。在调用结束后，形式参数所占有的内存被系统释放，而实际参数所占有的内存单元仍然保留并维持原值。

2. 函数的返回值

主调用函数 main（ ）在调用有参数函数 gcd（ ）的时候，将实际参数 a、b 传递给被调用函数的形式参数 u、v。然后，被调用函数 gcd（ ）使用形式参数 u、v 作为输入变量进行运算，所得结果通过返回语句“return u”返回给主函数，并在主函数的“result = gcd（a，b）”句中通过等号赋值给变量 result，这个“return u”中 u 变量值就是被调用函数的返回值，简称函数的返回值。

函数的返回值是通过函数中的 return 语句获得的。一个函数可以有一个以上的 return 语句，但多于一个的 return 语句必须在选择结构（if 或 do/case）中使用，因为被调用函数一次只能返回一个变量值。

3.4.4 如何定义中断服务函数

1. 定义中断服务函数的一般形式

C51 编译器专门扩展了关键字 interrupt 和 using，用于定义中断服务函数。其一般定义格式如下：

函数类型函数名（形参表）[interrupt m] [using n]

1）interrupt 是函数定义时的一个选项，加上此选项即可将一个函数定义为中断服务函数。interrupt 后面的 m 是中断号，m 的取值范围是 0 ~ 31，（8m + 3）H 即为该中断的入口地址。中断号 m、中断源以及中断入口地址对应关系如下：

0	外部中断	0003H
1	定时器	000BH
2	外部中断	0013H
3	定时器	001BH
4	串行口	0023H

2）using 后面的 n 用于定义函数使用的工作寄存器组，n 可定义为 0 ~ 3 的常整数，可

分别选中8051单片机的四个工作寄存器组。using是一个可选项，若不用此项，则由编译器自动选择一个寄存器组使用。

3）关键字using和interrupt的后面都不允许跟带运算符的表达式。

2. 使用中断函数的注意事项

1）中断函数不能进行参数传递。

2）中断函数没有返回值，故一般定义成void类型。

3）在任何情况下，都不能直接调用中断函数。

4）如果中断函数中调用了其他函数，则被调用函数所使用的寄存器组必须与中断函数相同。

3.4.5　函数如何调用

1. 调用的一般形式

函数名　（实际参数表列）;

对于有参数函数，若包含多个实际参数，则应将各参数之间用逗号分开。主调用函数的实际参数的数目与被调用函数的形式参数的数目应该相等。实际参数与形式参数按实际顺序一一对应传递数据。

如果调用的是无参数函数，则实际参数表可以省略，但函数名后面必须有一对空括号。

2. 调用方式

主调用函数对被调用函数的调用可以有以下三种方式：

(1) 函数调用语句　即把被调用函数名作为主调用函数中的一个语句。

例如：print_message（）;

此时并不要求被调用函数返回结果数值，只要求函数完成某种操作。

(2) 函数结果作为表达式的一个运算对象　此时被调用函数以一个运算对象的身份出现在一个表达式中。这就要求被调用函数带有return语句，以便返回一个明确的数值参加表达式的运算。

例如：result=2*gcd（a，b）;

被调用函数gcd为表达式的一部分，其返回值乘2再赋给变量result。

(3) 函数参数　即被调用函数作为另一个函数的实际参数。

例如：m=max（a，gcd（u，v））;

其中，gcd（u，v）是一次函数调用，其值作为另一个函数调用max（）的实际参数之一，最后变量m的值为u、v的最大公约数和a两者之中较大的一个。

3. 对被调用函数的说明

在一个函数中调用另一个函数必须具备以下条件：

1）被调用函数必须是已经存在的函数（库函数或用户自定义函数）。

2）如果程序中使用了库函数，或不在同一文件中的另外的自定义函数，则应该在程序的开头处使用#include包含语句，将所用的函数信息包括到程序中来。

例如：#include <stdio.h>，表示将标准输入、输出头文件（在函数库中）包含到程序中来；“#include <math.h>”表示将函数库中专用数学库的函数包含到程序中来。在程序编译时，系统就会自动将函数库中的有关函数调入到程序中去，编译出完整的程序代码。

3）如果被调用函数出现在主调用函数之后，一般应在主调用函数中，在对被调用函数调用之前，对被调用函数的返回值类型做出说明；如果被调用函数出现在主调用函数之前，可以不对被调用函数加以说明。

4. 嵌套调用

在C语言中，函数的定义都是相互独立的，即在定义函数时，一个函数的内部不能包含另一个函数。尽管C语言中函数不能嵌套定义，但允许嵌套调用函数。也就是说，在调用一个函数的过程中，允许调用另一个函数。当程序变得越来越复杂的时候，为了使一个函数内的源程序限制在60行以内，以提高可读性，在一个函数内应将嵌套调用的层次限制在4至5层以内。有些C编译器对嵌套的深度有一定限制，但这样的限制并不苛刻，就MCS-51系列单片机而言，它对函数嵌套调用层次的限制是由于其内部RAM中缺少大型堆栈空间所致。每次调用都将使MCS-51系统把2B数据（返回程序计数器的地址）压入内部堆栈，C编译器通常依靠堆栈来频繁地进行参数传递。

5. 递归调用

在调用一个函数的过程中，又直接或间接的调用该函数本身，这种情况称为函数的递归调用。

一般说来，任何大于0的正整数n的阶乘等于n乘以（n-1）的阶乘，即n! =n（n-1)!。用（n-1)! 的值来表示n! 的值的表达式就是一种递归调用，因为一个阶乘的值是以另一个阶乘的值为基础的。采用递归调用求正整数n的阶乘的程序如下：

```
int factorial(n)
int n;
{ int result;
  if (n = =0)
  result =1;
  else
       reslut =n *  factorial(n -1);
  return(result);
}
main( )
{
  int j;
  for ( i =0; j <11; + +j)
       print ("% d! =% d \n" ,j ,factorial( j ) );
}
```

在程序factorial（ ）函数中，包含着对它自身的调用，使该函数成为递归型函数。

※**拓展链接：** 主调函数和被调用函数体现的是合作理念，犹如将一个大任务的某个相对独立的部分交给别人做，也类似于同伴之间互相帮助，各取所长，使得学习效率更高，进度更快。随着当今生活节奏的加快，人们越来越注重效率和合作。一个人的力量往往是有限的，而多人合作，则可实现一个人无法实现的目标，合作意识非常重要，简单说来，合作其实就是求善、求同、求团结。个体的力量是弱小的，只有个体与个体联合，或者个体加入到集体中去，建立与别人的良好合作关系，才能更容易实现自身目标，同时也能够更好地在集体中实现自我价值。

学习任务 3.5　掌握程序设计结构

3.5.1　如何设计顺序结构程序

C 语言程序设计结构最常用的有顺序结构、选择结构和循环结构，其中顺序结构是最简单，也是最常用的一种程序结构。

所谓顺序结构，即按照解决问题的顺序依次编写程序代码行。就像我们办理入学手续时顺序是有先后的，要先在财务处缴纳费用，再去辅导员处报到，然后去后勤办理宿舍入住。先后有序办理，不能颠倒。顺序结构程序设计亦是如此，其代码执行按照自上而下的顺序依次执行。

例如：
```
void main()
{
  int a=5,b=6,c,d,e,f;
  c=a+b;
  d=b-a;
  e=a* b;
  f=b/a;
}
```

上述程序段会由上到下依次执行，先计算 c 的值，再计算 d 的值，再计算 e 的值，最后计算 f 的值。

掌握顺序结构和选择结构

3.5.2　如何设计选择结构程序

所谓选择结构程序，即对某种条件进行判断，当条件成立或不成立时执行特定的操作。选择结构如图 3-1 所示。

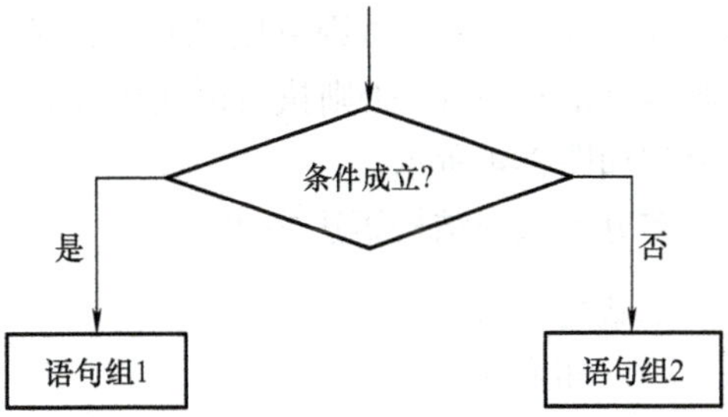

图 3-1　选择结构

1. 单分支选择结构 if 语句

单分支选择结构语句即当条件成立时执行语句组，否则跳过该语句组，其执行流程如图 3-2 所示。

if 语句语法格式为：if（表达式）
{语句组}

例如：
```
int a=6,b=3,c;
c=b;
if(a>b)
   c=a;
```

上述程序段，开始将 b 的值赋给 c，那么 c=3；然后判断 a 与 b 的大小，若 a 大于 b，则将 a 的值赋给 c，变量初始化中 a 的值大于 b 的值，那么执行完后 c 的值为 6。

若将上述程序段改为：

```
int a=3,b=6,c;
```

```
c=b;
if(a>b)
   c=a;
```

那么 a 的值即为 6，if 语句下的 c = a 语句不再执行。

2. 双分支和多分支选择结构 if 语句

双分支选择结构即当条件成立时执行语句组 1，条件不成立时执行语句组 2。其执行流程如图 3-3 所示。

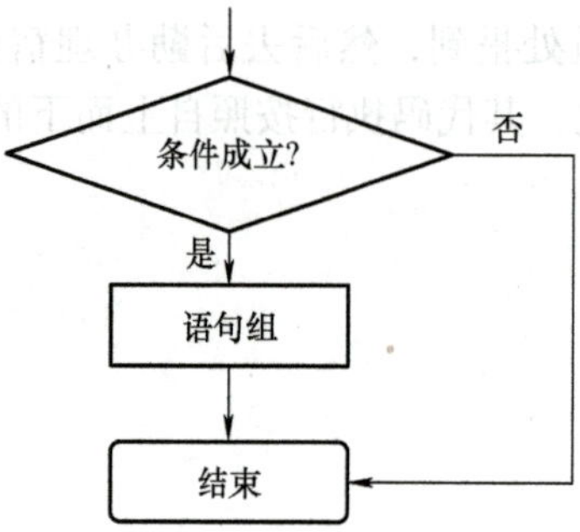

图 3-2 单分支选择结构

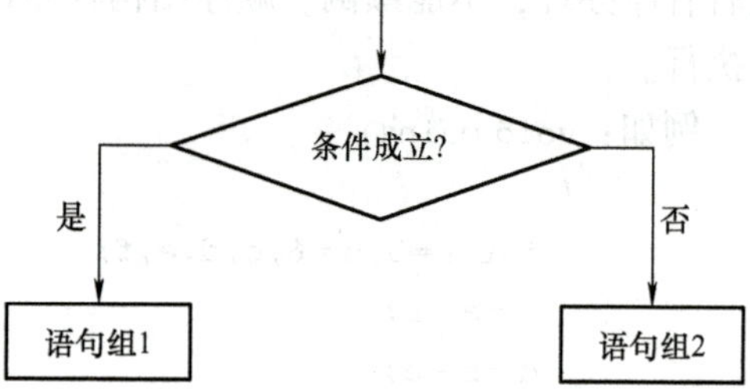

图 3-3 双分支选择结构

双分支选择结构 if... else... 语句语法格式为：

```
if(表达式)
  {语句组 1}
else
  {语句组 2}
```

多分支选择结构即当条件 1 满足时，执行语句组 1；否则判断条件 2，条件 2 满足则执行语句组 2；否则判断条件 3，条件 3 满足则执行语句组 3；……，否则判断条件 n，条件 n 满足则执行语句组 n；否则执行语句组 n+1。其执行流程如图 3-4 所示。

多分支选择结构语法格式：

```
if(表达式 1)
  {语句组 1}
else if(表达式 2)
  {语句组 2}
else if(表达式 3)
  {语句组 3}
...
else if(表达式 n)
  {语句组 n}
else
  {语句组 n+1}
```

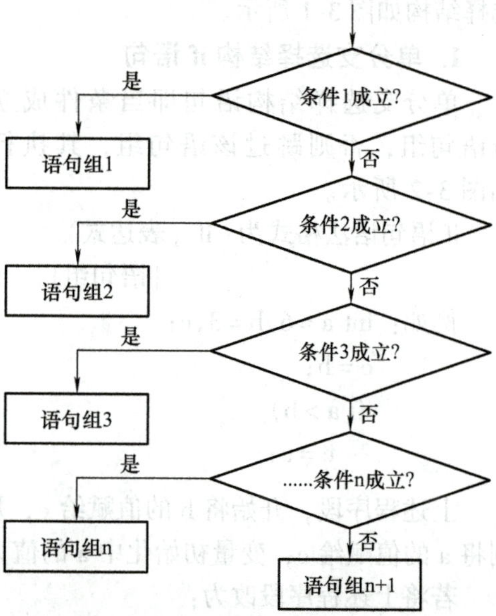

图 3-4 多分支选择结构

3. 多分支选择结构 switch 语句

switch 语句语法格式为：

```
switch(表达式)
{
  case  常量表达式1: 语句1;break;
  case  常量表达式2: 语句2;break;
  …                       …
  case  常量表达式n: 语句n;break;
  default :语句n+1;break;
}
```

switch 语句的语义是：计算“表达式”的值，并逐个与其后的常量表达式值相比较，当表达式的值与某个常量表达式的值相等时，则执行之后的语句，若都不相等则执行 default 后的语句。其执行流程如图 3-5 所示。

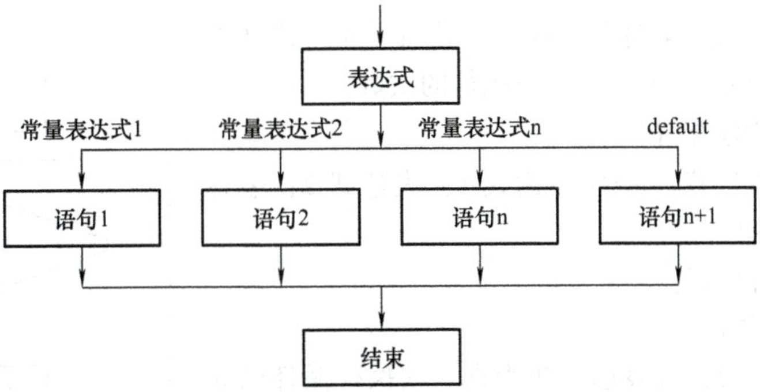

图 3-5　多分支 switch 选择结构

3.5.3　如何设计循环结构程序

掌握循环结构编程

循环结构是结构化程序设计的基本结构之一，用于处理重复执行某种数据操作的问题，采用循环语句来编程实现。循环结构语句有三种：while 语句、for 语句、do-while 语句。

1. while 循环结构语句

while 语句用来实现“当型”循环结构。

一般形式为：while（表达式）{循环语句组}

当表达式为非 0 值时，执行 {} 内的循环语句组。其执行过程为判断表达式是否为真，若为真，则执行循环体，即循环语句组，再次判断表达式是否为真，若为真，则再次执行循环体，然后再次判断表达式是否为真，当表达式为假时，跳过循环体，结束循环语句。其程序执行流程如图 3-6 所示。

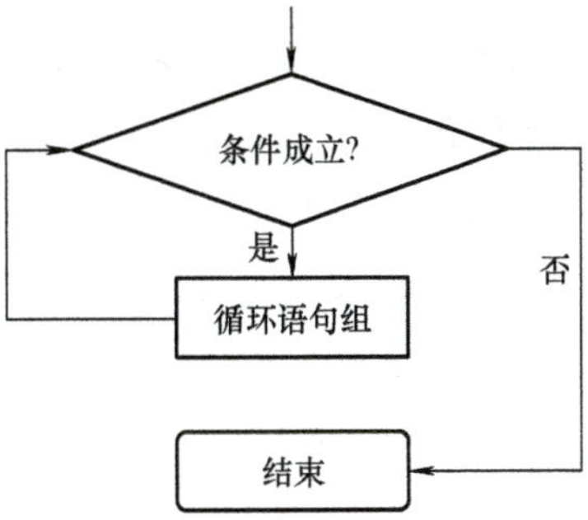

图 3-6　while 型循环结构

注意：while 语句与 if 语句的区别在于，while 语句在执行 {} 时要再次判断表达式的真假；if 语句在执行完

{} 时，不再判断表达式的真假。while 语句中的 {} 可以重复执行很多次，而 if 语句中的 {}，最多执行一次，而不可能重复执行。

例如：while (1)

```
{  a++;  }
```

表达式“1”始终为真，故循环体“a++”一直循环执行，没有终止，像这样的循环语句为无限循环语句。

有限循环语句即循环体执行若干次后可终止循环的程序。要实现有限循环操作控制，需要三个要素：循环变量初始化、循环判定条件、改变循环变量。

例如：
```
i=0;        //循环变量初始化
while(i<5)  //循环判定条件
{
  a++;
  i++;      //改变循环变量
}
```

当 i=0，1，2，3，4 时分别执行一次 a++，改变循环判定条件即可修改 a++语句循环执行的次数。

2. for 循环结构语句

for 语句的一般形式：for（表达式 1；表达式 2；表达式 3）{循环语句组}

for 语句的执行过程：

1）执行表达式 1。

2）执行表达式 2，若表达式 2 为真，则执行循环语句组，然后执行下面第 3）步。若为假（值为 0），则结束循环，转到第 5）步。

3）执行表达式 3。

4）转回上面第 2）步继续执行。

5）循环结束。

for 语句的程序执行流程如图 3-7 所示。

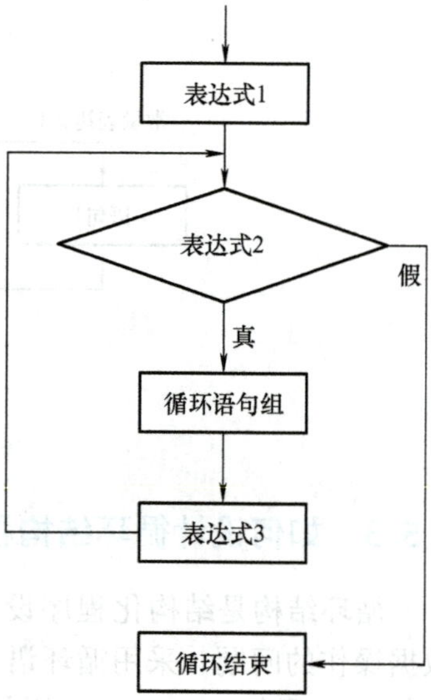

图 3-7 for 型循环结构

for 语句常见的形式为：

```
for(循环变量赋初值;循环条件;改变循环变量){循环语句组}
```

例如：`for (i=1; i<=100; i++) sum=sum+i;`

等价于：

```
i=1;
while(i<=100)
{
  sum=sum+i;
  i++;
}
```

3. do－while 循环结构语句

do－while 语句一般形式为：

```
do
  {
    循环语句组
  }
while(表达式);
```

执行过程：先执行循环语句组，然后判断“表达式”，当表达式的值为真时，再次执行循环体语句组，如此反复，直到表达式的值为假，终止循环。其执行流程如图 3-8 所示。

4. break 语句

break 语句可以用来从循环体内跳出，即提前结束循环，接着执行循环下面的语句。

一般形式：break；

例如：
```
void main()
    { int i=5;
      while(i>0)
      {
        if(i%2==0) break;
        printf("%d",i);          //输出 i 的值
        i--;
      }
    }
```

程序执行流程如图 3-9 所示，程序执行结果为 5。

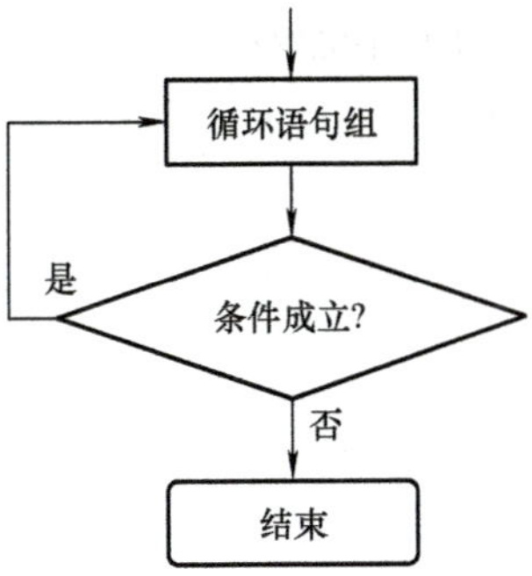

图 3-8　do－while 型循环结构

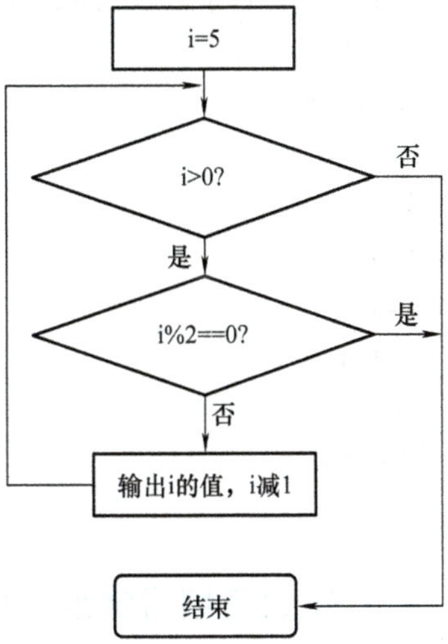

图 3-9　break 结束型循环结构

5. continue 语句

continue 语句用于结束本次循环，即跳过循环体中下面尚未执行的语句，接着进行下一次是否执行循环的判定。

一般形式：continue；

例如：void main （）

```
{ int i=5;
    while (i>5)
    {
      if (i%2 = =0) continue;
      printf ( "%d", i);          //输出 i 的值。
      i--;
    }
}
```

程序执行流程如图 3-10 所示，程序执行结果为输出 531。

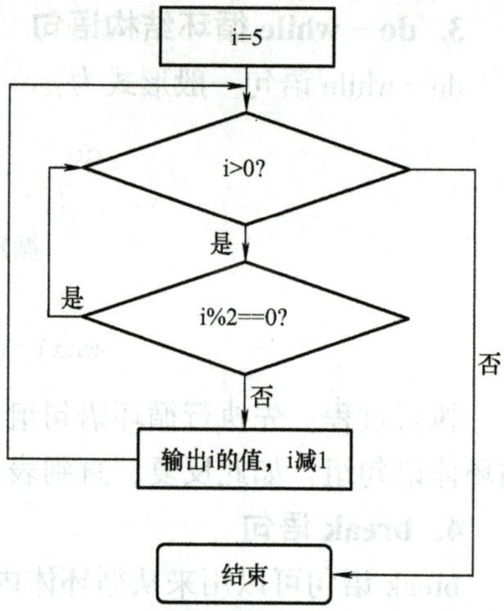

图 3-10 continue 结束型循环结构

学习任务 3.6 C51 语言编程实例

3.6.1 简单 C51 语言程序设计

例 3-2 通过 P1.7 口点亮发光二极管，然后外部输入一脉冲序列，则发光二极管亮、暗交替，电路如图 3-11 所示，编写 C51 程序实现要求功能。

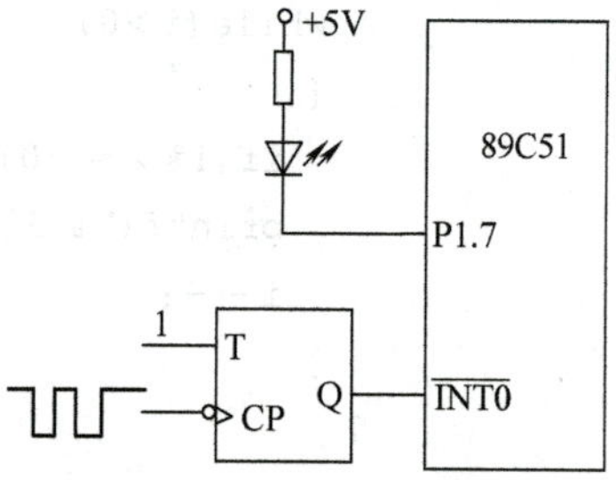

图 3-11 例题 3-2 图

```
#include <reg51.h>
sbit P1_7 = P1^7
void interrupt0( ) interrupt 0 using 2   /* 定义外部中断 0 服务程序* /
{ P1_7 = ! P1_7;}
void main( )
{
 EA =1;                                  /* 开中断* /
 IT0 =1;                                 /* 外部中断 0 低电平触发* /
 EX0 =1;                                 /* 外部中断 0* /
 P1_7 =0;
 do { }
 while(1);
}
```

3.6.2 用 C51 语言编写键盘扫描程序

例 3-3 用 C51 编写 4×4 键盘的扫描程序。如图 3-12 所示，89C51 单片机的 P1 口作键盘接口，P1.0~P1.3 作键盘的列扫描输出线，P1.4~P1.7 作行检测输入线。

C 程序如下：

```
#include <reg51.h>
```

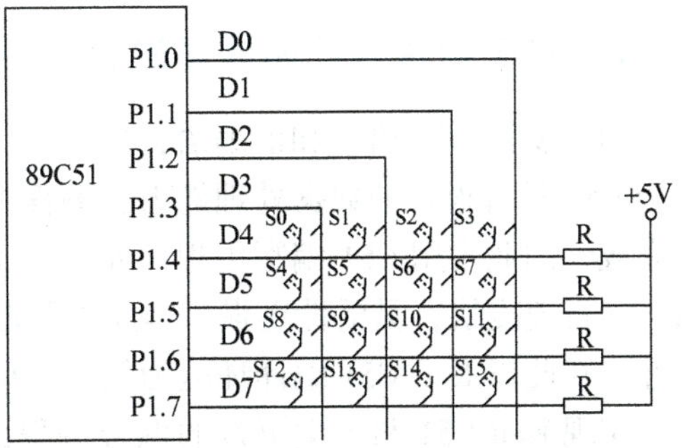

图 3-12　例题 3-3 图

```
#define uchar unsigned char
#define uint ussigned int
void dlms(void);
uchar kbscan(void);

void main(void)             /* 主函数* /
{
  uchar key;
  while (1)
    {
    key = kbscan( );                        /* 调用键扫描函数得到键值* /
    dlms( );
    }
}

void dlms(void)                             /* 延时函数* /
{
  uchar i;
  for(i =200;i >0;i - -)
    { }
}

uchar kbscan(void)                          /* 键扫描函数* /
{
uchar sccode,recode;
P1 =0xf0;                                   /* 发全“0”行扫描码,列线输入* /
    if((P1&0xf0)! =0xf0)                    /* 若有键按下* /
    {dlms( );                               /* 延时去抖动* /
      if( (P1&0xf0)! =0xf0)
      {  sccode =0xfe;                      /* 逐行扫描初值* /
         while( (sccode&0x10)! =0)
         {  P1 =sccode;                     /* 输出行扫描码* /
            if((P1&0xf0)! =0xf0)            /* 本行有键按下* /
            {  recode = (P1&0xf0) |0x0f;
               return((~sccode) + (~recode));  /* 返回特征字节码* /
            }
            else
               sccode = (sccode <<1) |0x01;    /* 行扫描码左移一位* /
         }
      }
    }
  return (0)                                /* 无键按下，返回值为 0* /
 }
```

3.6.3 C51 语言与汇编语言的混合编程

为了发挥 C51 语言和汇编语言各自的优点，常需要将两者进行混合编程。一般情况下，由于 C51 具有很强的数据处理能力，编程中对 51 单片机寄存器和存储器的分配由编译器自动完成，因此常用 C51 编写主程序及一些运算较复杂的程序。而汇编语言对硬件的控制较强，运行速度快，灵活性更强，因此常用汇编语言实现与硬件接口及对时间要求高的子程序设计。在此以 Keil C51 编译环境为例，简单介绍 C51 与汇编语言混合编程的方法。

实现 Keil C51 与汇编语言的混合编程，一般有两种模式：在 C51 中内嵌汇编语句；在 C51 文件中调用汇编语言写成的与 C51 函数类似的独立程序。

1. 在 C51 中内嵌汇编语句

1）直接在 C51 函数体内的每个汇编语句前加 asm 关键字；也可将 asm 放于一对花括号前面，而后续的所有汇编语句用该花括号括起来即可。

例 3-4 下面是用户自定义 C51 函数 reset _ data 内嵌 3 行汇编语句的书写形式。

```
void reset _ data(void)             /* 自定义 C51 函数* /
{
asm         MOV  R1,#0AH            /* 汇编语句* /
asm  LOOP: INC    A                 /* 汇编语句* /
asm         DJNZ  R1,LOOP           /* 汇编语句* /
return;
}
```

例 3-5 下面是用户自定义 C51 函数 reset _ data 内嵌 3 行汇编语句的另一种书写形式。

```
void reset _ data(void)
{
asm                                 /* 汇编语句开始标志* /
  {                                 /* 汇编语句开始* /
        MOV  R1,#0AH
  LOOP:  INC    A
        DJNZ  R1,LOOP
  }                                 /* 汇编语句结束* /
return;
}
```

2）在 C51 中也可以通过直接插入 “#pragma asm/endasm” 关键字，实现汇编语言程序的内嵌。其内嵌格式为：

```
#pragma asm
汇编语句
#pragma endasm
```

例 3-6 下面用 C51 编写的 main 主程序中嵌入了一个汇编语言程序块。

```
#include <reg51.h>
```

```
sbit P10 = P1^0
void main(void)
{
 P10 =1;
 #pragma asm
      MOV   R7,#10
DEL:  MOV   R6,#20
      DJNZ  R6,$
      DJNZ  R7,DEL
#pragma endasm
P10 =0;
}
```

2. 在 C51 文件中调用独立的汇编语言程序

将汇编语言程序编写成与 C51 函数类似的独立文件，独立于 C51 程序文件之外，然后将其加入到 Keil C51 项目文件中。在 Keil C51 编译器中，提供了 C51 与汇编语言程序的接口规则，要求在 C51 中必须先声明（定义）要调用的独立汇编语言程序名，并且要求独立汇编语言程序与 C51 函数一样，具有明确的边界、参数、返回值和局部变量，这些规则保证了汇编语言能够正确地被 C51 调用。具体如下：

（1）在 C51 中定义汇编语言程序　通过在 C51 调用汇编语言程序的函数之前使用“extern”声明被调用汇编语言程序的函数名称，即可直接调用汇编语言程序。“extern”的作用是暗示编译器声明的该函数为外部函数，存在于其他源文件中。

（2）C51 声明函数与汇编语言程序的命名规则　为了使汇编语言程序段能被 C51 正确调用，除了必须在 C51 主调函数前声明被调用的汇编语言程序段外，还要在汇编语言程序中为汇编语言程序段指定对应名称（程序名）。C51 声明函数与汇编语言程序的命名规则见表 3-4。

表 3-4　C51 声明函数与汇编语言程序的命名规则

C51 主调函数的声明名称	对应汇编语言程序名称	说明
void func（void）	FUNC	无参数传递或不含寄存器的函数名不做改变转入目标文件中，名字只是简单地转为大写形式
void func（char）	_FUNC	带寄存器参数的函数名，前面加“_”前缀，表明这类函数包含寄存器内的参数传递
void func（void）reentrant	_? FUNC	对于重入函数，前面加“_?”前缀，表明该函数包含栈内的参数传递

例 3-7　本例不传递参数，延时程序用汇编语言编写，由 C51 主程序调用。

C51 主程序 main 编写如下：

```
extern void delay100 ();          /* 声明调用的汇编语言程序为外部函数,名称
                                     delay100* /
void main(void)
```

```
{
 delay100();                         /* 调用汇编语言程序 DELAY100* /
}
```

汇编语言程序 DELAY100 编写于独立的文件，如下：

```
? PR? DELAY100 SEGMENT CODE;         /* 在程序存储区中定义段* /
PUBLIC DELAY100;                     /* DELAY100 为声明的汇编语言程序名称* /
RSEG? PR? DELAY100;                  /* 函数可被连接器放置在任何地方* /
DELAY100:MOV  R7,#10
     DEL:MOV  R6,#20
         DJNZ  R6,$
         DJNZ  R7,DEL
         RET
         END
```

（3）汇编语言程序相关段的命名规则　由例3-7可看出汇编文件的格式化很简单，只需给存放汇编语言程序的段指定一个段名即可。因为是在代码区内，所以段名的开头为PR，这两个字符是为了和C51的内部命名转换兼容的，转换规律见表3-5。

表3-5　命名的转换规律

数据段类型	存储区	命名转换为段名	存储器模式
程序代码	CODE	？PR？汇编语言程序名 SEGMENT CODE	所有存储器模式
局部变量	DATA	？DT？汇编语言程序名？SEGMENT DATA	SMALL 模式
局部变量	PDATA	？PD？汇编语言程序名？SEGMENT PDATA	COMPACT 模式
局部变量	XDATA	？XD？汇编语言程序名？SEGMENT XDATA	LARGE 模式
局部 bit 变量	BIT	？BI？汇编语言程序名？SEGMENT BIT	所有存储器模式

例3-7中的RSEG为段名的属性，表示编译器可将该段放置在代码区的任意位置。当段名确定后，文件必须声明公共符号，如“PUBLIC DELAY100”语句，然后编写代码。

（4）参数的传递和返回值规则　Keil C51在内部RAM中传递参数时一般都用当前的寄存器组，汇编函数要得到参数值时就自动访问这些寄存器，如果这些值已经被使用并保存在其他地方或已经不再需要，则这些寄存器可被用作其他用途。当函数接收3个以上参数时，将使用存储区中的一个默认段（参数传递段）来传递剩余的参数。用作接收参数的寄存器见表3-6。

表3-6　用作接收参数的寄存器

传递的参数	char、单字节指针	int、双字节指针	long、float	一般指针
第1个	R7	R6（高字节），R7（低字节）	R4～R7	R1～R3
第2个	R5	R4（高字节），R5（低字节）	R4～R7	R1～R3
第3个	R3	R2（高字节），R3（低字节）	—	R1～R3

例如下面的函数：

func1（int a）；“a”是第一个参数，在R6、R7中传递。

func2（int a，int b，int ＊c）；“a” 在 R6、R7 中传递，“b” 在 R4、R5 中传递，“c” 在 R1、R2、R3 中传递。

通过固定存储区传递参数时，将 bit 型参数传到？function _ name？BIT 存储段中；其他类型参数均传给？function _ name？BYTE 存储段。参数都按照预选顺序存放，固定存储区具体位置由存储模式默认指定。

函数 func3（long a，long b），“a” 在 R4 ~ R7 中传递，“b” 不能在寄存器中传递，而只能在参数传递段中传递。

如果汇编语言程序有返回值，则必须在 RET 指令之前将返回值放入工作寄存器内，这样返回值才能被正常传递，函数返回值指定的寄存器见表 3-7。

表 3-7　函数返回值指定的寄存器

返回值类型	使用寄存器	说明
bit	CY	返回值在进位标志位 CY 中
(unsigned) char，1 字节指针	R7	单字节类型经由 R7 返回
(unsigned) int，2 字节指针	R6、R7	返回值高位在 R6 中，低位在 R7 中
(unsigned) long	R4 ~ R7	返回值最高位在 R4 中，最低位在 R7 中
float	R4 ~ R7	32 位 IEEE 格式，指数和符号位在 R7 中
一般指针	R1 ~ R3	存储器类型在 R3 中，高位在 R2 中，低位在 R1 中

例 3-8　下面是一个 C51 的 main 主程序调用含参数传递的汇编语言程序的例子，参数是通过规定的寄存器传递的，汇编函数将使用这些寄存器接收参数。

C51 代码如下：

```
bit devwait(unsigned char ticks,unsigned char xdata * buf);
                                                /* C 程序中汇编函数的声明* /

main()
{
 …                                              /* 省略的 C51 语句* /
 if(devwait(5,&outbuf))                         /* 调用汇编程序_ DEVWAIT* /
    bytes _ out + +;
 …                                              /* 省略的 C51 语句* /
}
```

汇编代码如下：

```
? PR? _ DEVWAIT SEGMENT CODE;                   /* 在程序存储区中定义段* /
PUBLIC _ DEVWAIT;                               /* 汇编函数名* /
RSEG? PR? _ DEVWAIT;                            /* 该函数可被连接器放置在任何地方* /
_ DEVWAIT:CLR    TR0
          CLR    TF0
          MOV    TH0,#00
          MOV    TL0,#00
          SETB   TR0
```

项目 1
项目 2
项目 3
项目 4
项目 5
项目 6
项目 7
项目 8
附录

```
        JBC   TF0,L1
        JB    T1,L2
L1:     DJNZ  R7,_DEVWAIT
        CLR   C
        CLR   TR0
        RET
L2:     MOV   DPH,R4
        MOV   DPL,R5
        PUSH  ACC
        MOV   A,P1
        MOVX  @ DPTR,A
        POP   ACC
        CLR   TR0
        SETB  C
        RET
        END
```

3. SRC 控制

当源程序文件创建完成后，还需要在编译器中加入“src”选项控制，这时，编译器将汇编代码复制输出到 SRC 文件中，经过编译后才能得到 . obj 文件。如果编译时未用 SRC 控制，则 C51 中的汇编代码会被编译器忽略。

将嵌有汇编语句的源文件加入要编译的 Keil C51 工程文件，右击该文件，如图 3-13 所示，单击弹出的快捷菜单中的“为文件‘2. C’设置选项”，然后弹出设置选项对话框，将该选项卡中“产生汇编器 SRC 文件（S）”和“汇编 SRC 文件（R）”两项选中设置成黑体，如图 3-14 所示。

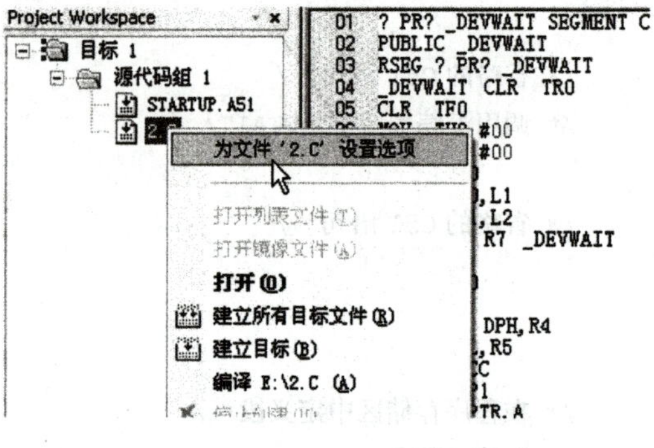

图 3-13 Keil C51 汇编程序文件设置选项

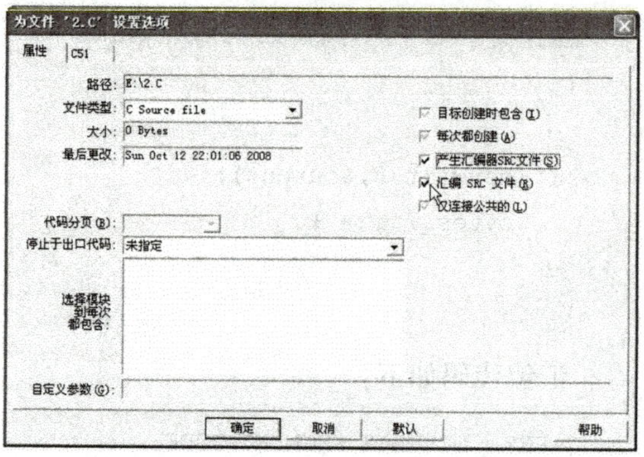

图 3-14 Keil C51 汇编 SRC 控制设置

学习任务 3.7 使用 C51 编译器——Keil C51 编程

Keil C51 软件是德国开发的一个 51 系列单片机开发平台，是众多单片机应用开发的优秀软件之一，支持汇编、PLM 语言和 C 语言程序设计，不仅提供程序编辑功能，还可以完成软硬件仿真，界面友好，易学易用，用户群极为庞大。Keil C51 具体使用方法请参见本书的学习任务 1.7。

实训任务 5　模拟简单的盗贼报警系统

模拟简单的盗贼报警系统汇编程序设计

1. 任务目的

1）进一步熟悉 89C51 单片机外部引脚线路的连接。

2）掌握条件跳转语句的应用。

3）理解延时子程序及调用。

4）掌握单片机全系统调试的过程及方法。

2. 任务内容

设选取的晶振频率为 12MHz，设计图 3-15 所示的报警装置，当盗贼撞断由 P1.7 引脚引出的接地线时，由 P1.0 驱动扬声器发出频率为 1kHz 的报警信号。

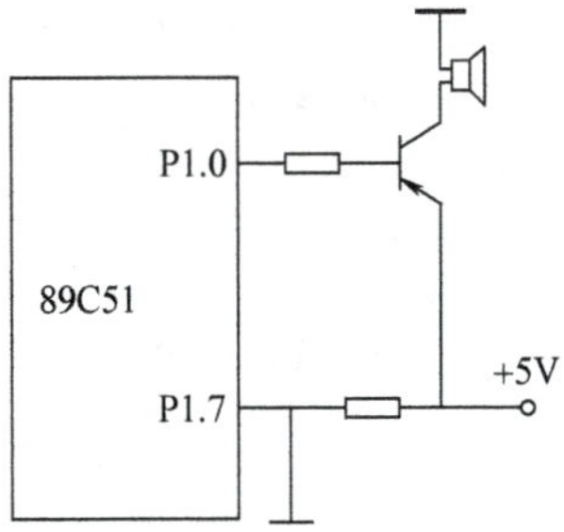

图 3-15　报警系统电路

3. 任务分析

由图 3-15 可知，P1.7 接地线被撞断后为高电平“1”。频率 1 kHz 的方波周期为 1 ms，则高、低电平持续时间各为 0.5ms，使用 0.5ms 的延时程序产生方波的半个周期。

在 PC 中打开编程软件（如 Keil C51 或开发系统自带软件），输入如下参考程序。

汇编参考程序如下：

```
          ORG    0000H
          AJMP   CONTROL
          ORG    0030H
CONTROL:  SETB   P1.7       ;设定 P1.7 口为读入状态
   SCAN:  MOV    C,P1.7     ;★
          JNC    SCAN       ;★判断 P1.7 是否为 1,不为 1 返回开始继续监测
   WARN:  ACALL  DLY5MS     ;P1.7 是 1,从此句向下执行,循环发出报警声
          CPL    P1.0
          SJMP   WARN
          JNC    SCAN       ;▲如重新接好 P1.7 断线则自动跳出报警循环
 DLY5MS:  MOV    R7,#250    ;0.5ms 延时子程序,延时计算请自行分析
          DJNZ   R7,$
          RET
          END
```

C51 参考程序如下：

模拟简单的盗贼报警系统C51程序设计

```
/* 将一位蜂鸣器连接至 P1.0 口,一个按键连接至 P1.7 引脚,正常情况下按键被按
下,蜂鸣器不发声;若按键被释放,蜂鸣器发声报警* /
#include <reg51.h>          //包含头文件
```

```
sbit speaker=P1^0;          //单片机I/O引脚位定义,即将P1.0引脚定义为speaker
sbit KEY=P1^7;              //单片机I/O引脚位定义,即将P1.7引脚定义为KEY
void delay(void)            //延时0.5ms
{
   unsigned char a,b;
   for(b=71;b>0;b--)
      for(a=2;a>0;a--);
}
void main()                 //主函数
{
  while(1)                  //循环执行while(1)后{}内的程序段
  {
   if(KEY==1)               //按键断开,P1.7为高电平,否则P1.7为低电平
   {
     speaker=0;             //P1.0低电平
     delay();               //延时0.5ms,P1.0保持低电平0.5ms
     speaker=1;             //P1.0高电平
     delay();               //延时0.5ms,P1.0保持高电平0.5ms,P1.0引脚高低电平切换,形
                              成PWM脉冲波
   }
   else
     speaker=0;             //蜂鸣器停止发声
  }
}
```

4. 任务完成步骤

（1）硬件搭建　图3-15中省略了时钟、复位及电源电路，可按照前面任务原理图中的接线方法，在万用电路板上或者开发系统中搭建。

（2）软件编程、编译、下载　将输入的程序编译直至没有错误，生成.HEX目标文件，通过编程器将程序写入89C51芯片，如采用开发系统支持，可以通过通信线在线写入。

（3）应用系统脱机运行　将编程完成的89C51芯片从编程器上取下，插入到硬件电路板的CPU插座中，接通电源，模拟盗贼出现，即剪断P1.7引出的接地线，观察效果。

5. 任务拓展

程序中带“★”的两句指令可以用一句“JNB P1.7, $”替代。

请分析：1）当盗贼出现系统发出类似于救护车的声音，1kHz和2kHz声音交替发出，各占1s。

2）如去掉带“▲”的一行，则盗贼出现导致报警后，即使重新接好P1.7地线也不会取消报警。

能力训练与提升

动手与动脑

1. 描述C51的DATA、BDATA、IDATA的区别。

2. 定义变量a、b、c，a为内部RAM的可位寻址区的字符变量；b为外部数据存储区浮点型变量；c为指向int型xdata区的指针。

3. 编制C51代码：将内部RAM中40H单元和50H单元的数据相乘，结果存放到外部RAM 1000H和1001H单元的程序。

4. 编制C51代码：将外部RAM的20H～30H单元的内容传送到内部RAM 20H～30H单元。

5. 编制C51代码：求出内部RAM 50H～5FH单元中的最大数，存入内部RAM 60H单元中。

思考与练习

将下面的汇编语言程序转换成等效的C语言程序。

```
      ORG 0030H
      MOV    P1,#04H
      MOV    R6,#0AH
      MOV    R0,#30H
      CLR    P1.0
      SETB   P1.3
      ACALL  TLC
      SJMP   $
TLC:  MOV    A,#0
      CLR    P1.3
      MOV    R5,#08H
LOP:  MOV    C,P1.2
      RLC    A
      SETB   P1.0
      CLR    P1.0
      DJNZ   R5,LOP
      MOV    @ R0,A
      INC    R0
      DJNZ   R6,TLC
      RET
      END
```

小贴士：

攀登科学高峰，就像登山运动员攀登珠穆朗玛峰一样，要克服无数艰难险阻，懦夫和懒汉是不可能享受到胜利的喜悦和幸福的。

——陈景润

项目4 用汇编语言编写89C51单片机程序

项目导语

单片机因其功能强大，得到了广泛应用。而其强大功能的实现，得益于其具有完善的指令系统。因此，要想对单片机硬件资源进行合理调配和使用，必须掌握软件系统及指令的编写方式。只有掌握了各种类型的程序设计方法，才能利用各种指令编制出解决实际问题的指令序列——程序。

能力目标

◇ 理解单片机编程语言的种类及汇编语言的概念。
◇ 掌握数据传送与交换类、算术运算类、逻辑运算类、控制转移类、位操作类指令的格式、功能和使用方法，掌握常用伪指令及使用。
◇ 掌握顺序程序设计方法并熟练编写顺序程序。
◇ 理解分支程序设计、循环程序设计方法并能编写简单的程序。
◇ 理解子程序设计方法并熟练编写子程序、调用子程序。
◇ 掌握单片机应用系统搭建及软件编写、固化、调试的方法。

思维导图

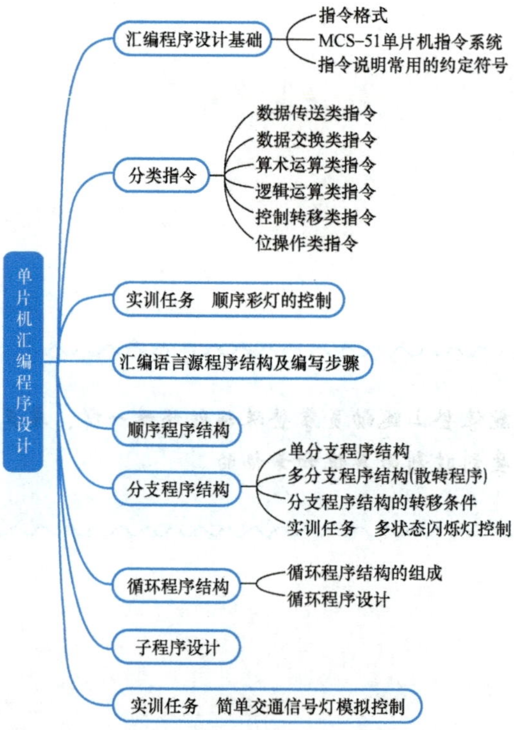

素质目标

◇ 具备总体筹划的思维，在完成一个工程时，能采用分而化之的手段，划分为子任务和模块。

◇ 具备团队合作互助的理念精神，懂得一个人的力量是有限的，而多人精诚合作则可实现一个人无法实现的目标，懂得团队协作是走向成功的关键因素。

◇ 培养严谨、一丝不苟的工匠精神，在编程过程中必须确保每句代码直至每个字符都要正确，对程序采取严格的检查，才能准确地完成控制任务。

学习任务4.1 预备知识

单片机仅有硬件还不能工作，必须配备相应功能的软件才能发挥作用。单片机程序可以用机器语言、汇编语言和高级语言编写。汇编语言用指令助记符代替机器语言编程，利用汇编语言编写的程序必须经过汇编工具翻译成机器码才能被单片机所执行，翻译的过程称为汇编。

汇编语言的优点是程序结构简单、执行速度快、程序易优化、编译后占用存储空间小，是单片机应用系统开发中最常用的程序设计语言；缺点是可读性较差，只有熟悉单片机指令系统，并具有一定程序设计经验者，才能开发出功能复杂的应用程序。目前，大多数用户使用汇编语言进行不太复杂的单片机软件设计，复杂的软件常使用高级语言编程。

4.1.1　掌握指令编写格式

采用助记符表示的汇编语言指令格式如下：

[标号:]操作码[操作数1][,操作数2][,操作数3][;注释]

格式中，带“[ ]”的部分根据指令的不同有可能不需要。

1. 标号

标号是程序员根据编程需要给指令设定的符号地址，相当于一个行号，可有可无。关于标号，有如下规定：

1）标号由1~8个字符组成，第一个字符必须是英文字母，不能是数字或其他符号，标号后必须用冒号。

2）不能使用本汇编语言已经定义了的符号作为标号，如指令助记符、伪指令记忆符以及寄存器的符号名称等。

3）同一标号在一个程序中只能定义一次，不能重复定义。

4）标号的有无主要取决于本程序中的其他语句是否需要根据标号访问这条语句。

2. 操作码

操作码表示指令的操作功能，如“MOV”表示数据传送操作、“ADD”表示加法操作。

3. 操作数

操作数表示参加运算的数据或数据存放的地址。根据指令不同，操作数一般有以下形式：

1）无操作数项，操作数隐含在操作码中，如RET指令。

2）有一个操作数，如“CPL A”指令。

3）有两个操作数，如“MOV A，#00H”指令，操作数之间以逗号相隔。

4）有三个操作数，如“CJNE A，#00H，LOOP”指令，操作数之间也以逗号相隔。

4. 注释

注释是对指令的解释说明，用以提高程序的可读性，可有可无，注释前必须加分号。

5. 分界符

分界符用于将语句格式中的各部分隔开，以便于区分，冒号“:”用于标号之后，空格用于操作码和操作数之间，逗号“,”用于操作数之间，分号“;”用于注释之前。

4.1.2 理解 MCS－51 单片机指令系统

MCS-51 单片机指令系统共有 111 条指令。分类如下：

1）根据不同指令翻译成机器码后字节数的不同，可分为三种：单字节指令、双字节指令、三字节指令，即在程序存储器中分别需要一个字节、两个字节和三个字节的单元来存储。MCS－51 单片机指令系统包括 49 条单字节指令、46 条双字节指令和 16 条三字节指令。情况如下：

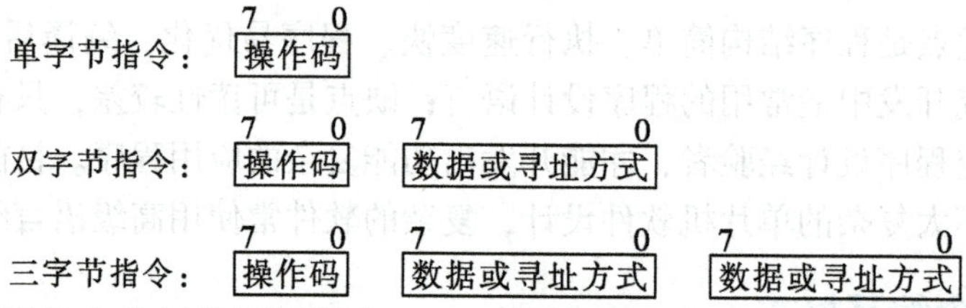

2）按执行时间分为单机器周期指令、双机器周期指令和四机器周期指令。

3）按指令功能可分为数据传送和交换类、算术运算类、逻辑运算类、控制转移类以及位操作类指令，共五大类。

4.1.3 理解指令说明常用的约定符号

对以下符号的说明，目的是为了在后文中便于讲解叙述指令。

1）Rn：表示当前工作寄存器 R0 ~R7 中的一个。如指令“MOV A，Rn”，即允许有 8 种情况的指令书写形式。

2）@：表示间接寻址寄存器或基址寄存器的前缀符号。

3）@Ri：表示寄存器间接寻址，常用作间接寻址的地址指针。其中 Ri 代表 R0 或 R1。

4）direct：简写作 dir，表示内部数据存储器单元的直接地址及特殊功能寄存器 SFR 的地址，对 SFR 而言，既可使用其物理地址，也可直接使用其名称。

5）#data：表示 8 位立即数，即 8 位常数，取值范围为 00H ~0FFH。

6）#data16：表示 16 位立即数，即 16 位常数，取值范围为 0000H ~0FFFFH。

7）addr16：表示 16 位地址。

8）addr11：表示 11 位地址。

9）rel：用补码形式表示的地址偏移量，取值范围为-128 ~ +127。

10）bit：表示内部 RAM 和 SFR 中的具有位寻址功能的位地址。SFR 中的位地址可以直接出现在指令中，为了阅读方便，往往也可用 SFR 位单元的名称和所在的数位表示。如表示 PSW 中奇偶校验位，可写成 D0H，也可写成 PSW.0。

11）/bit：表示位地址的取反结果值。

12）$：表示当前指令的地址，实际指令中也使用此字符。

学习任务 4.2　分类学习单片机汇编指令的运用

4.2.1　数据传送类指令的运用

数据传送类指令是 MCS-51 单片机汇编语言程序设计中使用最频繁的指令，包括内部 RAM、寄存器、外部 RAM 以及程序存储器之间的数据传送。

数据传送操作是指将源操作数相关数据复制到目的操作数对应单元，源操作数内容不变，源就是数据来源，目的就是传送的目的地。方式如下：

目的操作数单元 ← 源操作数相关数据

数据传送类指令不影响进位标志 CY、辅助进位标志 AC 和溢出标志 OV，但当传送或交换数据后影响累加器 A 的值时，奇偶标志 P 的值则按 A 值重新设定。

1. 内部 RAM 数据传送指令

内部 8 位数据传送指令共 15 条，主要用于 MCS－51 单片机内部 RAM 与寄存器之间的数据传送。指令基本格式：

MOV　目的操作数，源操作数

（1）以累加器 A 为目的地址的传送指令（4 条）

指令助记符	操作	机器码	机器周期
MOV A，Rn	A←(Rn)	[11101rrr]，rrr＝000B～111B	1
MOV A，dir	A←(dir)	[11100101] [dir]	1
MOV A，@Ri	A←((Ri))	[1110011i]，i＝0，1	1
MOV A，#data	A←data	[01110100] [data]	1

注：机器码栏每一个方框代表一个字节的内容，后文相同。

这 4 条指令的作用是将源操作数指向的内容送到累加器 A，对应的是寄存器寻址、直接寻址、寄存器间接寻址和立即数寻址方式。

例 4-1　已知执行指令前相应单元的内容如下所示，分析每条指令执行后相应单元内容的变化。

累加器 A	40H
寄存器 R0	60H
内部 RAM 50H 单元	30H
内部 RAM 60H 单元	10H

```
MOV   A, #20H      ; 执行后 (A) =20H
MOV   A, 50H       ; 执行后 (A) =30H
MOV   A, R0        ; 执行后 (A) =60H
MOV   A, @ R0      ; 执行后 (A) =10H
```

注意：最后一句“MOV A, @ R0”可以用“MOV A, 60H”代替，二者完成的功能相同。

（2）以 Rn 为目的地址的传送指令（3 条）

指令助记符	操作	机器码	机器周期
MOV Rn, A	Rn←（A）	11111rrr, rrr=000B~111B	1
MOV Rn, dir	Rn←（dir）	10101rrr dir	1
MOV Rn, #data	Rn←data	01111rrr data	1

（3）以直接地址为目的地址的传送指令（5 条）

指令助记符	操作	机器码	机器周期
MOV dir, A	dir ←（A）	11111010 dir	1
MOV dir, Rn	dir ←（Rn）	10001rrr dir, rrr=000B~111B	1
MOV dir2, dir1	dir2←（dir1）	10000101 dir1 dir2	2
MOV dir, @ Ri	dir ←((Ri))	1000011i dir, i=0, 1	2
MOV dir, #data	dir ←data	01110101 dir data	2

（4）以寄存器间接地址为目的地址的传送指令（3 条）

指令助记符	操作	机器码	机器周期
MOV @ Ri, A	(Ri) ←（A）	1111011i, i=0, 1	1
MOV @ Ri, dir	(Ri) ←（dir）	1110011i dir	2
MOV @ Ri, #data	(Ri) ←data	0111010i data	1

例 4-2 已知执行指令前相应单元的内容如下所示，分析每条指令执行后相应单元内容的变化。

寄存器 R0	50H
寄存器 R1	66H
寄存器 R6	30H
内部 RAM 50H 单元	60H
内部 RAM 66H 单元	45H
内部 RAM 70H 单元	40H

```
MOV    A, R6        ;执行后(A)=30H
MOV    R7, 70H      ;执行后(R7)=40H
MOV    70H, 50H     ;执行后(70H)=60H
MOV    40H, @ R0    ;执行后(40H)=60H
MOV    @ R1, #88H   ;执行后(66H)=88H
```

（5）16 位数据传送指令（1 条）

指令助记符	操作	机器码	机器周期
MOV DPTR, #data16	DPTR←data16	10010000 $data_{15\sim8}$ $data_{7\sim0}$	2

指令的作用是将 16 位常数装入数据指针 DPTR。例如执行“MOV DPTR, #2000H”后，(DPTR) =2000H。

综上所述，MCS－51 单片机内部 RAM 数据传送 MOV 指令的源操作数和目的操作数的关系可以用图 4-1 表示。

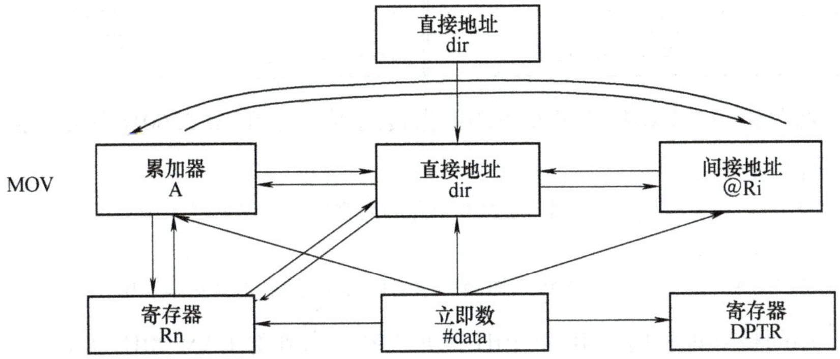

图 4-1　MOV 指令数据传送示意图

例 4-3　将内部 RAM 的 15H 单元的内容 0A7H 送 55H 单元。

解法 1：MOV　55H，15H

解法 2：MOV　R6，15H
　　　　MOV　55H，R6

解法 3：MOV　R1，#15H
　　　　MOV　55H，@R1

解法 4：MOV　A，15H
　　　　MOV　55H，A

2. 累加器 A 与外部 RAM 间的传送指令（4 条）

指令助记符	操作	机器码	机器周期
MOVX A, @DPTR	A←((DPTR))	11100000	2
MOVX A, @Ri	A←((Ri))	1110001i, i=0,1	2
MOVX @DPTR, A	(DPTR)←(A)	11110000	2
MOVX @Ri, A	(Ri)←(A)	1110001i, i=0,1	2

前两条指令的作用是将外部 RAM 单元所存储的内容读取到累加器 A，后两条指令的作用是将累加器 A 的内容传送到外部 RAM 单元。

要点分析：

1）只能通过累加器 A 与外部 RAM 进行数据传送。

2）累加器 A 与外部 RAM 之间传送数据时只能用间接寻址方式，间接寻址寄存器为 DPTR、R0 和 R1。

3）用 DPTR 可间接寻址外部 RAM 0000H ~ FFFFH，共计 64KB；而用@ Ri 只能间接寻址外部 RAM 0000H ~ 00FFH，共计 256B。

例 4-4 理解表 4-1 所列指令连续运行的执行结果。

表 4-1 指令连续运行执行结果

指令	结果	指令	结果
MOV 25H, #3FH	(25H) = 3FH	MOVX @ R1, A	外部 RAM(0010H) = 3FH
MOV R0, #25H	(R0) = 25H	MOV DPTR, #25H	(DPTR) = 0025H
MOV A, @ R0	(A) = 3FH	MOV A, DPH	(A) = 00H
MOV R1, #16	(R1) = 16 = 10H	MOVX @ DPTR, A	外部 RAM (0025H) = 00H

例 4-5 将外部 RAM 2040H 单元中的数据传送到外部 RAM 2560H 单元中去。

```
MOV     DPTR,#2040H
MOVX    A,@ DPTR              ;先将 2040H 单元的内容传送到累加器 A 中
MOV     DPTR,#2560H
MOVX    @ DPTR,A              ;再将累加器 A 中的内容传送到 2560H 单元中
```

例 4-6 用间接寻址将内部 RAM 10H 单元内容送入外部 RAM 20H 单元。

```
MOV     R0,#10H
MOV     A,@ R0                ;取片内单元数据
MOV     R0,#20H
MOVX    @ R0,A                ;送入片外地址单元
```

3. 堆栈操作指令（2 条）

指令助记符	操作	机器码	机器周期
PUSH dir	SP←(SP) +1，(SP)←(dir)	11000000 dir	2
POP dir	dir←((SP))，SP←(SP) -1	11010000 dir	2

第一条指令是先将 SP 内容自加 1，然后将 dir 单元中的数据传送到 SP 内容所指单元中；第二条指令是先将 SP 内容所指单元中的数据传送到 dir 单元中，然后 SP 内容自减 1。

要点分析：

1）堆栈是用户自己设定的内部 RAM 中的一块专用存储区，使用时先设定堆栈指针；堆栈指针缺省为（SP） =07H。

2）堆栈遵循后进先出的原则安排数据。

3）堆栈操作必须是字节操作，且只能直接寻址。将累加器 A 入栈、出栈的指令应写成：

PUSH/POP ACC 或 PUSH/POP 0E0H

而不能写成：

PUSH/POP A

4）堆栈通常用于临时保护数据及子程序调用时对现场的保护与现场恢复。

5）以上指令结果不影响程 PSW 标志。

例 4-7　设堆栈指针为 30H，将累加器 A 和 DPTR 中的内容压入堆栈，然后根据需要再将其弹出，编写实现该功能的程序段。

```
MOV   SP,#30H  ;设置堆栈指针,(SP)=30H,为栈底地址
PUSH  ACC      ;(SP)+1→SP,(SP)=31H,(ACC)→(SP)
PUSH  DPH      ;(SP)+1→SP,(SP)=32H,(DPH)→(SP)
PUSH  DPL      ;(SP)+1→SP,(SP)=33H,(DPL)→(SP)
……
POP   DPL      ;((SP))→DPL,(SP)-1→SP,(SP)=32H
POP   DPH      ;((SP))→DPH,(SP)-1→SP,(SP)=31H
POP   ACC      ;((SP))→ACC,(SP)-1→SP,(SP)=30H
```

4. 累加器 A 与 ROM 的数据传送——查表类指令（2 条）

指令助记符	操作	机器码	机器周期
MOVC A, @A+PC	A←((A)+(PC))	10000011	2
MOVC A, @A+DPTR	A←((A)+(DPTR))	10010011	2

查表指令用于查找存放在程序存储器中的表格数据，实现程序存储器到累加器的常数传送，每次传送一个字节。

要点分析：

1）这两条指令的寻址范围为 64KB，指令首先执行 16 位无符号数的加法操作，获得基址与变址之和，“和”作为程序存储器单元的地址，然后读取该地址对应单元中的内容送入 A 中。假设（A）=30H，（DPTR）=3000H，程序存储单元（3030H）=50H。则执行“MOVC A，@ A+DPTR”后，（A）=50H。

2）第一条指令称为近程查表，将以（A）+（PC）为地址编号的外部程序存储单元的值送 A。PC 的内容不能人为指定，随 MOVC 指令在程序中的位置变化而变化，为 MOVC 指令所在地址加 1，A 值为偏移量，在使用时需对 A 进行修正，使用起来较为不易。

3）第二条称为远程查表，将（A）+（DPTR）所指外部程序存储单元的值送 A，采用 DPTR 作为基址寄存器，可以读取 64KB 程序存储器空间中任意单元的内容。

例 4-8　在内部 20H 单元有一个 BCD 数，设当（20H）=07H 时用查表法获得相应的 ASCII 码，并将其送入 21H 单元。

```
           ORG    1000 H
BCD_ASC2:  MOV    A,20H
           MOV    DPTR,#TAB        ;TAB 首址送 DPTR
           MOVC   A,@ A+DPTR       ;查表
           MOV    21H,A
           RET
      TAB: DB     30H
           DB     31H
           DB     32H
           DB     33H
```

```
        DB    34H
        DB    35H
        DB    36H
        DB    37H
        DB    38H
        DB    39H
```

例 4-9 若在外部 ROM 中 2000H 单元开始，事先已依次存放了 0～9 的二次方值，数据指针初值为（DPTR）=3A00H，编程实现用查表指令取得 2003H 单元的数据后，保持 DPTR 中的内容不变。

```
MOV   A,#03H              ;A←#03H
PUSH DPH                  ;保护 DPTR 高 8 位入栈
PUSH DPL                  ;保护 DPTR 低 8 位入栈
MOV   DPTR,#2000H         ;DPTR←2000H
MOVC A,@ A + DPTR         ;A←(2000H + 03H)
POP   DPL                 ;弹出 DPTR 低 8 位
POP   DPH                 ;弹出 DPTR 高 8 位
```

执行结果：（A）=09H，（DPTR）=3A00H。

4.2.2 数据交换类指令的运用

1. 字节交换指令（3 条）

指令助记符	操作	机器码	机器周期
XCH A，Rn	（A）↔（Rn）	11001rrr	1
XCH A，dir	（A）↔（dir）	11000101 dir	1
XCH A，@Ri	（A）↔（（Ri））	1100011i，i=0，1	1

这 3 条指令是将 A 的内容与后面操作数指定单元的内容互换。

2. 半字节交换指令（1 条）

指令助记符	操作	机器码	机器周期
XCHD A，@Ri	$(A)_{3\sim0}$↔$(Ri)_{3\sim0}$	1101011i，i=0，1	1

指令是将 A 与 Ri 间接指向的单元内容低 4 位交换，高 4 位不变。

3. 累加器 A 高 4 位和低 4 位交换指令（1 条）

指令助记符	操作	机器码	机器周期
SWAP A	$(A)_{3\sim0}$↔$(A)_{7\sim4}$	11000100	1

例 4-10 设（A）=47H，（R0）=58H，（58H）=36H，分别执行下列指令，写出累加器 A 和各寄存器的值。

```
1) XCH A,R0               ;(A) =58H,(R0) =47H
```

```
2) XCH A,@ R0          ;(A) =36H,(58H) =47H
3) XCHD A,@ R0         ;(A) =46H,(58H) =37H
4) SWAP A              ;(A) =74H
```

例 4-11　写出将内部 RAM 30H 单元与 40H 单元中的内容互换的指令片段。

（1）解法 1（直接地址传送法）

```
MOV  31H,30H          ;31H 单元作为“中转站”
MOV  30H,40H
MOV  40H,31H
```

（2）解法 2（间接地址传送法）

```
MOV  R0,#40H
MOV  R1,#30H
MOV  A,@ R0
MOV  B,@ R1
MOV  @ R1,A
MOV  @ R0,B
```

（3）解法 3（字节交换传送法）

```
MOV  A,30H
XCH  A,40H
MOV  30H,A
```

（4）解法 4（堆栈传送法）

```
PUSH 30H
PUSH 40H
POP  30H
POP  40H
```

例 4-12　设内部 RAM 区 2AH、2BH 单元中连续存放有四个 BCD 码，试编写一程序将这四个 BCD 码倒序排序，即：

a3 a2	a1 a0	→	a0 a1	a2 a3
2AH	2BH		2AH	2BH

```
MOV   R0,#2AH        ;将立即数 2AH 传送到寄存器 R0 中
MOV   A,@ R0         ;将 2AH 单元的内容传送到累加器 A 中
SWAP  A              ;将累加器 A 中的高 4 位与低 4 位交换
MOV   @ R0,A         ;将累加器 A 的内容传送到 2AH 单元中
MOV   R1,#2BH
MOV   A,@ R1         ;将 2BH 单元的内容传送到累加器 A 中
SWAP  A              ;将累加器 A 中的高 4 位与低 4 位交换
XCH   A,@ R0         ;将累加器 A 中的内容与 2AH 单元的内容交换
MOV   @ R1,A         ;累加器 A 的内容传送到 2BH 单元
```

4.2.3 算术运算类指令的运用

1. 加法指令（8条）

指令助记符	操作	机器码	机器周期
ADD A, Rn	A←(A)+(Rn)	00101 rrr, rrr=000B~111B	1
ADD A, dir	A←(A)+(dir)	00100101 dir	1
ADD A, @Ri	A←(A)+((Ri))	0010011i, i=0,1	1
ADD A, #data	A←(A)+data	00100100 data	1
ADDC A, Rn	A←(A)+(Rn)+CY	00111rrr, rrr=000B~111B	1
ADDC A, dir	A←(A)+(dir)+CY	00110101 dir	1
ADDC A, @Ri	A←(A)+((Ri))+CY	0011011i, i=0,1	1
ADDC A, #data	A←(A)+data+CY	00110100 data	1

要点分析：

1）指令执行的结果均自动存放至累加器A中。

2）ADD与ADDC的区别是ADDC在两个操作数相加后还要与进位标志位CY相加，**注意**：CY值是执行该指令前的状态，执行完毕重新影响CY。

3）以上指令结果均影响PSW的CY、OV、AC和P。

例4-13 设（A）=85H，（20H）=0FFH，CY=1，分析执行指令“ADDC A，20H”的结果。

```
   1 0 0 0 0 1 0 1
 + 1 1 1 1 1 1 1 1
 +               1
 ─────────────────
 1 1 0 0 0 0 1 0 1
 ↑
 └──此处向上进位1
```

则（A）=85H，CY=1（最高位向上有进位），AC=1（位3向上有进位），P=1（计算结果中有3个“1”），OV=0（OV为1的条件是位7和位6有且只有1位向上有进/借位，此处位7和位6向上都有进位，故为0）。

2. 减法指令（4条）

指令助记符	操作	机器码	机器周期
SUBB A,Rn	A←(A)−(Rn)−CY	1001rrr, rrr=000B~111B	1
SUBB A,dir	A←(A)−(dir)−CY	10010101 dir	1
SUBB A,@Ri	A←(A)−((Ri))−CY	1001011i, i=0,1	1
SUBB A,#data	A←(A)−#data−CY	10010100 data	1

要点分析：

1）减法指令中没有不带借位的减法指令，所以需要做不带借位的减法时，必须先将CY清0。

2）指令执行结果均自动存放至累加器A中。

3）减法指令结果影响 PSW 的 CY、OV、AC 和 P 标志。

例 4-14　设（A）=0C9H，（R2）=5CH，CY=1，分析执行指令“SUBB A，R2”的结果。

```
  11001001
 -01011100
 ---------
 -       1
 ---------
  01101100
```

则（A）=6CH，CY=0，AC=1（位 3 有借位），P=0（计算结果有 4 个“1”），OV=1（位 7 无借位，位 6 有借位）。

例 4-15　编写计算 12A4H+0FE7H 的程序，将结果存入内部 RAM 41H 和 40H 单元，40H 存低 8 位，41H 存高 8 位。

单片机指令系统中只提供了 8 位的加减法运算指令，两个 16 位数（双字节）相加可分为两步进行，第一步先对低 8 位相加，第二步再对高 8 位相加。

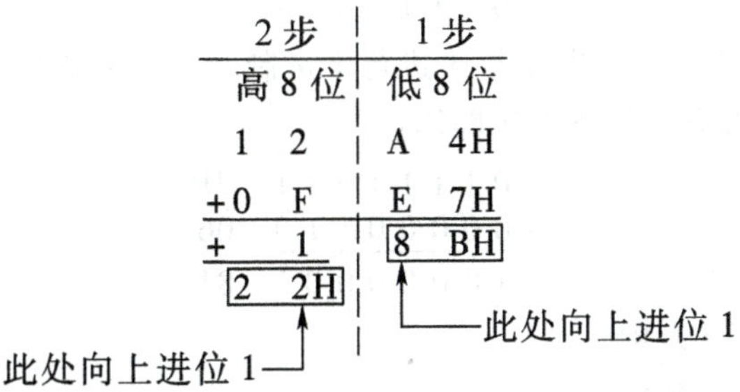

1）第 1 步，低 8 位相加，A4H+E7H=8BH，进位 1，40H 单元内容为 8BH。

2）第 2 步，高 8 位相加，12H+0FH+1=22H，41H 单元内容为 22H。

程序片段如下：

```
MOV  A,#0A4H      ;被加数低 8 位→A
ADD  A,#0E7H      ;加数低 8 位 E7H 与之相加,(A)=8BH,CY=1
MOV  40H,A        ;(A)→40H,存低 8 位结果
MOV  A,#12H       ;被加数高 8 位→A
ADDC A,#0FH       ;加数高 8 位+(A)+CY,(A)=22H
MOV  41H,A        ;存高 8 位运算结果
```

3. 十进制调整指令（1 条）

指令助记符	操作	机器码	机器周期
DA A	BCD 码加法十进制调整	11010100	1

指令的功能是在两个压缩 BCD 码进行加法运算后，使结果修正为一个正确的十进制形式。指令结果影响 PSW 的 CY、OV、AC 和 P 标志。

在单片机内部，该指令的修正方法如下：

1）如果 8 位 BCD 码运算中低 4 位大于 9 或 AC 等于 1，则低 4 位加上 6。

2）如果高 4 位大于 9 或 CY 等于 1，则高 4 位加上 6。

3）如果高 4 位等于 9、低 4 位大于 9，则高低 4 位均需要加上 6。

注意：

1）“DA A”指令放于 ADD 或 ADDC 加法指令后，将 A 中的二进制码自动调整为正确形式的 BCD 码。

2）“DA A”指令不适用于减法之后的调整，做减法运算时，可采用十进制补码相加，然后用“DA A”指令进行调整，此处不做详述，可查阅相关资料。

例 4-16 分析下列指令的执行结果。

```
MOV  A,#36H      ;36H→A
ADD  A,#45H      ;45H+36H→A,(A)=7BH
DA   A           ;自动调整为BCD码,(A)=81H
```

第一条指令将立即数 36H（BCD 码 36）送入累加器 A；第二条指令进行如下加法：

```
  0 0 1 1 0 1 1 0   36
+ 0 1 0 0 0 1 0 1   45
-------------------
  0 1 1 1 1 0 1 1   7B
```

得结果 7BH；第三条指令对累加器 A 进行十进制调整，低 4 位大于 9（为 0BH），因此要加 6，CPU 自动对结果进行如下加法操作：

```
  0 1 1 1 1 0 1 1   7B
+ 0 0 0 0 0 1 1 0   06
-------------------
  1 0 0 0 0 0 0 1   81
```

得到调整后的 BCD 码为 81。

4. 加 1 减 1 指令（9 条）

指令助记符	操作	机器码	指令说明	机器周期
INC A	A←(A)+1	00000100	影响 PSW 的 P 标志	1
INC Rn	Rn←(Rn)+1	00001rrr	n=0~7,rrr=000B~111B	1
INC dir	dir←(dir)+1	00000101 dir		1
INC @Ri	(Ri)←((Ri))+1	0000011i	i=0,1	1
INC DPTR	DPTR←(DPTR)+1	10100011		2
DEC A	A←(A)-1	00010100	影响 PSW 的 P 标志	1
DEC Rn	Rn←(Rn)-1	00011rrr	n=0~7,rrr=000B~111B	1
DEC dir	dir←(dir)-1	00010101 dir		1
DEC @Ri	(Ri)←((Ri))-1	0001011i	i=0,1	1

这两条指令可实现对累加器、寄存器、直接寻址方式以及寄存器间接寻址方式下的存储单元进行加 1 或减 1。指令结果通常不影响 PSW。

例 4-17 设（R0）=30H，（30H）=00H，分别指出指令“INC R0”和“INC @R0”的执行结果。

```
INC  R0          ;(R0)+1=30H+1=31H→R0,(R0)=31H
INC  @R0         ;((R0))+1=(30H)+1→(R0),(30H)=01H,R0内容不变
```

5. 乘、除法指令（1条）

指令助记符	操作	机器码	指令说明	机器周期
MUL AB	BA←(A)×(B)	10100100	无符号数相乘,高位存入B,低位存入A	4
DIV AB	A←(A)/(B)商 B←(A)/(B)余数	10000100	无符号数相除,商存入A,余数存入B	4

要点分析：

1）相乘结果影响PSW的OV（积超过0FFH，则置1，否则为0）和CY（总是清0）以及P标志。

2）相除结果影响PSW的OV（除数为0，则置1，否则为0）和CY（总是清0）以及P标志；当除数为0时结果不能确定。

例4-18 设（A）=50H，（B）=0A0H，分析执行指令“MUL AB”的结果。

结果为（B）=32H，（A）=00H，即两数乘积为3200H。

4.2.4 逻辑运算类指令的运用

1. 逻辑与指令（6条）

指令助记符	操作	机器码	指令说明	机器周期
ANL A,dir	A←(A)∧(dir)	01010101 dir	均是按位相与,下同	1
ANL A,Rn	A←(A)∧(Rn)	01011rrr	n=0~7,rrr=000B~111B	1
ANL A,@Ri	A←(A)∧((Ri))	0101011i	i=0,1	1
ANL A,#data	A←(A)∧data	01010100 data		1
ANL dir,A	dir←(dir)∧(A)	01010010 dir	不影响PSW的P标志	1
ANL dir,#data	dir←(dir)∧data	01010011 dir data	不影响PSW的P标志	2

要点分析：

1）以上指令结果通常影响PSW的P标志。

2）欲将一个字节中的指定位清0，可将这些指定位和“0”进行逻辑与操作，其余位和“1”进行逻辑与操作。

例4-19 （P1）=C5H=11000101B，屏蔽P1口高4位而保留低4位。

执行指令“ANL P1，#0FH”，结果为：（P1）=05H=00000101B。

2. 逻辑或指令（6条）

指令助记符	操作	机器码	指令说明	机器周期
ORL A,dir	A←(A)∨(dir)	01000101 dir	均是按位相或,下同	1
ORL A,Rn	A←(A)∨(Rn)	01001rrr	n=0~7,rrr=000B~111B	1
ORL A,@Ri	A←(A)∨((Ri))	0100011i	i=0,1	1
ORL A,#data	A←(A)∨data	01000100 data		1
ORL dir,A	dir←(dir)∨(A)	01000010 dir	不影响PSW的P标志	1
ORL dir,#data	dir←(dir)∨data	01000011 dir data	不影响PSW的P标志	2

要点分析：

1）以上指令结果通常影响 PSW 的 P 标志。

2）欲将一个字节中的指定位置 1，可将这些指定位和“1”进行逻辑或操作，其余位和“0”进行逻辑或操作。

例 4-20 若（A）=C0H，（R0）=3FH，（3FH）=0FH，执行指令“ORL A，@ R0”后，其结果为：（A）=CFH=11001111B。

3. 逻辑异或指令（6 条）

指令助记符	操作	机器码	指令说明	机器周期
XRL A,dir	A←(A)⊕(dir)	01100101 dir	按位相异或	1
XRL A,Rn	A←(A)⊕(Rn)	01101rrr	n=0~7,rrr=000B~111B	1
XRL A,@ Ri	A←(A)⊕((Ri))	0110011i	i=0,1	1
XRL A,#data	A←(A)⊕data	01100100 data		1
XRL dir,A	dir←(dir)⊕(A)	01100010 dir	不影响 PSW 的 P 标志	1
XRL dir,#data	dir←(dir)⊕data	01100011 dir data	不影响 PSW 的 P 标志	2

要点分析：

1）以上指令结果通常影响 PSW 的 P 标志。

2）“异或”规则是相同为 0，不同为 1。

3）欲某位取反，令该位与“1”相异或；欲某位保留，则令该位与“0”相异或。还可将某单元对自身异或，以实现清 0 操作。

例 4-21 若（A）=B5H=10110101B，分析下列操作：

```
XRL  A,#0F0H      ;A 的高 4 位取反,低 4 位保留,(A)=01000101B=45H
MOV  30H,A        ;(30H)=45H
XRL  A,30H        ;自身异或使 A 清 0
```

4. 累加器 A 清 0 和取反指令（2 条）

指令助记符	操作	机器码	指令说明	机器周期
CLR A	A←00H	11100100	A 中内容清 0，影响 P 标志	1
CPL A	A 内容按位取反	11110100	影响 P 标志	1

5. 循环移位指令（4 条）

指令助记符	操作	机器码	指令说明	机器周期
RL A	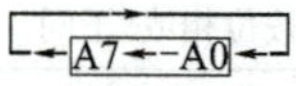	00100011	循环左移	1
RLC A	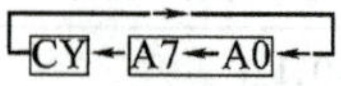	00110011	带进位循环左移，影响 CY 标志	1
RR A	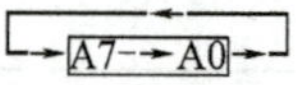	00000011	循环右移	1
RRC A	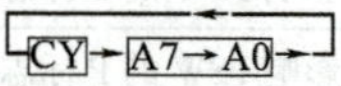	00010011	带进位循环右移，影响 CY 标志	1

执行带进位的逻辑循环移位指令之前，必须考虑是否应将CY置位或清0。

例4-22　执行下列指令，注意累加器A的变化。

```
MOV  SP,#63H     ;设置堆栈初值
MOV  A,#17H      ;数据17H送入A
PUSH ACC         ;将数据17H压入堆栈保存,A数据不变
RL   A           ;将累加器A的内容循环左移一次,A的数据变为2EH
MOV  R1,A        ;(A)→R1,(R1)=2EH
POP  ACC         ;将17H弹出并送入累加器A中,(A)=17H
```

用移位指令还可以实现算术运算，左移一位相当于原内容乘以2，右移一位相当于原内容除以2，但这种运算关系只对某些范围内的乘除法成立（请读者自行思考）。

4.2.5　控制转移类指令的运用

控制转移类指令用于控制程序的流向，本质是改变程序计数器PC的内容，从而改变程序的执行方向。控制转移类指令分为无条件转移指令、条件转移指令和调用/返回指令。

1. 无条件转移指令（4条）

指令助记符	操作	机器码	指令说明	机器周期
LJMP addr16	PC←addr16	00000010 | $addr_{15\sim8}$ | $addr_{7\sim0}$	程序跳转到地址为addr16开始的地方执行	2
AJMP addr11	PC←(PC)+2 $PC_{10\sim0}$←addr11	$a_{10}a_9a_8$00001 | $addr_{7\sim0}$	程序跳转到地址为$PC_{15\sim11}$addr11的地方执行	2
SJMP rel	PC←(PC)+2+rel	10000000 | rel	80H(－128)～7FH(127)之间短转移	2
JMP @A+DPTR	PC←(A)+(DPTR)	01110011	64KB内相对转移	2

要点分析：

（1）LJMP　长转移指令，可以转移到64KB程序存储器中的任意位置。

（2）AJMP　绝对转移指令，转移范围是2KB。

（3）SJMP　相对转移指令，转移范围是以本指令的下一条指令首址为中心的－128～＋127B以内。

（4）JMP　变址寻址转移指令，又称散转指令，通常用于多分支（散转）程序。

以上指令结果不影响PSW。**注意：**在实际应用中，LJMP、AJMP和SJMP后面的addr16、addr11或rel都用标号代替，汇编时自动变为相应的偏移量，不一定写出其具体地址。

为等待中断或程序结束，常使程序"原地踏步"，在汇编语言程序中可使用SJMP指令完成。如：

```
HERE:SJMP  HERE 或
     SJMP  $
```

其中，"$"代表PC的当前值，以上两句也称动态停机指令。

动态停机指令一般用"SJMP $"，尽量不用占字节多的"LJMP $"。

2. 条件转移指令（8条）

条件转移指令只在指令中涉及的判断条件成立的情况下而转移，条件不成立则按顺序执

行该类指令下面紧接的语句，转移范围与指令 SJMP 相同。实际应用中各转移指令的偏移量 rel 位置处均写为标号。

（1）累加器 A 判 0 指令

指令助记符	操作	机器码	机器周期
JZ rel	若（A）=0，则 PC←（PC）+2+rel，否则程序顺序执行	01100000 rel	2
JNZ rel	若（A）≠0，则 PC←（PC）+2+rel，否则程序顺序执行	01110000 rel	2

以上指令结果不影响 PSW，书写指令时 rel 位置常用行号代替。

例 4-23 将外部 RAM 的一个数据块（首址为 1005H）传送到内部 RAM（首址为 35H），遇到传送的数据为零时停止。

```
START:  MOV   R0,#35H       ;置内部 RAM 数据指针
        MOV   DPTR,#1005H   ;置外部 RAM 数据指针
LOOP1:  MOVX  A,@ DPTR      ;外部 RAM 单元内容送 A
        JZ    LOOP2         ;判别传送数据是否为零,A 为零则转移至 LOOP2
        MOV   @ R0,A        ;传送数据不为零,送内部 RAM
        INC   R0            ;修改地址指针
        INC   DPTR
        SJMP  LOOP1         ;继续传送
LOOP2:  RET                 ;结束传送,返回主程序
```

（2）比较转移指令

指令助记符	操作	机器码	机器周期
CJNE A,#data,rel	若(A)≠data，则 PC←(PC)+3+rel，否则顺序执行；若(A)<data，则 CY=1，否则 CY=0	10110100 data rel	2
CJNE Rn,#data,rel	若(Rn)≠data，则 PC←(PC)+3+rel，否则顺序执行；若(Rn)<data，则 CY=1，否则 CY=0	10111rrr data rel	2
CJNE @Ri,#data,rel	若((Ri))≠data，则 PC←（PC）+3+rel，否则顺序执行；若((Ri))<data，则 CY=1，否则 CY=0	1011011i data rel	2
CJNE A,dir,rel	若(A)≠(dir)，则 PC←(PC)+3+rel，否则顺序执行；若(A)<(dir)，则 CY=1，否则 CY=0	10110101 dir rel	2

以上指令结果影响 PSW 的 CY 标志，转移范围与 SJMP 指令相同。这些指令是 MCS-51 指令系统中仅有的 4 条 3 个操作数的指令，在程序设计中非常有用。

指令的功能可从程序转移和数值比较两个方面来说明。

1）指令转移。左右操作数按无符号数对待，分析如下：

① 当左操作数=右操作数时，程序顺序执行，进位标志位 CY 清 0。

② 若左操作数>右操作数，程序转移至 rel 所代表的位置执行，进位标志位 CY 清 0。

③ 若左操作数<右操作数，程序转移至 rel 所代表的位置执行，进位标志位 CY 置 1。

2）无符号数数值比较。在 MCS-51 指令中没有专门的数值比较指令，可利用这 4 条指令来实现无符号数数值大小的比较，即：

① 程序顺序执行，则左操作数 = 右操作数。
② 程序转移且 CY = 0，则左操作数 > 右操作数。
③ 程序转移且 CY = 1，则左操作数 < 右操作数。

例 4-24　当从 P1 口输入数据为 01H 时，程序继续执行，否则等待，直到 P1 口出现 01H。

```
        MOV  A,#01H         ;立即数 01H 送 A
WAIT:   CJNE A,P1,WAIT      ;(P1)≠01H,则等待
```

上句指令也可写为：CJNE A，P1，$。

例 4-25　将 30H、31H 两个单元中的无符号数的大数送入 A 中。

```
        MOV  A,30H
        CJNE A,31H,BIG
  BIG:  JNC  OVER           ;30H 单元值大则结束
        MOV  A,31H          ;31H 单元值大则送入累加器 A 中
 OVER:  RET
```

（3）减 1 非零转移指令

指令助记符	操　作	机　器　码	机器周期
DJNZ Rn,rel	Rn←(Rn) -1,若 Rn≠0,则 PC←(PC) +2 +rel,否则顺序执行	11011rrr　rel	2
DJNZ dir,rel	dir←(dir) -1,若(dir)≠0,则 PC←(PC) +3 +rel,否则顺序执行	11010101　dir　rel	2

这两条指令结果不影响 PSW，其功能为：首先令寄存器 Rn 或直接寻址单元内容减 1，然后判断其值，如所得结果为 0，则程序顺序执行，如没有减到 0，则程序转移。

如预先将寄存器或内部 RAM 单元赋值（循环次数），则利用减 1 条件转移指令，以减 1 后是否为 0 作为转移条件，即可实现按次数控制循环。

例 4-26　把 2000H 开始的外部 RAM 单元中的数据送到 3000H 开始的外部 RAM 单元中，数据个数已存储在内部 RAM 35H 单元中。

```
       MOV    DPTR,#2000H      ;源数据区首地址
       PUSH   DPL              ;源首址暂存堆栈
       PUSH   DPH
       MOV    DPTR,#3000H      ;目的数据区首址
       MOV    R2,DPL           ;目的首址暂存寄存器
       MOV    R3,DPH
LOOP:  POP    DPH              ;取回源地址
       POP    DPL
       MOVX   A,@DPTR          ;取出数据
       INC    DPTR             ;源地址增量
       PUSH   DPL              ;源地址暂存堆栈
       PUSH   DPH
       MOV    DPL,R2           ;取回目的地址
       MOV    DPH,R3
       MOVX   @DPTR,A          ;数据送目的区
```

```
INC     DPTR          ;目的地址增量
MOV     R2,DPL        ;目的地址暂存寄存器
MOV     R3,DPH
DJNZ    35H,LOOP      ;没完,继续循环
RET                   ;返回主程序
```

3. 调用和返回指令（4条）

子程序结构是一种重要的程序结构。在一个程序中经常遇到反复多次执行某程序段的情况，如果重复书写这个程序段，会使程序变得冗长而杂乱。对此，可采用子程序结构，也就是将重复的程序段编写为一个子程序，通过主程序调用执行，这样不但减少了编程工作量，而且使主程序结构更清晰，也缩短了整个程序的长度。

调用和返回构成了子程序调用的完整过程。调用指令在主程序中使用，而返回指令则应该是子程序的最后一条指令，执行完返回指令之后，程序返回主程序断点处继续执行。

指令助记符	操作	机器码	指令说明	机器周期
ACALL addr11	PC←(PC)+2, SP←(SP)+1,(SP)←$(PC)_{0\sim7}$, SP←(SP)+1,(SP)←$(PC)_{8\sim15}$, $PC_{0\sim10}$←addr11	$a_{10}a_9a_8$10001 $addr_{7\sim0}$	绝对调用指令,以指令提供的11位地址取代PC低11位,PC高5位不变,调用范围是2KB	2
LCALL addr16	PC←(PC)+3, SP←(SP)+1,(SP)←$(PC)_{0\sim7}$, SP←(SP)+1,(SP)←$(PC)_{8\sim15}$, $PC_{0\sim15}$←addr16	00010010 $addr_{15\sim8}$ $addr_{7\sim0}$	长调用指令,调用范围与LJMP指令相同	2
RET	$PC_{8\sim15}$←((SP)),SP←(SP)-1, $PC_{0\sim7}$←((SP)),SP←(SP)-1	00100010	子程序返回指令	2
RETI	$PC_{8\sim15}$←((SP)),SP←(SP)-1, $PC_{0\sim7}$←((SP)),SP←(SP)-1	00110010	中断服务程序返回指令	2

以上指令结果均不影响PSW。

例4-27 如图4-2所示，在P1.0~P1.3引脚分别装有两个红灯和两个绿灯，设计一个红绿灯定时切换的程序，第1组红绿灯与第2组红绿灯轮流点亮。

根据电路图可知，两组灯的轮流点亮切换就是将控制两组灯的端口的状态不断取反。

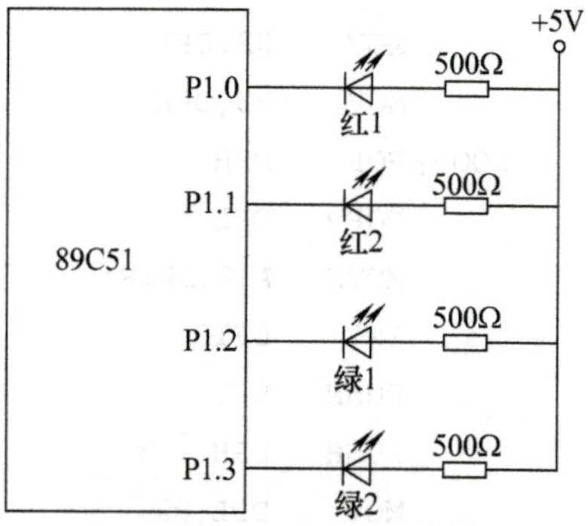

图4-2 红绿灯定时切换电路

```
START: MOV    A,#05H
   SW: MOV    P1,A        ;点亮红绿灯
       ACALL  DL          ;调用延时子程序
   CH: CPL    A           ;两组切换
       AJMP   SW
   DL: MOV    R7,#0FFH    ;置延时常数
  DL1: MOV    R5,#0FFH
```

```
DL2: DJNZ   R5,DL2       ;用循环延时
     DJNZ   R7,DL1
     RET                 ;返回主程序
```

当执行到“ACALL DL”指令时，程序转到子程序 DL，执行到子程序的 RET 指令后又返回主程序 CH 处。CPU 将不断地在主、子程序之间转移，实现对红绿灯的定时切换。

4. 空操作（1 条）

指令助记符	操作	机器码	机器周期
NOP	空消耗 1 个机器周期	00000000	1

指令结果不影响 PSW。

4.2.6　位操作类指令的运用

灵活运用位操作类指令 1

位操作指令的操作数是位单元，其取值只能是 0 或 1，故又称为布尔变量操作指令。位操作指令的操作对象是内部 RAM 的位寻址区（即 20H～2FH）和特殊功能寄存器 SFR 中的 11 个可位寻址的寄存器，具体内容请参看项目 2 相关内容。

对于位单元，有以下三种不同的写法：

（1）直接地址写法　如“MOV C，0D2H”，其中 0D2H 表示 PSW 中的 OV 位地址。

（2）点操作符写法　如“MOV C，0D0H.2”。

（3）位名称写法　在指令格式中直接采用位定义名称，这种方式只适应于可以位寻址的 SFR，如“MOV C，OV”。

1. 位传送指令（2 条）

指令助记符	操作	机器码	指令说明	机器周期
MOV C，bit	CY←bit	10100010	bit 中状态送入 CY 中	2
MOV bit，C	bit←CY	10010010	CY 状态送入 bit 中	2

位传送指令必须与进位位 CY 进行，不能在其他两个位之间传送。

例 4-28　将 20H 位的内容传送至 5AH 位。

```
MOV   10H,C     ;暂存 CY 内容
MOV   C,20H     ;20H 位送 CY
MOV   5AH,C     ;CY 送 5AH 位
MOV   C,10H     ;恢复 CY 内容
```

2. 位置位和位清 0 指令（4 条）

指令助记符	操　作	机　器　码	指 令 说 明	机 器 周 期
CLR C	CY←0	11000011	CY 位清 0	1
CLR bit	bit←0	11000010　bit	Bit 位清 0	1
SETB C	CY←1	11010011	CY 位置 1	1
SETB bit	bit←1	11010010　bit	Bit 位置 1	1

3. 位运算指令（6 条）

指令助记符	操作	机器码	指令说明	机器周期
ANL C, bit	CY←CY∧bit	10000010 bit	bit 状态与 CY 状态相“与”，结果送 CY	2
ANL C, /bit	CY←CY∧$\overline{\text{bit}}$	10110010 bit	bit 状态取反后与 CY 状态相“与”，结果送 CY	2
ORL C, bit	CY←CY∨bit	01110010 bit	bit 状态与 CY 状态相“或”，结果送 CY	2
ORL C, /bit	CY←CY∨$\overline{\text{bit}}$	10100010 bit	bit 状态取反后与 CY 状态相“或”，结果送 CY	2
CPL C	CY←$\overline{\text{CY}}$	10110011	位取反指令	2
CPL bit	bit←$\overline{\text{bit}}$	10110010	位取反指令，结果不影响 CY	2

4. 位转移指令（3 条）

指令助记符	操作	机器码	指令说明	机器周期
JB bit,rel	若 bit = 1，则 PC←(PC) + 2 + rel，否则顺序执行	00100000 bit rel	bit 为 1 时，程序转至 rel	2
JNB bit,rel	若 bit = 0，则 PC←(PC) + 2 + rel，否则顺序执行	00110000 bit rel	bit 不为 1 时，程序转至 rel	2
JBC bit,rel	若 bit = 1，则 PC←(PC) + 2 + rel，(bit) ← 0，否则顺序执行	00010000 bit rel	bit 为 1 时，程序转至 rel，且 bit 位清 0	2

JBC 与 JB 指令区别：前者当满足条件转移后会将寻址位清 0，后者只转移不清 0 寻址位。

5. 判 CY 标志指令（2 条）

助记符格式	相应操作	机器码	指令说明	机器周期
JC rel	若 CY = 1，则 PC←(PC) + rel，否则顺序执行	01000000	CY 为 1 时，程序转至 rel	2
JNC rel	若 CY≠1，则 PC←(PC) + rel，否则顺序执行	01010000	CY 不为 1 时，程序转至 rel	2

例 4-29 如图 4-3 所示，编程实现：当开关 S0 ~ S3 闭合时控制对应的 VL0 ~ VL3 点亮。

编程思路：当开关闭合时，相应的输入为 0，而当输出为 0 时，相应的指示灯点亮。因此只要将 P1.0 ~ P1.3 的状态传递给 P1.4 ~ P1.7 即可。该程序既可用字节操作指令实现，也可以用位操作指令实现。本例采用位操作指令实现。

```
ORG  0000H
ST:MOV  P1,#0FFH      ;熄灭所有发光二极管
   MOV  C,P1.0        ;P1.0 状态送至 CY
   MOV  P1.4,C        ;CY 状态送至 P1.4
   MOV  C,P1.1
   MOV  P1.5,C
   MOV  C,P1.2
   MOV  P1.6,C
   MOV  C,P1.3
   MOV  P1.7,C
   SJMP ST
   END
```

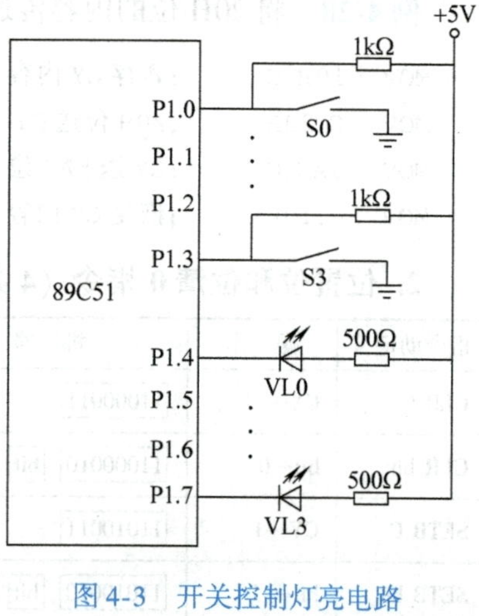

图 4-3 开关控制灯亮电路

例 4-30　有一温度控制系统，采集的温度值放在累加器 A 中。此外，在内部 RAM 54H 单元存放着设定温度的下限值，在 55H 单元存放着设定温度的上限值。若测量温度高于设定温度的上限值，则程序转向 JW（降温处理程序）；若测量温度低于设定温度的下限值，则程序转向 SW（升温处理程序）；若温度介于上、下限之间，则程序转向 FANHUI（返回）。

灵活运用位操作类指令2

```
        CJNE   A,55H,LOOP1   ;将 A 中的采集温度与 55H 单元的温度上限做比较
        AJMP   FANHUI
LOOP1:  JNC    JW            ;若 CY=0,则温度高于上限值,转降温处理程序
        CJNE   A,54H,LOOP2   ;将 A 中的采集温度与 55H 单元的温度下限做比较
        AJMP   FANHUI
LOOP2:  JC     SW            ;若 CY=1,则温度低于下限值,转升温处理程序
FANHUI: RET                  ;温度介于上下限之间,返回主程序
```

例 4-31　用单片机实现图 4-4 所示电路的逻辑功能。

可令 P1.0 ~ P1.3 分别为 A、B、C、D 的输入端，P1.4 为输出端 Z。编程片段如下：

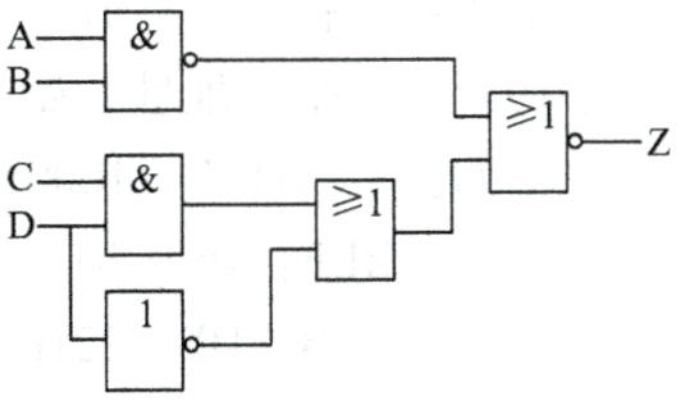

图 4-4　单片机实现逻辑功能

```
MOV   C,P1.0
ANL   C,P1.1
CPL   C
MOV   30H,C      ;A、B 与非的结果暂存到 30H 位
MOV   C,P1.2
ANL   C,P1.3
ORL   C,/P1.3    ; C、D 相与的结果再和 D 的取反结果相或
ORL   C, 30H
CPL   C
MOV   P1.4, C
```

4.2.7　伪指令的运用

伪指令不属于指令集中的指令，但具有和指令类似的形式，作用是对汇编过程进行某种控制或提供某些汇编信息，不产生可执行的目标代码。

1. 指令存储定位伪指令 ORG

格式：[标号:]　　ORG　地址表达式

功能：规定程序块或数据块存放的起始位置

例如：ORG　1000H

　　　MOV　A，#20H

表示指令“MOV　A，#20H”存放于 1000H 开始的单元。

2. 定义字节数据伪指令 DB

格式：[标号:]　　DB　字节数据表

功能：字节数据表可以是多个字节数据、字符串或表达式，表示将字节数据表中的数据从左到右依次存放在指定地址单元。

例如：　　ORG　1000H

TAB：DB　2BH，0A0H，'A'，2*4，5+7

表示从 1000H 单元开始存放数据，1000H 单元存放 2BH，1001H 单元存放 0A0H，1002H 单元存放 41H（字母 A 的 ASCII 码），1003H 单元存放 08H，1004H 单元存放 0CH。

3. 定义字数据伪指令 DW

格式：[标号:]　DW　字数据表

功能：与 DB 类似，但 DW 定义的数据项为字，包括两个字节，存放时高位在前，低位在后。

例如：　　ORG　1000H

DATA：DW　324AH，3CH

表示从 1000H 单元开始存放数据，1000H 单元存放 32H，1001H 单元存放 4AH，1002H 单元存放 00H，1003H 单元存放 3CH（3CH 以字的形式表示为 003CH）。

4. 定义存储空间伪指令 DS

格式：[标号:]　DS　表达式

功能：从指定地址开始，预留一定数目存储单元作为备用的空间。

例如：　　ORG　1000H

BUF：DS　50

TAB：DB　22H

表示从 1000H 单元开始预留 50 个存储字节空间（1000H～1031H），而后定义的字节数据 22H 存放在 1032H 单元。

5. 符号定义伪指令 EQU 或"="

格式：符号名　EQU　表达式

符号名 = 表达式

功能：将表达式的值或某个特定汇编符号定义为一个指定的符号名，只能定义单字节数据，并且必须先定义后使用，因此该语句通常放在源程序的开头部分。

例如：
```
LEN = 10
SUM  EQU  21H
……
MOV  A, #LEN          ；执行后，累加器 A 中的值为 10（0AH）
MOV  SUM, #LEN        ；执行后，将数据 10（0AH）传送到 21H RAM 单元
```

6. 数据赋值伪指令 DATA

格式：符号名　DATA　表达式

功能：DATA 的功能与伪指令 EQU 或 = 相同，只能定义单字节数据，不同之处在于 DATA 可先使用后定义，因此可以在程序末尾用 DATA 进行数据定义。

例如：
```
……
MOV A, #LEN
……
LEN  DATA  10
```

尽管 LEN 的引用在定义之前，但汇编语言系统仍可以知道 LEN 代表 10（0AH）。

7. 数据地址赋值伪指令 XDATA

格式：符号名　XDATA　表达式

功能：XDATA 的功能与 DATA 伪指令类似，也可以先使用后定义，但是其用于双字节数据定义。

例如：DELAY　XDATA　0356H

```
        ……
        LCALL   DELAY           ；执行指令后，程序转到 0356H 单元执行
```

8. 汇编结束伪指令 END

格式：[标号：]　END

功能：汇编语言源程序结束标志，表示源程序到此结束。整个汇编语言源程序只允许出现一条 END 伪指令，而且必须安排在源程序末尾。

实训任务 6　顺序彩灯的控制

顺序彩灯的控制汇编程序设计

1. 任务目的

1）进一步熟悉 89C51 单片机外部引脚线路的连接。

2）验证常用的 89C51 指令。

3）学习简单的编程方法。

4）掌握单片机全系统调试的过程及方法。

2. 任务内容

走在城市街道，经常看到各种琳琅满目、色彩斑斓的 LED 广告灯，如图 4-5 所示。在此，要求设计一顺序彩灯控制系统，控制 8 个发光二极管实现模拟顺序闪烁的“流水”广告彩灯效果。

图 4-5　生活中的 LED 广告彩灯

其硬件电路如图 4-6 所示，设晶振为 12MHz，8 个发光二极管 VL1 ~ VL8 分别接在单片机的 P1.0 ~ P1.7 口上。各引脚输出“0”时，对应发光二极管亮，要求按照 VL1→VL2→…→VL8→VL1 的顺序每 1s 依次点亮各发光二极管，某发光二极管亮时其余的全灭，重复循环。

3. 任务分析

由图 4-6 可知，各引脚输出“0”时，对应的发光二极管亮，按照 P1.0→P1.1→…→P1.7→P1.0 的顺序依次向各引脚输出“0”，即可完成任务要求。

运用端口输出指令“MOV P1，A”或“MOV P1，#data”，即可达到控制发光二极管的

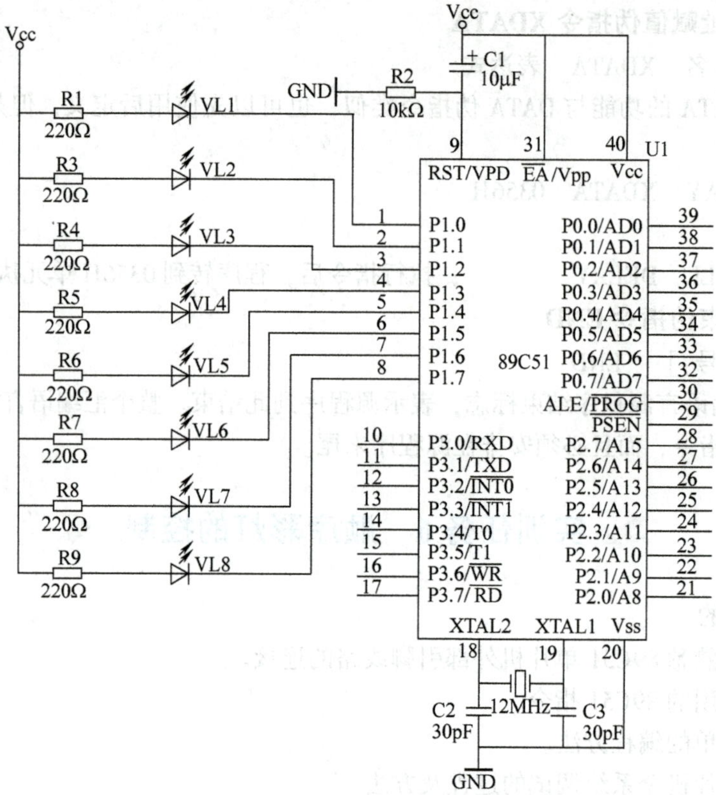

图 4-6 顺序彩灯控制硬件电路

目的，每次送出的数据见表 4-2。程序框图如图 4-7 所示。

表 4-2 P1 口各引脚得到的数据

P1.7	P1.6	P1.5	P1.4	P1.3	P1.2	P1.1	P1.0	说明
VL8	VL7	VL6	VL5	VL4	VL3	VL2	VL1	
1	1	1	1	1	1	1	0	VL1 亮，其余灭
1	1	1	1	1	1	0	1	VL2 亮，其余灭
1	1	1	1	1	0	1	1	VL3 亮，其余灭
1	1	1	1	0	1	1	1	VL4 亮，其余灭
1	1	1	0	1	1	1	1	VL5 亮，其余灭
1	1	0	1	1	1	1	1	VL6 亮，其余灭
1	0	1	1	1	1	1	1	VL7 亮，其余灭
0	1	1	1	1	1	1	1	VL8 亮，其余灭

汇编参考程序如下：

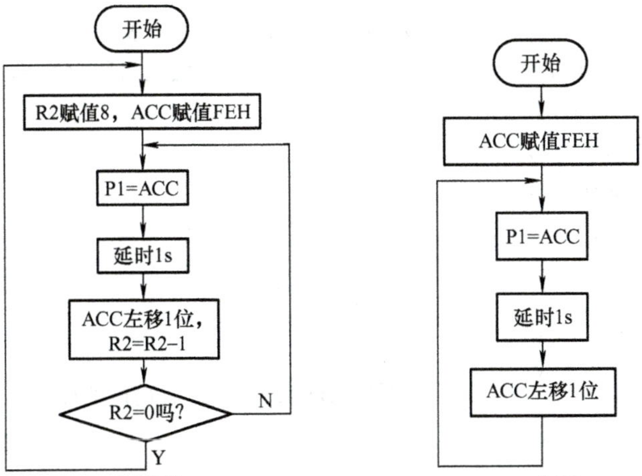

a) 框图1　　b) 框图2

图 4-7　顺序彩灯控制程序框图

```
        ORG     0000H
        LJMP    START
        ORG     0030H
START:  MOV     R2, #8        ; 设置循环次数……………………………
        MOV     A, #0FEH      ; 送显示的数据
LOOP:   MOV     P1, A
        LCALL   DELAY         ; 调用延时程序
        RL      A             ; 左移一位，改变点亮的发光二极管
        DJNZ    R2, LOOP      ; 检测是否已依次全部点亮 8 个发光二极管
        SJMP    START         ; ……………………………………………
DELAY:  MOV     R5, #20       ; 1s 延时子程序，具体延时计算参见下文例 4-35
DEL1:   MOV     R6, #200
DEL2:   MOV     R7, #124
        DJNZ    R7, $
        DJNZ    R6, DEL2
        DJNZ    R5, DEL1
        RET
        END
```

（START 至 SJMP START 部分：框图 1 程序）

注意： 如按照框图 2 编写程序，则子程序不变，只需将上文框图 1 程序对应的主程序修改如下：

```
START:  MOV     A, #0FEH      ; 送显示的数据，L1 灯亮的控制码
LOOP:   MOV     P1, A
        LCALL   DELAY         ; 调用延时程序
        RL      A             ; 左移一位，改变点亮的发光二极管
        SJMP    LOOP          ; ……………………………………
```

（框图 2 程序）

C51 参考程序如下：

(1) 移位运算方式编程

```
#include <reg51.h>                //包含头文件
#define LED P1                    //宏定义,即将 P1 用 LED 表示
void delay(unsigned char n)       //延时 n×100ms 函数(也可称为子程序)
{  unsigned char a,b,c;
    for(c=n;c>0;c--)
        for(b=142;b>0;b--)
            for(a=200;a>0;a--);
}
void main()                       //主函数
{  int i;
    while(1)                      //循环执行 while(1)后{}内的程序段
    {  LED=0XFE;
        delay(500);
        for(i=0;i<7;i++)
        {
          LED=(LED<<1)|0x01;        //左移1位,右侧补1
          delay(10);               //延时1s
        }
    }
}
```

顺序彩灯的控制C51程序设计

(2) 数组运算方式编程

```
#include <reg51.h>                        //包含头文件
#define LED P1                            //宏定义,即将 P1 用 LED 表示
char shu[]={0xfe,0xfd,0xfb,0xf7,0xef,0xdf,0xbf,0x7f};
void delay(unsigned char n)               //延时 n×100ms 函数(也可称为子程序)
{  unsigned char a,b,c;
    for(c=n;c>0;c--)
        for(b=142;b>0;b--)
            for(a=200;a>0;a--);
}
void main()                               //主函数
{ int i;
    while(1)                              //循环执行 while(1)后{}内的程序段
    {
      for(i=0;i<8;i++)
      {
        P1=shu[i];                        //将数组中的元素赋给 P1 口
        delay(10);                        //延时1s
      }
    }
}
```

4. 任务完成步骤

（1）硬件搭建　按照原理图在万用电路板上或者开发系统中，将 P1.0 对应 VL1、P1.1 对应 VL2、…、P1.7 对应 VL8 进行连接。

（2）软件编程　在个人计算机中打开编程软件（如 Keil C51 或开发系统自带软件），输入参考程序。

（3）编译　将输入的程序编译直至没有错误。

（4）编程下载　通过编程器将 .BIN 或 .HEX 程序写入 89C51 芯片，如所采用的开发系统支持，可以通过通信线在线写入。

（5）应用系统脱机运行　将编程完成的 89C51 芯片插入到硬件万用电路板，接通电源观察效果。

5. 任务扩展

1）分析程序控制的闪烁时间间隔，分析框图 1 和框图 2 程序哪个更简单。

2）如果想改变 8 个发光二极管的闪烁速度及移动方向，如何修改程序?

3）自行编写各种彩灯控制程序。

学习任务 4.3　掌握典型的汇编语言源程序结构及编写步骤

任何汇编语言源程序都可由顺序程序结构、分支程序结构、循环程序结构及子程序结构组成，几种基本程序结构如图 4-8 所示。

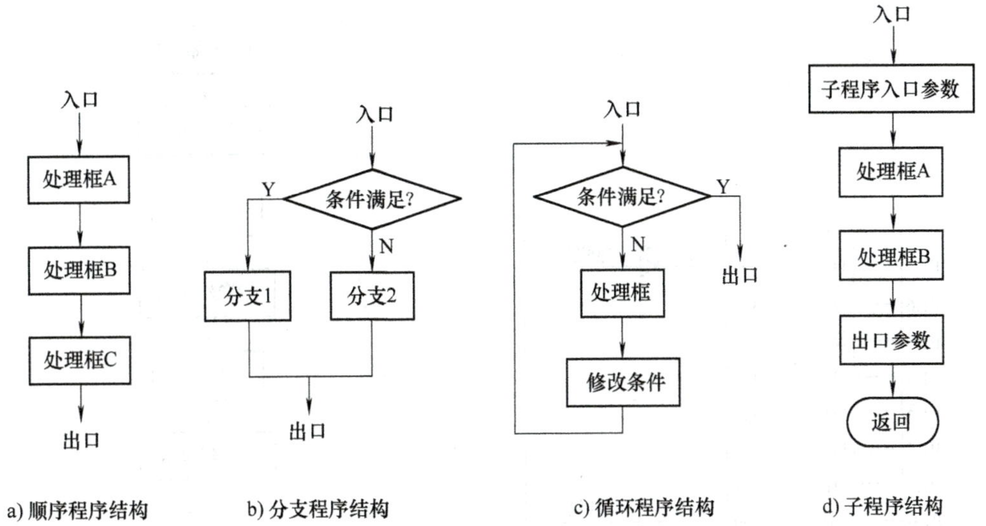

图 4-8　汇编语言源程序基本程序结构

汇编语言源程序编写步骤为：

1）题意分析。熟悉并了解汇编语言指令的基本格式和主要特点，明确被控对象对软件的要求，设计出算法等。

2）画程序流程图。程序流程图也称为程序框图，是根据控制流程设计的，可以使程序清晰，结构合理，便于调试。编写较复杂的程序，画出程序流程图并按照基本结构编写程序，十分必要。

3）分配内存工作区及有关端口地址。分配内存工作区，根据程序区、数据区、暂存区、堆栈区等预估所占空间大小，对片内外存储区进行合理分配并确定每个区域的首地址，便于编程使用。

4）编制汇编语言源程序。

5）仿真调试程序并不断修正。

学习任务 4.4 掌握顺序程序结构设计规范

顺序程序结构是最简单、最基本的程序结构，特点是按指令的排列顺序一条一条地执行，直到全部指令执行完毕为止。整个程序段执行过程无分支、无循环。

例 4-32 如图 4-9 所示，利用 89C51 的 P1 口对 8 个发光二极管依次进行三组先后效果显示（不循环），芯片 74LS240（8 路反相器）可将单片机发出的微弱信号放大以驱动发光二极管亮。要求如下：

第 1 组，VL0 ~ VL3 亮，VL4 ~ VL7 灭，持续 1s；

第 2 组，VL4 ~ VL7 亮，VL0 ~ VL3 灭，持续 1s；

第 3 组，VL0 ~ VL7 全部亮。

（1）分析　本例采用顺序结构编程，并且顺序明确，流程图如图 4-10 所示，只要按要求逐步实现即可。因为程序执行速度是 μs 级的，所以“持续 1s”延时的目的在于能观察到发光二极管的显示效果。当 P1 口对应引脚为低电平时对应的发光二极管点亮。

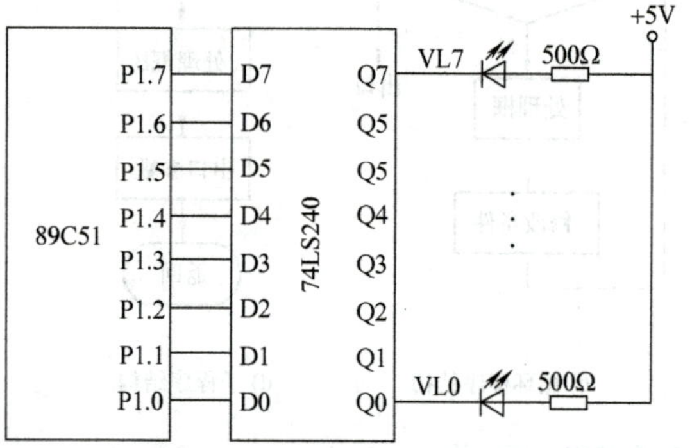

图 4-9　控制依次闪烁灯电路

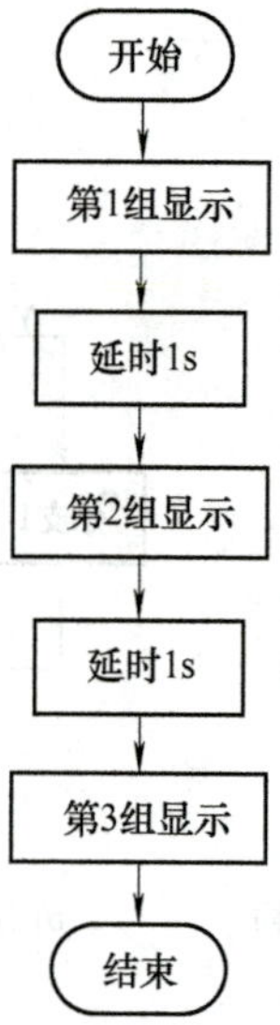

图 4-10　例 4-32 流程图

（2）汇编语言源程序　程序设计如下：

```
ORG     0000H
MOV     P1,#0FH        ;第 1 组显示
LCALL   DELAY1S        ;1s 延时语句
MOV     P1,#0F0H       ;第 2 组显示
```

```
        LCALL   DELAY1S      ;1s 延时语句
        MOV     P1,#0FFH     ;第 3 组显示
        SJMP    $            ;动态停机
DELAY1S: MOV    R7,#20       ;1s 延时子程序,假设晶振为 12MHz,具体计算见下文例 4-35
    D1:  MOV    R6,#200
    D2:  MOV    R5,#124
         DJNZ   R5,$
         DJNZ   R6,D2
         DJNZ   R7,D1
         RET
         END
```

★**开发提示：** 本例目的在于明确顺序结构编程方法，“1s 延时语句”及“1s 延时子程序”属于子程序设计范畴，后文有详述，初学时不必深究，子程序可看作顺序结构中的一个小整体。

学习任务 4.5　掌握分支程序结构设计规范

分支程序主要是根据判断条件的成立与否来确定程序的走向。编程的关键是如何确定供判断或选择的条件以及如何选择合理的控制转移分支指令。

分支程序通常根据出口个数分为单分支（两个出口）和多分支（两个以上出口）结构程序。

1. 单分支程序结构

程序的判断仅有两个出口，两者选其一的结构，称为单分支程序结构。通常用条件转移类指令来选择并确定程序的分支出口。单分支程序结构有三种典型形式，如图 4-11 所示。

设计单片机分支程序1

1）结构一如图 4-11a 所示，当条件满足时执行分支程序 1，否则执行分支程序 2。

2）结构二如图 4-11b 所示，当条件满足时跳过程序段 1，从程序段 2 执行，否则顺序执行程序段 1，再执行程序段 2。

3）结构三如图 4-11c 所示，是单分支程序结构的一种特殊形式，当条件满足时，停止执行程序段 1，否则继续执行程序段 1，此处执行程序段 1 的过程类似于条件循环结构。

例 4-33　使用单片机加重力传感器作磅秤，编制称出行李重量后计算运费价格的程序，如称出的重量以 10kg 为 1 个计价单位，并且将计价单位个数 G 已存入 40H 单元。计价方法为：小于等于 50kg 每个计价单位按 3 元计价，50kg 以上的每个计价单位按 5 元计价。

（1）分析　因 $G\times3$ 重复使用，可先算出并暂存在 R2 中。假设运费为 M，由运费计算法可列出算式

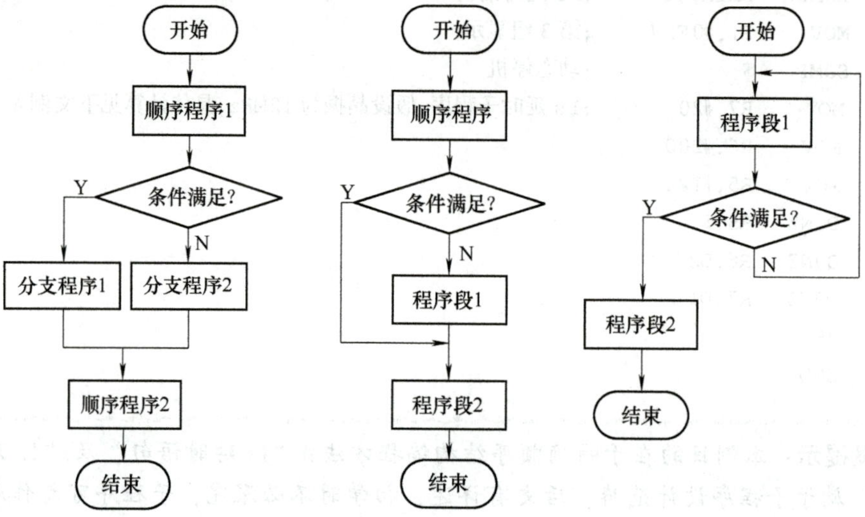

a) 结构一　　b) 结构二　　c) 结构三

图 4-11　单分支程序结构形式

$$M=\begin{cases}G\times 3 & ;当\ G\leqslant 5\\ G\times 3+(G-5)\times 2 & ;当\ G>5\end{cases}$$

（2）流程图　运费计算流程图如图 4-12 所示。

（3）汇编语言源程序　程序设计如下：

```
      ORG  0100H
FRT:  MOV  A,40H        ;取行李重量计价单位 G,(40H)→A
      MOV  R3,A         ;暂存 A 值(G)
      MOV  B,#03H
      MUL  AB           ;运费 M = G × 3
      MOV  R2,A
      MOV  A,R3         ;取回 G
      CJNE A,#05H,L1    ;判断 G 与 5 的关系,若 G≠5 转至 L1
      SJMP WETC         ;否则 G = 5,跳转至 WETC
L1:   JC   WETC         ;G≠5,若 CY = 1 说明 G < 5,则转至 WETC
      SUBB A,#05H       ;否则说明 G > 5,M = G × 3 + 2 × (G - 5)
      RLC  A
      ADD  A,R2
      MOV  R2,A
WETC: MOV  41H,R2       ;存运费 M
      RET
```

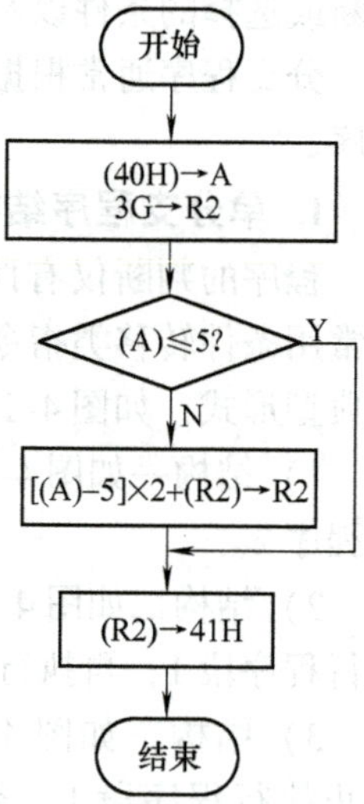

图 4-12　运费计算流程图

2. 多分支程序结构

当程序的判断部分有两个以上的出口流向时，称为多分支程序结构或散转程序。在键盘接口程序设计中经常会用到散转功能，根据按下不同的键码跳转到不同的程序段，完成不同的控制功能。散转程序的具体用法见后文的

设计单片机分支程序2

实训任务 7。

3. 分支程序结构的转移条件

分支程序中的转移条件一般都是程序状态字（PSW）中的标志位的状态，因此，保证分支程序正确流向的关键如下：

1）在判断之前，应执行对有关标志位产生影响的指令，使该标志位能够适应问题的要求，这就要求编程员十分了解指令对标志位的影响情况。

2）当某标志位处于某状态时，未执行下一条影响此标志位的指令前，该标志位保持原状态不变。

3）正确理解 PSW 中各标志位（如 CY）的含义及变化情况，才能正确判断并转移。

实训任务 7　多状态闪烁灯控制

多状态闪烁灯汇编程序设计

1. 任务目的

1）掌握分支程序设计的基本思路。

2）练习使用转移指令完成多分支控制。

3）掌握根据不同按键控制不同输出效果的程序设计思想。

2. 任务内容

如图 4-13 所示，在图 4-9 基础上增加两个按键开关 S0 和 S1，当开关 S0 接通 2 时，P3.4 引脚接地，P3.4 为 0；当 S0 接通 1 时，P3.4 接 +5V，P3.4 为 1。同样，当开关 S1 接通 2 时，P3.5 引脚接地，P3.5 为 0；当 S1 接通 1 时，P3.5 接 +5V，P3.5 为 1。

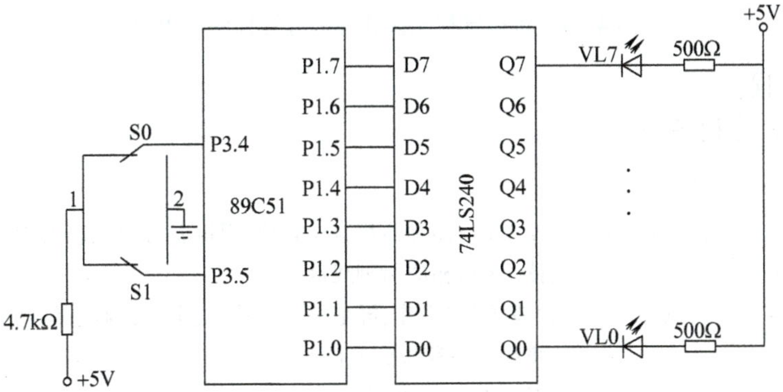

图 4-13　多按键控制多状态闪烁灯电路

要求完成按动开关 S0 和 S1 控制发光二极管亮灭，S0 和 S1 状态对应的 P1 口的 8 个发光二极管的显示方式见表 4-3。

表 4-3　S0 和 S1 控制发光二极管状态

P3.5	P3.4	显示方式
0	0	8 个发光二极管全灭
0	1	8 个发光二极管交叉亮灭
1	0	低 4 位连接的发光二极管亮，高 4 位连接的发光二极管灭
1	1	低 4 位连接的发光二极管灭，高 4 位连接的发光二极管亮

3. 任务分析

1）由图4-13可知，当P1口引脚输出为1时对应LED亮，输出为0时灭。关键因素是将不同的按键组合转换成一个“条件信息”，然后利用转移指令实现向各分支程序的转移，实现多按键控制多状态闪烁灯的程序流程如图4-14所示。

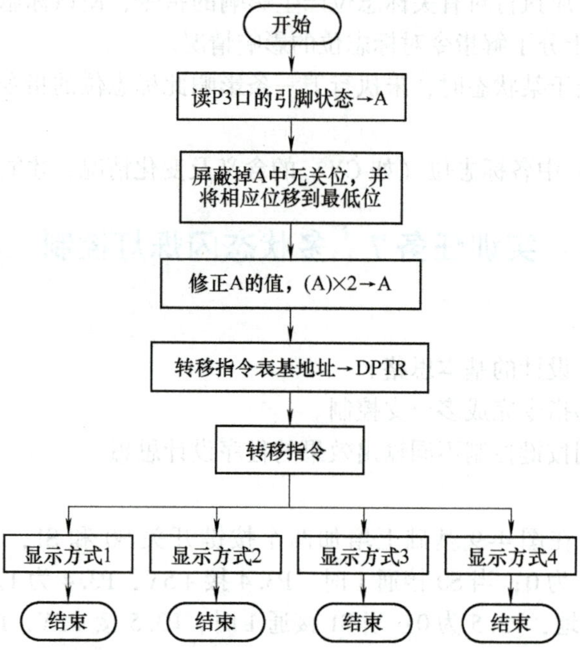

图4-14 多按键控制多状态闪烁灯程序流程图

2）软件编程。

① 汇编语言源程序如下：

```
        ORG    0000H
        MOV    P3,#00110000B    ;使 P3 口锁存器相应位置位,以准备好对相应引脚位读取
        MOV    A,P3             ;读 P3 口相应引脚线信号
        ANL    A,#00110000B     ;“逻辑与”操作,屏蔽掉无关位,提取按键状态信息
        SWAP   A                ;将相应位移位到低位
        RL     A                ;循环左移 1 位,完成(A) ×2→A
        MOV    DPTR,#TABLE      ;转移指令表的基地址送数据指针 DPTR
        JMP    @ A+DPTR         ;散转指令
  ONE:  MOV    P1,#00H          ;第 1 种显示方式,S0 接低电平,S1 接低电平,全灭
        SJMP   $
  TWO:  MOV    P1,#55H          ;第 2 种显示方式,S0 接高电平,S1 接低电平,交叉亮灭
        SJMP   $
THREE:  MOV    P1,#0FH          ;第 3 种显示方式,S0 接低电平,S1 接高电平,高 4 灭低 4 亮
        SJMP   $
 FOUR:  MOV    P1,#0F0H         ;第 4 种显示方式,S0 接高电平,S1 接高电平,高 4 亮低 4 灭
        SJMP   $
```

```
TABLE: AJMP   ONE               ;转移指令表开始,此句跳至第 1 种显示方式
       AJMP   TWO               ;跳至第 2 种显示方式
       AJMP   THREE             ;跳至第 3 种显示方式
       AJMP   FOUR              ;跳至第 4 种显示方式
       END
```

② C51 参考程序如下：

多状态闪烁灯 C51程序设计

```
/* 多状态闪烁灯控制* /
#include <reg51.h>                 //包含头文件
#define LED P1                     //宏定义,即将 P1 用 LED 表示
sbit KEY1 = P3^4;                  //定义 KEY1 按键连接至 P3.4
sbit KEY2 = P3^5;                  //定义 KEY2 按键连接至 P3.5
void main()                        //主函数
{
   while(1)                        //循环执行 while(1)后{}内的程序段
   {
      if(KEY1 ==0&&KEY2 ==0)       //P3.4、P3.5 均为低电平
         LED =0x00;
      if(KEY1 ==1&&KEY2 ==0)       //P3.4 高电平 P3.5 低电平
         LED =0xaa;
      if(KEY1 ==0&&KEY2 ==1)       //P3.4 低电平 P3.5 高电平
         LED =0xf0;
      if(KEY1 ==1&&KEY2 ==1)       //P3.4、P3.5 均为高电平
         LED =0x0f;
   }
}
```

4. 任务完成步骤

（1）硬件搭建　按照原理图在万用电路板上或者开发系统中，连接图 4-13 所示的电路图，注意图中省略了时钟、电源及复位电路，可按照前面章节的任务中的方法搭建。

（2）软件编程　在个人计算机中打开编程软件输入参考程序。

（3）编译　将输入的程序编译直至没有错误。

（4）编程下载　通过编程器将 . BIN 或 . HEX 程序写入 89C51 芯片，如所采用的开发系统支持，可以通过通信线在线写入。

（5）应用系统脱机运行　将编程完成的 89C51 芯片插入到万用电路板，接通电源，拨动开关 S0 和 S1，观察效果。

5. 任务总结

（1）89C51 I/O 口操作说明　程序中用到了 89C51 对 I/O 口的三种操作方式：输出数据方式、读端口数据（端口处于输出状态）方式和读端口引脚高低电平方式。

1）输出数据方式。

```
MOV   P1,#00H          ;输出数据 00H→P1 口锁存器→P1 引脚
```

2）读端口数据方式。

```
MOV  A,P3          ;A←P3 口锁存器
```

3）读端口引脚高低电平方式，此时必须连续执行两句指令，首先必须使欲读的端口引脚所对应的锁存器置位，然后再读引脚状态。如下：

```
MOV  P3,#0FFH      ;P3 口锁存器各位置 1
MOV  A,P3          ;A←P3 口引脚状态
```

（2）散转指令使用方法　散转指令是单片机指令系统中专为散转操作提供的无条件转移指令，指令格式如下：

```
JMP  @ A + DPTR    ;PC←(DPTR) + (A)
```

一般情况下，数据指针 DPTR 固定，根据累加器 A 的内容，程序转入到相应的分支程序中去，本例采用最常用的转移指令表法，即先用无条件转移指令按一定的顺序组成一个转移表，再将转移表首地址装入数据指针 DPTR 中，然后将控制转移方向的数值装入累加器 A 中作变址，最后执行散转指令实现散转。由于无条件转移指令 AJMP 是两字节指令，所以指令转移表的存储格式如图 4-15 所示。

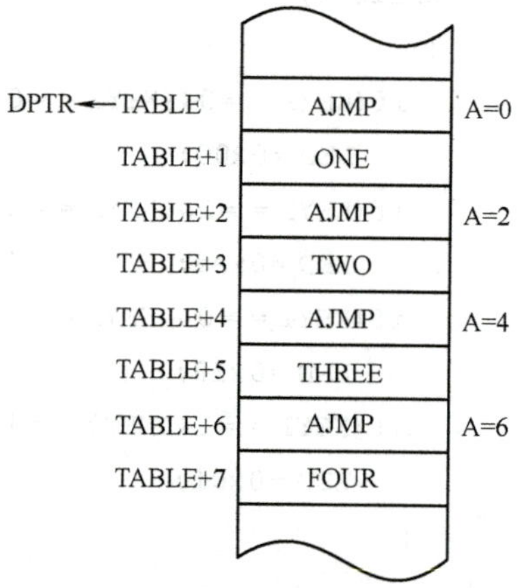

图 4-15　指令转移表的存储格式

跳转到的不同位置参考的信息可用地址“TABLE + n”中 n 值来控制，程序从 P3 口读入的数据分别为 0、1、2、3，因此若要和上面的“n”对应上，则必须乘 2 以修正 A 值，散转对应关系为

A = 0 转向　“AJMP　ONE”

A = 2 转向　“AJMP　TWO”

A = 4 转向　“AJMP　THREE”

A = 6 转向　“AJMP　FOUR”

学习任务 4.6　掌握循环程序结构设计规范

1. 循环程序结构的组成

根据循环程序的结构不同可分为单重循环和多重循环。循环程序结构由四部分组成：初始化、循环处理、循环控制和循环结束。典型的循环程序结构如图 4-16 所示。

（1）初始化部分　用来设置循环处理之前的初始状态，如循环次数的设置、变量初值的设置、地址指针的设置等。

（2）循环处理部分　又称为循环体，是重复执行的数据处理程序段，是循环程序的核心部分。

（3）循环控制部分　根据判断条件利用控制转移指令控制循环继续与否。

（4）结束部分　此部分是对循环程序全部执行结束后的结果进行分析、处理和保存。

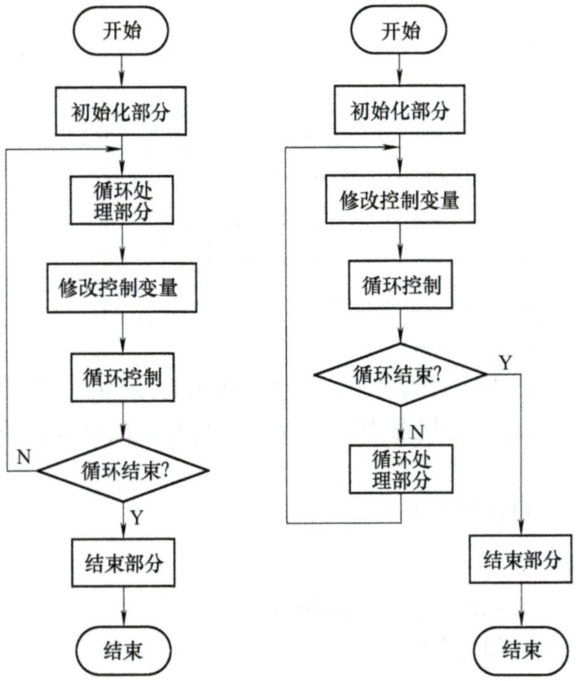

a)先处理后判断　　b)先判断后处理

图 4-16　两种典型的循环程序结构

设计循环程序

2. 循环程序设计

对循环次数的控制有如下两种：

（1）循环次数已知　可用循环次数计数器（如寄存器 R0 等）控制循环。

（2）循环次数未知　可以按条件控制循环。

例 4-34　将 1～50 共 50 个整数分别送入内部 RAM 中地址为 30H 开始的单元中。

分析：若用顺序程序结构编程，则需书写 50 个传送指令 “MOV　dir，#data”，而用循环程序结构完成，则简单、清晰、明了。程序流程图如图 4-17 所示。

程序如下：

```
        MOV   R7,#50          ;循环初始化
        MOV   R0,#30H
        MOV   A,#01
LOOP:   MOV   @ R0,A          ;循环处理
        INC   R0
        INC   A
        DJNZ  R7,LOOP         ;循环控制
        RET                   ;循环结束
```

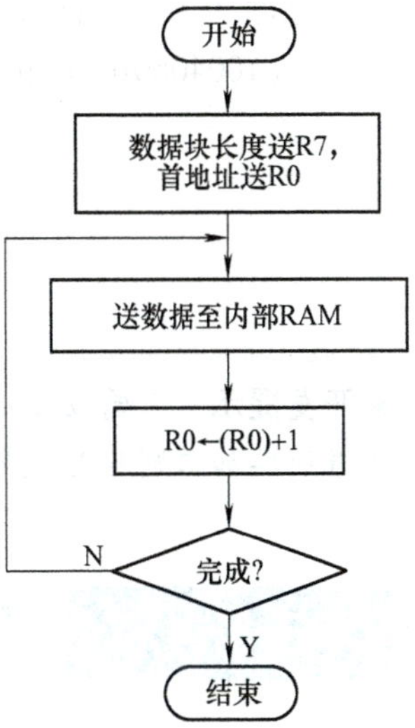

图 4-17　存放 50 个整数的程序流程图

例 4-35　假设晶振频率为 12MHz，分析下面程序的执行

时间。

```
DELAY:    MOV   R2, #2            ;进入 DELAY 前的参数 R2 赋值
DELAY1S:  MOV   R7, #20 ...........................┐
D1:       MOV   R6, #200 .......................┐   │
D2:       MOV   R5, #124 ..................┐    │   │
          DJNZ  R5, $ ..........;内循环    │R6  │R7 │R2
          DJNZ  R6, D2 ....................┘控制│控制│控制
          DJNZ  R7, D1 ......................中循环┘的1s│的总
          DJNZ  R2, DELAY1S ...................外循环─┘循环
```

R6 控制中循环；R7 控制的 1s 外循环；R2 控制的总循环

分析：单片机 1 个机器周期时间为 1μs ，“MOV Rn，#data” 执行时间为 1 个机器周期，“DJNZ Rn，rel” 执行时间为 2 个机器周期。程序一共有 4 层循环，第一句为循环子程序的入口参数 R2 置初值。

1）内循环 124 次，执行时间为

$$124 \times 2\mu s = 248\mu s$$

（2μs 为 “DJNZ R5，$” 的执行时间）

2）中循环 200 次，执行时间为

$$(248\mu s + 2\mu s + 1\mu s) \times 200 = 50200\mu s$$

（2μs 为 “DJNZ R6，D2” 的执行时间；1μs 为 “MOV R5，#124” 的执行时间）

3）外循环 20 次，执行时间为

$$(50200\mu s + 2\mu s + 1\mu s) \times 20 = 1004060\mu s = 1.00406s \approx 1s$$

（2μs 为 “DJNZ R7，D1” 的执行时间；1μs 为 “MOV R6，#200” 的执行时间）

4）总循环 2 次，总执行时间为

$$(1004060\mu s + 2\mu s + 1\mu s) \times 2 + 1\mu s = 2008127\mu s = 2.008127s \approx 2s$$

（2μs 为 “DJNZ R2，DELAY1S” 的执行时间；括号内 1μs 为 “MOV R7，#20” 的执行时间；最后的 1μs 为 “MOV R2，#2” 的执行时间）

★**开发提示**：只需改变入口参数 R2 的值，即可达到对其他整秒数的延时程序编写，晶振频率加倍则延时减半；反之，频率减半延时则加倍。

学习任务 4.7 掌握子程序设计及调用规范

1. 子程序

在解决实际问题时，经常会遇到一个程序中多次使用同一个程序段，例如延时程序段、

算术运算程序段等功能相对独立的程序段，在本书的实训任务 5、6、8 以及例 4-32 中，反复使用了延时程序段。

为节约内存，可将这种具有一定功能的独立程序段编成子程序。

控制4相步进电动机

2. 子程序调用和返回

当需要时可通过指令 ACALL 或 LCALL 调用子程序，调用程序称为主程序，被调用的程序称为子程序，子程序最后必须书写返回指令 RET，专门为中断编写的中断服务子程序返回指令是 RETI。子程序允许嵌套调用。

例 4-36　89C51 单片机的 P1 口作输出，经驱动电路接 8 只发光二极管，如图 4-18 所示。当输出位为“1”时，发光二极管点亮；输出位是“0”时为暗。试分析下述程序执行过程及发光二极管点亮的工作规律。

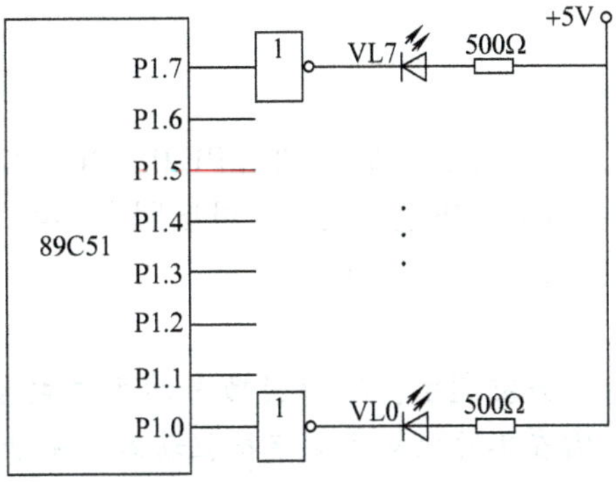

图 4-18　单片机驱动发光二极管电路

```
       ORG    0000H
       LJMP   LP
       ORG    0050H
   LP: MOV    P1,#81H
       LCALL  DELAY              ;调用子程序
       MOV    P1,#42H
       LCALL  DELAY
       MOV    P1,#24H
       LCALL  DELAY
       MOV    P1,#18H
       LCALL  DELAY
       MOV    P1,#24H
       LCALL  DELAY
       MOV    P1,#42H
       LCALL  DELAY
       SJMP   LP
DELAY: ……                        ;例 4-35 的 2s 延时子程序,实际编程需写完整
       ……
       RET
       END
```

分析：上述程序执行过程及发光二极管点亮的工作规律为：首先是第 1 个和第 8 个发光二极管亮；延时 2s 后，第 2 个和第 7 个发光二极管亮；延时 2s 后，第 3 个和第 6 个发光二极管亮；延时 2s 后，第 4 个和第 5 个发光二极管亮；延时 2s 后，第 3 个和第 6 个发光二极管亮；延时 2s 后，第 2 个和第 7 个发光二极管亮；延时 2s 后重复上述过程。

若想加长延时时间，则可以改变延时子程序中 R2 的值增加循环次数。若想缩短延时时间，则可以减少循环次数。

例 4-37　P1 口作为输出口控制 4 相绕组、5 个齿的步进电动机，假定晶振频率为 12MHz，试编写程序，控制步进电动机每 4s 正向转动一步。典型步进电动机及内部结构如

图 4-19 所示。

图 4-19　典型步进电动机及内部结构

（1）分析　假设利用 P1.0 ~ P1.3 口作为输出口分别控制步进电动机的四相绕组，若要使步进电动机连续旋转，可按照表 4-4 所示控制方案进行，此方案通电方式为四相双四拍方式，通电系数 C = 1。

★**开发提示：**除微弱功率的步进电动机（如玩具型）外，单片机均无法直接驱动，需在单片机输出端连接驱动器，驱动器的输出端连接步进电动机对应端子。具体请参阅相关书籍资料。

表 4-4　驱动步进电动机控制码

控制状态	P1 口控制码	P1.7	P1.6	P1.5	P1.4	P1.3	P1.2	P1.1	P1.0
		未用	未用	未用	未用	D 相	C 相	B 相	A 相
A、B 相绕组通电	03H	0	0	0	0	0	0	1	1
B、C 相绕组通电	06H	0	0	0	0	0	1	1	0
C、D 相绕组通电	0CH	0	0	0	0	1	1	0	0
D、A 相绕组通电	09H	0	0	0	0	1	0	0	1

（2）编程　参考程序如下：

```
        ORG     0000H
        LJMP    MAIN
        ORG     0050H
MAIN:   MOV     P1,#03H         ;A、B 相通电
        LCALL   DELAY4S         ;延时 4s
        MOV     P1, #06H        ;B、C 相通电
        LCALL   DELAY4S         ;延时 4s
        MOV     P1, #0CH        ;C、D 相通电
        LCALL   DELAY4S         ;延时 4s
        MOV     P1, #09H        ;D、A 相通电
        LCALL   DELAY4S         ;延时 4s
        SJMP    MAIN            ;重复执行控制电动机旋转
        ORG     0100H
```

```
DELAY4S: LCALL  DELAY        ;延时4s子程序,此句为子程序嵌套调用子程序
         LCALL  DELAY
         RET                 ;延时4s子程序返回
  DELAY: ……                  ;例4-35的2s延时子程序,实际编程需写完整
         ……
         RET
         END                 ;整个程序结束
```

(3) 相关参数计算　步进电动机相关数据计算如下：

由表4-4可知，拍数 $m=4$，又已知转子齿数 $Z_r=5$，通电系数 $C=1$，故可根据公式(详见步进电动机相关资料) 计算步距角为

$$\theta=\frac{360°}{mZ_rC}=18°$$

由于要求步进电动机每4s正向转动一步，即每步周期 $T=4s$，则脉冲频率 $f=0.25Hz$，所以步进电动机转速为

$$n=\frac{60f}{mZ_rC}=0.75r/min$$

例4-38　设内部RAM 20H、21H单元中有两个数a和b，编程求 $c=a^2+b^2$，并把c送入内部RAM 22H单元。

该程序由主程序和子程序两部分组成。主程序通过累加器A传送入口参数a和b，子程序用于求二次方并将结果通过累加器A传送给主程序。

```
      MOV    A,20H                         ;a→A
      ACALL  SQR                           ;求a²
      MOV    R0,A                          ;a²→R0
      MOV    A,21H                         ;b→A
      ACALL  SQR                           ;求b²
      ADD    A,R0                          ;a²+b²→A
      MOV    22H,A                         ;存入22H单元
      RET
SQR:  ADD    A,#01H                        ;地址调整
      MOVC   A,@A+PC                       ;查二次方表
      RET                                  ;返回
TAB:  DB     0,1,4,9,16,25,36,49,64,81     ;二次方表
```

实训任务8　简单交通信号灯模拟控制

1. 任务目的

1) 进一步熟悉89C51单片机外部引脚线路连接。
2) 学习顺序结构程序的编程方法及子程序的设计方法。
3) 掌握单片机系统调试的过程及方法。

2. 任务内容

假设单片机晶振频率为12MHz，实现用P1口控制6个发光二极管，模拟一个简单十字路口交通信号灯的工作。东西向与南北向的红、绿、黄灯各一个。

十字路口是东西南北走向，每一时刻每个方向只能有一个灯亮，交通信号灯的工作规律为：

初始状态STATE0为东西南北均红灯亮；

1s后转入状态STATE1，南北绿灯亮同时东西红灯亮；

延时20s后转入状态STATE2，南北黄灯亮东西红灯亮；

5s后转入状态STATE3，东西绿灯亮南北红灯亮；

20s后转入状态STATE4，东西黄灯亮南北红灯亮；

5s后转入状态STATE1，如此顺序循环。

简单交通信号灯模拟控制汇编程序设计

简单交通灯模拟控制电路接线如图4-20所示，其中7407用于提高P1口的驱动能力。实际应用中常采用74系列芯片及4000系列芯片驱动一些简单的电路负载。

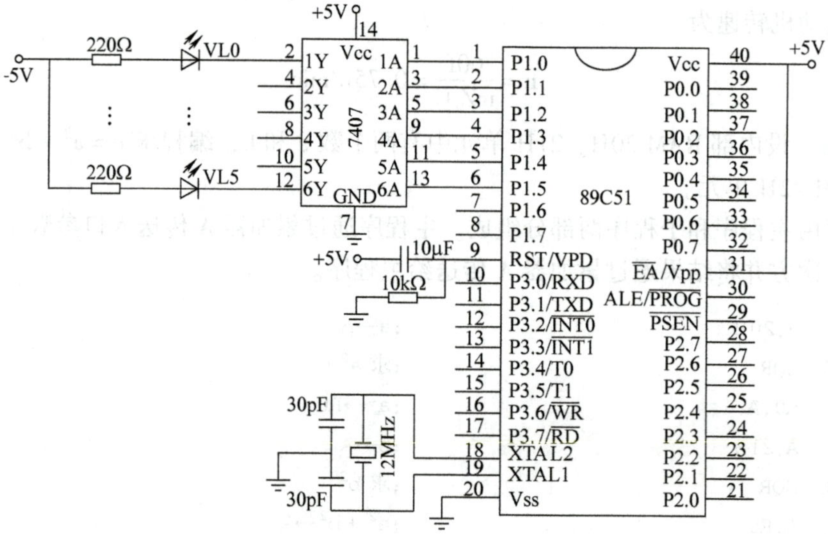

图4-20 简单交通灯模拟控制电路接线图

3. 任务分析

由图4-20可知，各发光二极管在相应P1口引脚输出为0时发光。各阶段状态对应情况见表4-5。

表4-5 各阶段状态对应表

端口	P1.7	P1.6	P1.5	P1.4	P1.3	P1.2	P1.1	P1.0	P1
状态	未用	未用	东西黄	东西绿	东西红	南北黄	南北绿	南北红	码值
STATE0	1	1	1	1	0	1	1	0	F6H
STATE1	1	1	1	1	0	1	0	1	F5H
STATE2	1	1	1	1	0	0	1	1	F3H
STATE3	1	1	1	0	1	1	1	0	EEH
STATE4	1	1	0	1	1	1	1	0	DEH

1）汇编参考程序如下：

```
         ORG     0000H
         LJMP    START
         ORG     0100H
START:   MOV     SP,#50H
STATE0:  MOV     A,#0F6H          ;初始状态全红灯
         MOV     P1,A
         MOV     R2,#1            ;延时1s,1为调用DELAY延时子程序的入口参数
         LCALL   DELAY
STATE1:  MOV     A,#0F5H          ;南北绿灯,东西红灯
         MOV     P1,A
         MOV     R2,#20           ;延时20s
         LCALL   DELAY
STATE2:  MOV     A,#0F3H          ;南北黄灯,东西红灯
         MOV     P1,A
         MOV     R2,#5            ;延时5s
         LCALL   DELAY
STATE3:  MOV     A,#0EEH          ;南北红灯,东西绿灯
         MOV     P1,A
         MOV     R2,#20           ;延时20s
         LCALL   DELAY
STATE4:  MOV     A,#0DEH          ;南北红灯,东西黄灯
         MOV     P1,A
         MOV     R2,#5            ;延时5s
         LCALL   DELAY
         LJMP    STATE1           ;转至状态STATE1
DELAY:   MOV     R7,#20           ;1s延时子程序
   D1:   MOV     R6,#200
   D2:   MOV     R5,#124
         DJNZ    R5,$
         DJNZ    R6,D2
         DJNZ    R7,D1
         DJNZ    R2,DELAY
         RET
         END
```

2）C51参考程序如下：

```
/* 简单交通信号灯模拟控制* /
#include <reg51.h>                  //包含头文件
#define LED P1
void delay(unsigned char n)         //延时n×100ms函数(也可称为子程序)
{
```

简单交通信号灯模拟控制C51程序设计

```
    unsigned char a,b,c;
    for(c=n;c>0;c--)
        for(b=142;b>0;b--)
            for(a=200;a>0;a--);
}
void main()                          //主函数
{
  LED=0xF6;                          //state0
  delay(10);                         //延时1s
  while(1)                           //循环执行while(1)后{}内的程序段
  {
      LED=0xF5;                      //state1
      delay(200);                    //延时20s
      LED=0xF3;                      //state2
      delay(50);                     //延时5s
      LED=0xEE;                      //state3
      delay(200);                    //延时20s
      LED=0xDE;                      //state4
      delay(50);                     //延时5s
  }
}
```

能力训练与提升

动手与动脑

1. 给出89C51常用的汇编语言伪指令，描述各自作用。
2. 绘制程序设计的几种基本结构流程图，并描述其作用。
3. 描述汇编语言程序设计的几个步骤，给出每个步骤的主要任务。
4. 用指令实现以下数据传送过程。

(1) R1的内容送R0

(2) 内部RAM20H单元的内容送R1

(3) 外部RAM20H单元的内容送内部RAM20H单元

(4) 外部RAM1000H单元的内容送内部RAM20H单元

(5) 程序存储器2000H单元的内容送R0

(6) 程序存储器2000H单元的内容送内部RAM20H单元

(7) 程序存储器2000H单元的内容送外部RAM20H单元

5. 用直接地址寻址方式、寄存器间接寻址方式、字节交换法和堆栈传递法这4种方法将内部RAM30H与31H单元的数据交换。
6. 编写一段程序，将内部RAM30H单元的内容与外部RAM30H单元的数据交换。
7. 编制一程序，查找内部RAM20～2FH单元中是否有数据0AAH。若有，则将30H单元置为01H，否则将30H单元清0。

8. 内部 RAM40H 开始的单元内有 10 个二进制数，编程找出其中最大值并存于 50H 单元中。

9. 编制一个循环闪烁灯的程序，画出电路图。在 P0 口接有 8 个发光二极管，要求每次其中某个灯闪烁点亮 10 次后，转到下一个闪烁 10 次，循环不止。

10. 编程实现如下操作，不得改变未涉及的位的内容。

（1）使累加器 A 的最高位置“1”　　（2）对累加器 A 高 4 位取反

（3）清除 A. 3、A. 4、A. 5　　（4）使 A. 4、A. 5、A. 2 置“1”

11. 编写汇编语言程序实现功能：利用 89C51 的 P1 口监测某一按键开关，每按键一次输出一个正脉冲（脉宽随意）。

12. 设有两个 4 位 BCD 码，分别存放在内部 RAM 的 23H、22H 单元和 33H、32H 单元中，编写程序，求它们的和，并送入 43H、42H 单元中去。（以上均为低位在低字节，高位在高字节）。

13. 编程计算内部 RAM 区 30H ~ 37H 的 8 个单元中数的算术平均值，结果存在 3AH 单元中。

14. 试编写程序实现：利用 89C51 的 P1 口控制 8 个发光 LED，相邻的 4 个 LED 为一组，使 2 组每隔 0. 5s 交替发亮一次，周而复始。

15. 编写子程序 START，实现将内部 RAM 30H 单元开始的 15 个数据传送到外部 RAM3000H 开始的单元中。

思考与练习

1. MCS - 51 单片机的指令有哪些寻址方式？

2. 分析下面指令中源操作数的寻址方式。

（1）MOV　A，#0FH　（2）MOV　A，00H　（3）MOV　A，R1

（4）MOV　A，@R1　（5）MOVC　A，@A + DPTR　（6）JC　80H

（7）MOV　C，20H　（8）MOVX　A，@R1

3. MCS - 51 单片机指令系统按功能分为哪几类？

4. 在“MOVC　A，@A + DPTR”和“MOVC　A，@A + PC”中，分别使用了 DPTR 和 PC 作基址，请问这两个基址代表什么地址？使用中有何不同？

5. 何为伪指令？其作用是什么？

6. 内部 RAM 20H ~ 2FH 单元中的 128 个位地址与直接地址 00H ~ 7FH 形式完全相同，如何在指令中区分位寻址操作和直接寻址操作？

7. 设堆栈指针（SP）= 60H，内部 RAM 中的（30H）= 24H，（31H）= 10H。执行下列程序段后，61H，62H，30H，31H，DPTR 及 SP 中的内容将有何变化？

```
PUSH  30H
PUSH  31H
POP   DPL
POP   DPH
MOV   30H,#00H
MOV   31H,#0FFH
```

8. 说明无条件转移指令 LJMP、AJMP、SJMP 和 JMP 的功能和应用场合。

9. 设内部 RAM 中（30H）= 5AH，（5AH）= 40H，（40H）= 00H，（P1）= 7FH，问连续执行下列指令后，各有关存储单元（即 R0，R1，A，B，P1，30H，40H 及 5AH 单元）的内容如何？

```
MOV   R0,#30H
MOV   A,@ R0
```

```
MOV    R1,A
MOV    B,R1
MOV    @R1,P1
MOV    A,P1
MOV    40H,#20H
MOV    30H,40H
```

10. 单项选择题，从四个备选项中选择正确的选项。

(1) 89C51 汇编语言指令格式中，唯一不可缺少的部分是______。

A) 标号　　B) 操作码　　C) 操作数　　D) 注释

(2) 89C51 的立即数寻址方式中，立即数前面______。

A) 应加前缀"/:"　　B) 不加前缀　　C) 应加前缀"@"　　D) 应加前缀"#"

(3) 下列完成 89C51 单片机内部数据传送的指令是______。

A) MOVX A，@DPTR　　B) MOVC A，@A+PC　　C) MOV A，#data　　D) MOV dir，dir

(4) 89C51 的立即数寻址的指令中，立即数就是______。

A) 放在寄存器 R0 中的内容　　B) 放在程序中的常数

C) 放在 A 中的内容　　D) 放在 B 中的内容

(5) 单片机中 PUSH 和 POP 指令常用来______。

A) 保护断点　　B) 保护现场

C) 保护现场，恢复现场　　D) 保护断点，恢复断点

(6) 89C51 寻址方式中，操作数 Ri 加前缀"@"号的寻址方式是______。

A) 寄存器间接寻址　　B) 寄存器寻址　　C) 基址加变址寻址　　D) 立即数寻址

(7) 执行指令"MOVX A，@DPTR"时，引脚$\overline{WR}$、$\overline{RD}$的电平为______。

A) $\overline{WR}$高电平，$\overline{RD}$高电平　　B) $\overline{WR}$低电平，$\overline{RD}$高电平

C) $\overline{WR}$高电平，$\overline{RD}$低电平　　D) $\overline{WR}$低电平，$\overline{RD}$低电平

(8) 下列指令判断若 P1 口最低位为高电平就转 LP，否则就执行下一句的是______。

A) JNB P1.0，LP　　B) JB P1.0，LP　　C) JC P1.0，LP　　D) JNZ P1.0，LP

(9) 下列指令中比较转移指令是______。

A) DJNZ Rn，rel　　B) CJNE Rn，#data，rel　　C) DJNZ dir，rel　　D) JBC bit，rel

(10) 指令"MOV R0，20H"执行前（R0）=30H，（20H）=38H，执行后（R0）=______。

A) 20H　　B) 30H　　C) 50H　　D) 38H

(11) 执行如下三条指令后，30H 单元的内容是______。

```
MOV R1,#30H
MOV 40H,#0EH
MOV @R1,40H
```

A) 40H　　B) 0EH　　C) 30H　　D) FFH

(12) 89C51 单片机在执行"MOVX A，@DPTR"或"MOVC A，@A+DPTR"指令时，其寻址单元的地址是由______。

A) P0 口送高 8 位，P1 口送高 8 位　　B) P0 口送低 8 位，P2 口送高 8 位

C) P0 口送低 8 位，P1 口送低 8 位　　D) P0 口送高 8 位，P1 口送低 8 位

(13) 在 89C51 指令中，下列指令中______是无条件转移指令。

A) LCALL addr16　　B) DJNZ dir，rel　　C) SJMP rel　　D) ACALL addr11

(14) 设 (A) = AFH, (20H) = 81H, 指令“ADD A, 20H”执行后的结果是______。

A) (A) = 81H　　B) (A) = 30H　　C) (A) = AFH　　D) (A) = 20H

(15) 将内部数据存储单元的内容传送到累加器A中的指令是______。

A) MOVX A, @R0　　B) MOV A, #data　　C) MOV A, @R0　　D) MOVX A, @DPTR

(16) 下列指令执行时，不修改PC中内容的指令是______。

A) SJMP　　B) LJMP

C) MOVC A,@ A + PC　　D) LCALL

(17) 已知：(A) = D2H, (40H) = 77H, 执行指令“ORL A, 40H”后，结果是______。

A) (A) = 77H　　B) (A) = F7H　　C) (A) = D2H　　D) 以上都不对

(18) 指令“MUL AB”执行前 (A) = 18H，(B) = 05H, 执行后，A、B的内容是______。

A) 90H, 05H　　B) 90H, 00H　　C) 78H, 05H　　D) 78H, 00H

(19) 89C51指令系统中，清0指令是______。

A) CPL A　　B) RLC A　　C) CLR A　　D) RRC A

(20) 89C51指令系统中，指令“ADDC A, @R0”执行前 (A) = 38H, (R0) = 30H, (30H) = F0H, C = 1, 执行后结果为______。

A) (A) = 28H, C = 1　　B) (A) = 29H, C = 1　　C) (A) = 68H, C = 0 D) (A) = 29H, C = 0

(21) 下列指令能使累加器A低4位不变，高4位全置1的是______。

A) ANL A, #0FH　　B) ANL A, #0F0H　　C) ORL A, #0FH　　D) ORL A, #0F0H

(22) 下列指令判断若P1口的最低位为低电平就转LP, 否则就执行下一句的是______。

A) JNB P1.0, LP　　B) JB P1.0, LP　　C) JC P1.0, LP　　D) JNZ P1.0, LP

(23) 89C51指令系统中，指令“DA A”应跟在______。

A) 加法指令后　　B) BCD码的加法指令后

C) 减法指令后　　D) BCD码的减法指令后

(24) 执行下列程序后，累加器A的内容为______。

```
     ORG   0000H
     MOV   A,#00H
     ADD   A,#02H
     MOV   DPTR,#0050H
     MOVC A,@ A + DPTR
     MOV   @ R0,A
     SJMP $
     ORG   0050H
BAO: DB   00H,08H,0BH,6H,09H,0CH
     END
```

A) 00H　　B) 0BH　　C) 06H　　D) 0CH

(25) 指令“MOV R0, #20H”执行前 (R0) = 30H, (20H) = 38H, 执行后 (R0) = ______。

A) 00H　　B) 20H　　C) 30H　　D) 38H

小贴士：

职业教育，将使受教育者各得一技之长，以从事于社会生产事业，藉获适当之生活；同时更注意于共同之大目标，即养成青年自求知识之能力、巩固之意志、优美之感情，不惟以之应用于职业，且能进而协助社会、国家，为其健全优良之分子也。

——黄炎培

项目5 中断系统与定时/计数器的应用

项目导语

单片机应用于检测、控制及智能仪器等领域时，常需要用实时时钟来实现定时或延时控制，也常需要对外界事件进行计数，例如产品传送带每传过 10 个工件就执行一个打包动作。这些可由 89C51 内部的两个定时/计数器实现。实时控制、故障自动处理往往采用中断技术，单片机与外围设备间传送数据及实现人机联系也常采用中断方式，中断系统的应用使计算机的功能更强、效率更高、使用更方便灵活。

能力目标

◇ 理解中断系统的功能和中断响应的过程。
◇ 能设置中断允许寄存器 IE、中断优先级控制寄存器 IP。
◇ 能利用中断技术进行简单的应用。
◇ 理解定时/计数器的结构，能通过 TMOD、TCON 设置定时/计数器。
◇ 理解定时/计数器的工作方式，并能灵活使用方式 0 定时或计数。

思维导图

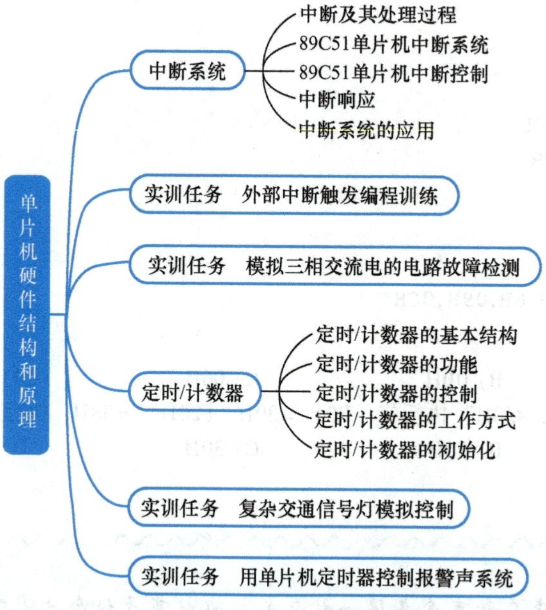

素质目标

◇ 具有追根溯源的精神，掌握知其然且知其所以然的学习方法。
◇ 理解中断的概念及中断程序的执行过程，在工作中要懂得轻重缓急，能根据事情的重要性安排先后顺序，培养松弛有度的观念，能持续不断地努力。

◇ 培养分析问题、解决问题的能力，能结合实训现象分析程序设计中的问题。

◇ 培养良好的沟通协作能力，能理解中断函数与主函数的协作执行过程。

学习任务 5.1 掌握单片机的中断控制

5.1.1 分析中断及其处理过程

分析中断及其处理过程

1. 中断

在单片机中，当 CPU 执行程序时，由单片机内部或外部的原因引起的随机事件要求 CPU 暂时停止正在执行的程序，而转向执行一个用于处理该随机事件的程序，处理完后又返回被中止的程序断点处继续执行，这一过程称为中断。

单片机在某一时刻只能处理一个任务，当多个任务同时要求单片机处理时，由于资源有限，就可能出现资源竞争的局面，即几项任务来争夺一个 CPU。而中断技术就是解决资源竞争的有效方法，采用中断技术可以使多项任务共享一个资源。

2. 中断处理过程

现实生活中有很多关于“中断”的例子，表 5-1 是日常生活中的中断与单片机中断的比较。

表 5-1 日常生活中的中断与单片机中断的比较

日常生活中的中断	单片机的中断
1）老师正在教室上课	1）单片机正在执行主程序
2）学生举手向老师问问题	2）外设向单片机发出中断请求
3）老师标记教案中被停止的位置，同意学生可以提出问题	3）保存主程序的中断地址，向外设发出响应中断的信号
4）老师解答学生提出的问题	4）进入中断，开始执行中断服务程序
5）学生结束提问，老师找到教案上的标记位置，继续上课	5）退出中断程序，返回主程序，从断点处继续执行主程序

从表 5-1 可看出，当 CPU 正在处理某件事情时，外部发生的某一事件（如一个电平的变化，一个脉冲沿的发生或定时/计数器溢出等）请求 CPU 迅速去处理，若该事件优先级高于 CPU 正在处理的事件，则 CPU 暂时中止当前的工作，转去处理所发生的事件，待处理完该事件以后，再回到原来被中止的地方，继续原来的工作，这就是中断。中断响应过程如图 5-1 所示。

能实现中断功能的部件称为中断系统；产生中断请求的来源称为中断源，是引起 CPU 中断的原因；中断源向 CPU 提出的处理请求，称为中断请求或中断申请；CPU 暂时停止当前的工作，转去处理事件的过程，称为中断响应过程；对事件的整个处理过程称为中断服务；处理完毕再回到原来被停止的地方，称为中断返回。

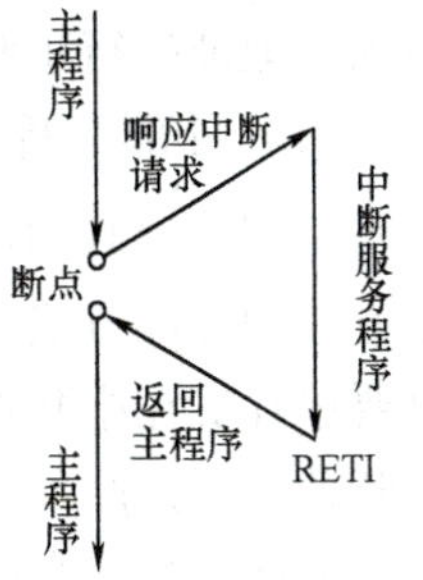

图 5-1 中断响应过程

3. 几个概念

（1）中断系统　实现中断功能的部件。

（2）中断源　产生中断请求的来源，是引起 CPU 中断的原因。

（3）中断请求（中断申请）　中断源向 CPU 提出的处理请求。

（4）中断响应　CPU 暂时停止自身事务，转去处理事件的动作。

（5）中断服务　对事件的整个处理过程。

（6）中断返回　处理完毕再回到原来被停止的地方。

4. 中断的技术优点

（1）实现并行操作　有了中断技术，CPU 可以与多台外部设备并行工作，并分时与它们进行信息交换，提高 CPU 的工作效率。

（2）实现实时处理　实时处理，就是指计算机对外来信号的响应要及时，否则将丢失信息，产生错误的处理。单片机用于实时控制时，现场的各种参数、状态信息发生异常情况时，均可发出中断请求，要求 CPU 及时进行处理。

（3）故障处理　在单片机运行过程中，有时会出现一些事先无法预料的情况或故障，如电源掉电、运算溢出或传输错误等，此时可利用中断进行相应的处理而不必停机。

（4）调试程序　指在程序调试过程中设置的断点、单步操作等。

※**拓展链接**：若将单片机的主程序比作上大学的整个过程，需要完成各门必修和选修课程，从而获得毕业要求的学分。而中断类似于同学们在修读各门课程的进程中，请假参加各类证书考试，如教师资格证、普通话证、计算机等级证及 1 + X 职业技能证等，考试结束重新以饱满的姿态返回课程学习。大学是提升自身专业技能和综合素质的黄金时期，我们要珍惜当下时光，努力学习专业知识和专业技能，积极参加专业技能比赛，考取专业技能证书，提高专业技能，并通过竞赛和证书证明自己的实力。还可积极参加班级和社团的活动，提高自身人际交往和组织协调等综合素质能力。

5.1.2 探究 89C51 单片机的中断系统

探究单片机的中断系统

1. 89C51 单片机的中断源

89C51 单片机共有 5 个中断源，包括 2 个外部中断、2 个定时中断和 1 个串行口发送/接收中断，5 个中断均为向量中断，CPU 响应中断时自动转入固定入口地址执行中断服务程序。89C51 单片机的中断源及入口地址见表 5-2。

（1）外部中断　外部中断是由外部信号引起的，有外部中断 0 和外部中断 1，中断请求信号分别由引脚 $\overline{INT0}$（P3.2）和 $\overline{INT1}$（P3.3）引入。外部中断请求信号有两种方式，即电平方式和脉冲方式，可通过设置有关控制位进行定义。电平方式的中断请求是低电平有效，只要单片机在中断请求信号引入端上采样到有效的低电平，就能激活外部中断；脉冲方式的中断请求则是脉冲的负跳沿有效，CPU 在两个相继机器周期对中断请求引入端进行的采样中，如前一次为高电平，后一次为低电平，即为有效中断请求。

表 5-2　89C51 单片机的中断源及入口地址

中断源		中断入口地址
$\overline{INT0}$	外部中断 0	0003H
T0	定时/计数器 0 溢出中断	000BH
$\overline{INT1}$	外部中断 1	0013H
T1	定时/计数器 1 溢出中断	001BH
TI/RI	串行口发送/接收中断	0023H

(2) 定时中断　定时中断是为满足定时或计数的需要而设置的。当计数结构发生计数溢出时，即表明定时时间到或计数值已满。中断请求是在单片机芯片内部发生的，不需要在芯片上设置引入端。

(3) 串行口发送/接收中断　该中断是为串行数据传送的需要而设置的。每当串行口接收或发送完一帧串行数据时，就产生一个中断请求。该中断请求也是在单片机芯片内部自动发生的，同样不需要在芯片上设置引入端。

2. 89C51 单片机的中断系统

为实现中断功能而设置的各种硬件和软件统称为中断系统。89C51 单片机的中断系统功能较强，可提供 5 个中断源，具有 2 个中断优先级，可实现 2 级中断服务程序嵌套。89C51 单片机的中断系统结构如图 5-2 所示。

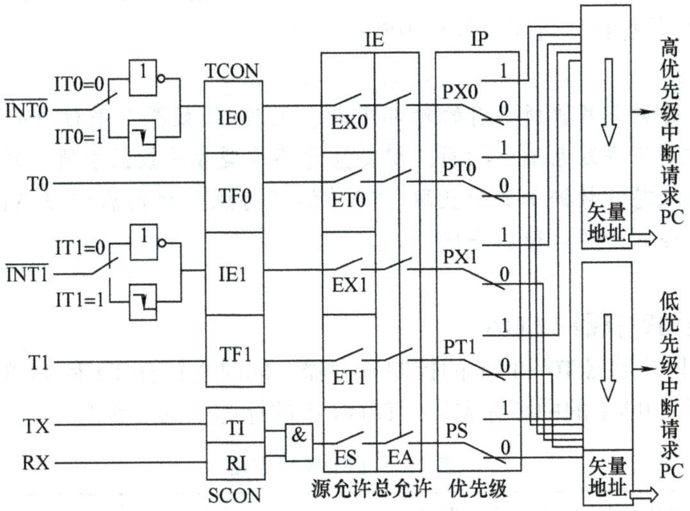

图 5-2　89C51 单片机的中断系统结构

3. 中断系统的功能

(1) 实现中断调用及返回　当中断源发出申请，并满足 CPU 响应此中断的条件时，CPU 将当前程序（主程序）的现行指令执行完后，将断点处的 PC 值（下一条指令的地址）和重要标志寄存器的相关内容压入堆栈（保护现场），然后转到相应的中断服务程序的入口，执行中断程序，同时清除中断请求寄存器的标志。当执行完中断服务程序后，再恢复被保存的寄存器的内容和标志位状态（恢复现场），并将断点地址从堆栈中弹出到 PC，使 CPU 能返回断点处继续执行主程序。

（2）实现中断优先权排队 CPU 在某一时刻只能做一件工作，与外设进行信息交换时，可能会出现两个或两个以上的中断源同时提出中断请求，为解决这一问题，用户事先必须根据事件的紧迫性和实时性，规定好中断源的优先级别。CPU 应能从多个中断申请中识别出优先级别最高的中断源进行中断响应，待处理完毕后，再按一定的原则去为其他优先级较低的中断源服务。

（3）实现中断嵌套 当 CPU 正在响应某个中断源并进行处理时，此时若有更高级别的中断源向 CPU 发出中断申请，则 CPU 应能中止正在执行的中断服务程序，并保护现场，转而去响应更高级别的中断，待服务完毕后，再返回被中断的中断服务程序继续执行。中断嵌套流程图如图 5-3 所示。

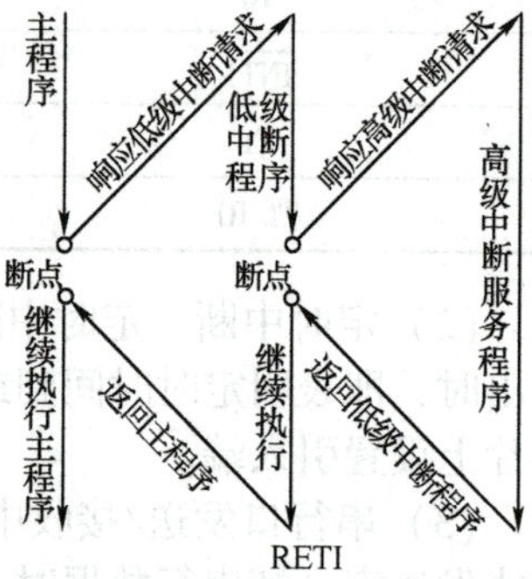

图 5-3 中断嵌套流程图

5.1.3 89C51 单片机的中断控制

89C51 中断系统有以下 4 个特殊功能寄存器：

1）定时器控制寄存器 TCON（使用其中 6 位）。

2）串行口控制寄存器 SCON（使用其中 2 位）。

3）中断允许寄存器 IE。

4）中断优先级控制寄存器 IP。

其中，TCON 和 SCON 只有一部分位用于中断控制。通过对以上各特殊功能寄存器的各位进行置位或复位等操作，可实现各种中断控制功能。

★**开发提示：** 每种单片机所拥有的外部中断、定时/计数器、串行口的数量不一定相同，且中断控制寄存器也不尽相同，需要查看芯片型号的数据手册，每个寄存器的使用方法也需要从芯片数据手册中获取。同学们可对照教材内容学习 AT89C51 芯片的数据手册，学会阅读芯片数据手册。

1. 定时器控制寄存器 TCON

TCON 为定时/计数器 T0 和 T1 的控制寄存器，同时也锁存 T0 和 T1 的溢出中断标志及外部中断 0 和外部中断 1 的中断标志等。TCON 中的标志位见表 5-3。

表 5-3 TCON 标志位

名称（位地址）	8FH	8EH	8DH	8CH	8BH	8AH	89H	88H
TCON（88H）	TF1	TR1	TF0	TR0	IE1	IT1	IE0	IT0

各标志位的含义如下：

（1）TF1 T1 的溢出中断请求标志位。

启动 T1 后，T1 从初值开始累加计数，当溢出时由硬件自动使 TF1 置 1，并向 CPU 申请中断。
直到当 CPU 响应中断时，硬件自动使 TF1 清 0。

（2）TF0 T0 的溢出中断请求标志位。含义同 TF1。

（3）IE1 外部中断 1 的中断请求标志。

设定定时器控制寄存器

当 CPU 检测到外部中断引脚 1 有中断请求时，由硬件自动将 IE1 置 1。
直到当 CPU 转向其中断处理程序时，由硬件自动使 IE1 清 0。

(4) IT1　外部中断 1 的中断触发方式控制位。

IT1 =0，低电平触发方式。CPU 在每个机器周期采样 P3.3 引脚的输入电平，若为低电平，则认为有中断请求，自动使 IE1 置 1；若引脚输入电平为高电平，自动使 IE1 清 0，即认为无中断请求或中断请求已经撤销。因此低电平触发时，外部中断请求信号必须保持到 CPU 响应该中断为止。但在中断返回前必须撤销引脚上的低电平信号，否则将再次响应中断造成程序运行出错。

IT1 =1，下降沿触发方式。CPU 在每个机器周期采样 P3.3 引脚的输入电平，如在相继的两个机器周期采样过程中为先为高电平、后为低电平，则自动使 IE1 置 1，并发出外部中断 1 中断请求，直到 CPU 响应该中断时，由硬件自动使 IE1 清 0。高、低电平信号的持续时间必须保持 1 个机器周期以上。

(5) IE0　外部中断 0 的中断请求标志。含义与 IE1 相同。

(6) IT0　外部中断 0 的中断触发方式控制位。含义与 IT1 相同。

(7) TR1 和 TR0　控制定时/计数器 T1 和 T0 启停位。

用指令设置 TR1 和 TR0 值为 1 后，T1 和 T0 启动。
用指令对 TR1 和 TR0 清 0 后，T1 和 T0 停止。

2. 串行口控制寄存器 SCON

SCON 为串行口控制寄存器，其低 2 位是锁存串行口的接收中断和发送中断标志 RI 和 T1。SCON 中的标志位见表 5-4。

表 5-4　SCON 标志位

名称（位地址）	9FH	9EH	9DH	9CH	9BH	9AH	99H	98H
SCON（98H）	SM0	SM1	SM2	REN	TB8	RB8	TI	RI

各标志位的含义如下：

(1) TI　串行口发送中断标志位。CPU 将一个数据写入发送缓冲器 SBUF 时，就启动发送。每发送完一帧串行数据后，由中断系统的硬件自动将 TI 置 1。但 CPU 响应中断时，并不能将 TI 清 0，必须在中断处理程序中用指令将 TI 清 0。

(2) RI　串行口接收中断标志位。在允许串行口接收时，每接收完一个字符后，中断系统的硬件自动将 RI 置 1，但在串行工作模式 1 中，SM2 =1 时，若未接收到有效停止位，则不会对 RI 置位。同样，CPU 响应中断处理程序时并不自动将 RI 复位，必须用指令将其清 0。

(3) SCON 中其余位　用于串行口方式设定和串行口发送/接收控制，详见后文（本书项目 6）。

设定中断允许寄存器和优先级寄存器

3. 中断允许控制寄存器 IE

89C51 单片机对中断源的开放或屏蔽是由中断允许控制寄存器 IE 控制的。中断允许控制寄存器 IE 的标志位见表 5-5。

表 5-5　IE 标志位

名称（位地址）	AFH	AEH	ADH	ACH	ABH	AAH	A9H	A8H
IE（A8H）	EA	/	/	ES	ET1	EX1	ET0	EX0

中断允许控制寄存器 IE 对中断的开放和关闭实现两级控制。所谓两级控制，就是有一个总的开关中断控制位 EA（IE.7），当 EA =0 时，屏蔽所有的中断申请，即任何中断申请都不接受；当 EA =1 时，CPU 开放中断，但5个中断源还要由 IE 低5位各对应位的状态进行中断允许控制。

IE 中各标志位的含义如下：

（1）EA　中断允许总控制位。

EA =0，CPU 屏蔽所有的中断请求。
EA =1，CPU 开放中断。此时每个中断源是否允许中断，还要取决于各中断源的中断允许控制位的状态。

（2）ES　串行口发送/接收中断允许位。

ES =1，允许串行口发送/接收中断。
ES =0，禁止串行口发送/接收中断。

（3）ET1　定时/计数器 T1 的溢出中断允许位。

ET1 =1，允许 T1 溢出时提出中断请求。
ET1 =0，禁止 T1 溢出时提出中断请求。

（4）EX1　外部中断1中断允许位。

EX1 =1，允许外部中断1中断。
EX1 =0，禁止外部中断1中断。

（5）ET0　定时/计数器 T0 的溢出中断允许位。

ET0 =1，允许 T0 溢出时提出中断请求。
ET0 =0，禁止 T0 溢出时提出中断请求。

（6）EX0　外部中断0中断允许位。

EX0 =1，允许外部中断0中断。
EX0 =0，禁止外部中断0中断。

89C51 单片机复位后默认将 IE 寄存器清0，所以单片机默认处于禁止中断状态。若要开放中断，则必须使 EA 位置1，且相应中断允许位也为1。开、关中断既可使用位操作指令实现，也可使用字节操作指令实现。

例 5-1　假设允许片内定时/计数器中断，禁止其他中断。根据假设条件置 IE 相应值。

（1）解法1　用字节操作指令。

MOV IE，#8AH 或 MOV A8H，#8AH

（2）解法2　用位操作指令。

```
SETB ET0    ；定时/计数器0允许中断
SETB ET1    ；定时/计数器1允许中断
SETB EA     ；CPU 开总中断
```

4. 中断优先级控制寄存器 IP

89C51 单片机有两个中断优先级，即高优先级和低优先级。通过对中断优先级控制寄存器 IP（字节地址为 B8H）赋值来设定5个中断源的优先级为高或低中断优先级。IP 的控制位见表 5-6。

表 5-6　IP 的控制位

名称（位地址）	BFH	BEH	BDH	BCH	BBH	BAH	B9H	B8H
IP（B8H）	/	/	/	PS	PT1	PX1	PT0	PX0

IP 中的低 5 位为各中断源优先级的控制位，可用软件来设置。各位的含义如下：

（1）PS　串行口发送/接收中断优先级控制位。PS = 1，串行口指定为高中断优先级；否则，为低中断优先级。

（2）PT0/PT1　T0/T1 中断优先级控制位。PT0/PT1 = 1，T0/T1 指定为高中断优先级；否则，为低中断优先级。

（3）PX0/PX1　外部中断 0/外部中断 1 中断优先级控制位。PX0/PX1 = 1，外部中断 0/外部中断 1 指定为高中断优先级；否则，为低中断优先级。

5. 中断优先级判定及响应原则

当两个不同优先级的中断源同时提出中断请求时，CPU 先响应优先级高的中断请求，后响应优先级低的中断请求，当几个同级的中断源同时提出中断请求时，CPU 将按表 5-7 所示的自然优先级顺序依次响应。

表 5-7　中断源自然优先级

中断源	同级自然优先级
外部中断 0 $\overline{INT0}$	最高
定时/计数器 T0 中断	↓
外部中断 1 $\overline{INT1}$	↓
定时/计数器 T1 中断	↓
串行口发送/接收中断	最低

因此，当多个中断源同时提出中断请求时：

1）先处理高优先级，再处理低优先级。

2）若多个同一级别的中断源同时提出中断请求，则按中断硬件自然优先级查询顺序排队，依次处理。

3）若当前正处理的是低优先级中断，在开中断的条件下，则低优先级中断请求将被另一高优先级中断请求所中断，即实现中断嵌套。

4）若当前正在处理的是高优先级的中断，则暂时不响应其他中断请求。

★**开发提示：**优先级就等价于事情的紧急性和重要性。只有优先级高的任务才能打断优先级低的任务。优先级低的任务对优先级高的任务没有任何影响。合理地设置单片机系统的任务优先级，能让整个系统的运行更加流畅。

5.1.4　中断响应

1. 中断响应的条件

CPU 响应中断源的时间一般在 3 ~ 8 个机器周期之内。CPU 能正确响应中断的条件有：

1）有中断源发出中断申请。

2）中断总允许位 EA = 1，即 CPU 开中断。

3）申请中断的中断源的中断允许位为 1，即该中断没有被屏蔽。

4）无同级或更高级中断正在被服务。

5）当前的指令周期已结束。

6）若现行指令为 RETI 或者是访问 IE 或 IP 时，则不会马上响应该中断，至少执行完此条指令以及紧接着的另一条指令。

2. 中断处理过程

如果中断响应条件满足，CPU 即响应中断。中断响应过程分为 6 个步骤，中断处理过程流程图如图 5-4 所示。

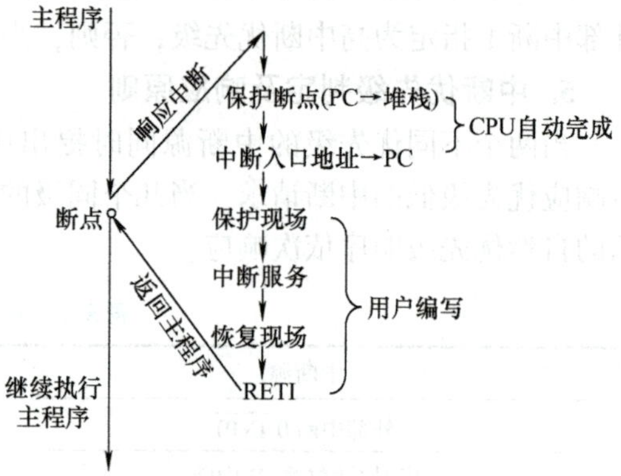

图 5-4 中断处理过程流程图

（1）保护断点 断点就是 CPU 响应中断时程序计数器 PC 的内容，其指示被中断的程序的下一条指令的地址（断点地址）。CPU 自动把断点地址压入堆栈，以备中断处理完毕后，自动从堆栈取出断点地址送入 PC，然后返回主程序断点处，继续执行被中断的程序。

（2）给出中断入口地址 程序计数器 PC 自动装入中断入口地址（见表 5-2），执行相应的中断服务程序。

（3）保护现场 为了使中断处理不影响主程序的运行，需把断点处有关寄存器的内容和标志位的状态压入堆栈进行保护。现场保护通常在中断服务程序开始处通过编程实现。

（4）中断服务 执行相应的中断服务，进行必要的处理。

（5）恢复现场 在中断服务结束之后，返回主程序之前，将保存在堆栈区的现场数据从堆栈区中弹出，送回原来位置。恢复现场也需要通过编程实现。

（6）中断返回 执行中断返回指令 RETI，可将堆栈内容保存的断点地址弹给 PC，程序则恢复到中断服务程序执行前的断点位置。

3. 中断处理

CPU 执行程序的过程中，在每个机器周期的 S5P2 期间顺序采样每个中断源，这些采样值在下一个机器周期内，将按优先级或内部顺序依次查询，若查询到某个中断标志为 1，则将在接下来的机器周期 S1 期间按优先级进行中断处理。中断系统通过硬件自动将响应的中断入口地址装入 PC，以便进入响应的中断服务程序。

响应中断时首先自动将被中断程序的断点压入堆栈，然后自动转至相应的中断处理程序入口，5 个中断源相应中断处理程序入口地址见表 5-2。

4. 中断返回

当某一中断源发出中断请求时，CPU 决定是否响应这个中断请求。若响应此中断请求，则 CPU 必须在现行指令（假设第 K 条指令）执行完后，将断点地址（第 K + 1 条指令的地址）即现行 PC 值压入堆栈中保护起来（保护断点）。当中断处理完后，再将压入堆栈的断点地址（第 K + 1 条指令的地址）弹到 PC（恢复断点）中，程序返回到原断点处继续运行。

中断返回由中断返回指令 RETI 来实现。

5. 中断请求的撤销

CPU 响应某中断请求后，在中断返回前，应该撤销该中断请求，否则会引起另一次中断。不同中断源中断请求的撤销方法不同。

（1）定时器中断请求的撤销　CPU 响应中断后硬件自动清除中断请求标志 TF0 或 TF1。

（2）串行口发送/接收中断的撤销　CPU 响应中断后硬件不能清除中断请求标志 TI 和 RI，要由软件来清除相应的标志。

（3）外部中断的撤销　分两种情况：

1）边沿触发方式，CPU 响应中断后，硬件会自动将中断请求标志 IE0 或 IE1 清 0。

2）电平触发方式，CPU 响应中断后，硬件会自动将 IE0 或 IE1 清 0，但如果加到 P3.2 或 P3.3 引脚的低电平信号并未撤销，IE0 或 IE1 就会再次被置 1，所以在 CPU 响应中断后应及时撤销引脚上的低电平，一般采用加一个 D 触发器和几条指令的方法来解决，具体请参阅有关资料。

5.1.5　编制中断程序

中断程序的结构及内容与 CPU 对中断的处理过程密切相关，通常分为主程序和中断服务程序两大部分。

1. 主程序

（1）起始地址　单片机上电或复位后，（PC）=0000H，而 0003H～002AH 分别为各中断源的入口地址。所以，编程时应在 0000H 处写一条跳转指令（一般为 LJMP），使 CPU 在执行程序时，从 0000H 跳过各中断源的入口地址。主程序则是以跳转的目标地址作为起始地址开始编程。

（2）中断系统初始化　单片机复位后，特殊功能寄存器 IE、IP 内容均为 00H，所以应对 IE、IP 进行初始化编程，以开放 CPU 中断、允许某些中断源中断和设置中断优先级等。

2. 中断服务程序

（1）中断服务程序入口地址　两相邻的中断处理程序入口地址的间隔为 8 个单元，若要在其中存放相应的处理程序，则其长度不得超过 8B。通常中断处理程序的长度要超过 8B，这可以在相应的中断处理程序入口地址的单元中放一条跳转指令 LJMP 或 AJMP，这样中断处理程序的长度就不受 8B 的限制了。

例如采用定时器 T1 中断，其中断入口地址为 001BH，假设中断服务程序名为 CONT，因此，指令形式为：

```
ORG  001BH       ;T1 中断入口
AJMP CONT        ;转向中断服务程序
```

（2）中断服务程序编写注意事项　根据实际情况确定是否保护现场；及时清除那些不能被硬件自动清除的中断请求标志，以免产生错误的中断；中断服务程序中的入栈（PUSH）与出栈（POP）指令必须成对使用，以确保中断服务程的正确返回；主程序和中断服务程序之间的参数传递与主程序和子程序的参数传递方式相同。

实训任务 9　外部中断触发编程训练

外部中断触发编程训练汇编程序设计

1. 任务目的

1）巩固单片机中断系统的构成。

2）练习中断硬件设计及编程调试过程。

2. 任务内容

如图 5-5 所示，将 P1 口的 P1.4 ~ P1.7 作为输入位，P1.0 ~ P1.3 作为输出位。要求利用 89C51 单片机将 P1.4 ~ P1.7 所接输入开关对应的状态读入单片机，并通过 P1.0 ~ P1.3 输出。

要求：采用下降沿触发方式，$\overline{\text{INT0}}$每中断一次，便将 P1.4 ~ P1.7 所接按键的开关最新开、闭状态反映到发光二极管上一次，且开关合上时对应的 LED 点亮。

注意：仅仅改变 4 个开关的开、闭状态，并不能令 4 个 LED 改变亮、灭状态，当来回拨动开关 S1 时产生了中断，LED 才反映新置的开关状态。

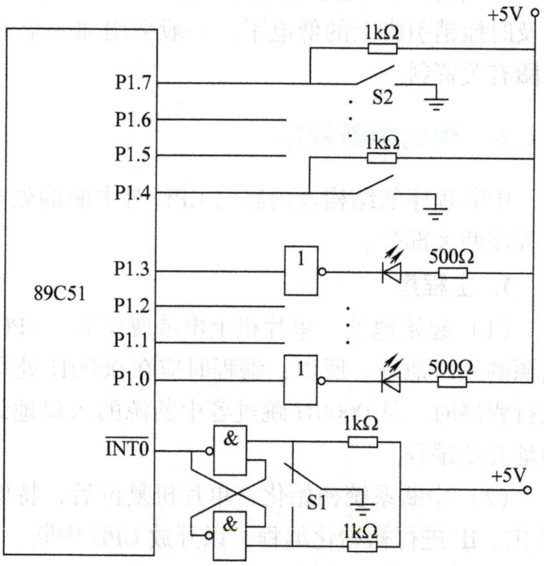

图 5-5　外部中断触发训练

3. 任务分析

1）分析：如图 5-5 所示，采用外部中断 0，中断申请从$\overline{\text{INT0}}$输入，并采用了去抖动电路。当 P1.0 ~ P1.3 的任何一位输出 1 时，相应的发光二极管就会发光。当开关 S1 拨向另一侧时，发出中断请求。中断服务程序的矢量地址为 0003H。

2）汇编参考程序如下：

```
         ORG    0000H
         AJMP   MAIN            ;上电，转向主程序
         ORG    0003H           ;外部中断 0 入口地址
         AJMP   INTER0          ;★转向中断服务程序
         ORG    0100H           ;主程序
MAIN:    SETB   EX0             ;允许外部中断 0 中断
         SETB   IT0             ;选择边沿触发方式
         SETB   EA              ;CPU 开中断
HERE:    SJMP   HERE            ;动态停机，等待中断
         ORG    0200H           ;中断服务程序
INTER0:  MOV    A,#0F0H         ;☆
         MOV    P1,A            ;设 P1.4 ~ P1.7 为输入
         MOV    A,P1            ;读取开关状态
```

```
        SWAP    A                       ;A 的高、低 4 位互换
        MOV     P1,A                    ;输出驱动 LED 发光
        RETI                            ;中断返回
        END
```

程序注释中带“★”的语句很关键，存储到了 0003H 单元，决定了在发生中断时，CPU 可以自动转向执行此条“AJMP INTER0”，以达到转向执行“☆”处的“真正的”中断服务程序。

★**开发提示：**外部中断触发与独立按键控制类似，都是按下按键执行相应程序段，然而两者有本质区别。当用外部中断触发时，只要有触发信号，程序则立刻进入外部中断服务子程序执行指定代码，反应迅速；而独立按键控制，只有当程序执行到按键判断语句时且恰好按键被按下，才会执行相应程序段，否则便会出现按键无效的问题，尤其当整个程序比较长时，问题会更严重。所以当程序比较长时，若使用独立按键控制，需通过定时重复扫描按键状态加以缓解。

3）C51 参考程序如下：

```
#include <reg51.h>                      /* 包含编译器自带的头文件* /
void delay(unsigned char n)             //延时 n×100ms 函数(也可称为子程序)
{  unsigned char a,b,c;
    for(c=n;c>0;c--)
        for(b=142;b>0;b--)
            for(a=200;a>0;a--);
}
void int_srv() interrupt 0 using 1      //中断服务子程序
{   char key=0;                         //定义一个字符型变量
    key=P1;                             //读取 P1 口的数值,存储在 key 中
    key=key>>4;                         //将 key 的值右移四位
    P1=~key;                            //将 key 的值取反
    delay(100);                         //延时 10s
    P1=0xf0;                            //熄灭 P1 口低四位上连接的 LED 灯
}
void main()
{
    EA=1;                               //打开总中断
    EX0=1;                              //打开外部中断 0
    IT0=1;                              //设定外部中断 0 的触发方式为下降沿触发
    while(1)
    {
        P1=0xf0;                        //设置 P1 口的初始状态
    }
}
```

外部中断触发编程训练C51程序设计

4. 任务完成步骤

1）将各元件按硬件接线图焊接到万能板上或实验装置中。

2）将参考程序输入并下载到89C51中。

3）接通电源，运行程序观察效果。

实训任务10 模拟三相交流电的电路故障检测

模拟三相交流电的电路故障检测汇编程序设计

1. 任务目的

1）巩固单片机中断系统的构成。

2）练习中断硬件设计及编程调试过程。

2. 任务内容

图5-6是三相交流电的故障检测电路，3个220V的交流继电器的线圈KA、KB、KC分别接在A、B、C各相和交流地之间，3个继电器的常开触点（线圈不得电，触点为打开状态）KA、KB、KC经或非门接至89C51的外部中断$\overline{INT1}$。要求实现：当A相缺电时，发光二极管LEDA亮；当B相缺电时，发光二极管LEDB亮；当C相缺电时，发光二极管LEDC亮。

> ★**提示：** 可用实验板或万用板上的拨动开关模拟KA、KB、KC是否动作，以体现对应的交流电路是否缺相。

3. 任务分析

1）检测原理：分两种情况说明。

① 正常情况：3个继电器的线圈同时得电，与之相对应的3个继电器的常开触点全都闭合。此时或非门的3个输入信号全为低电平“0”，因此其输出高电平“1”，外部中断$\overline{INT1}$的请求信号无效。

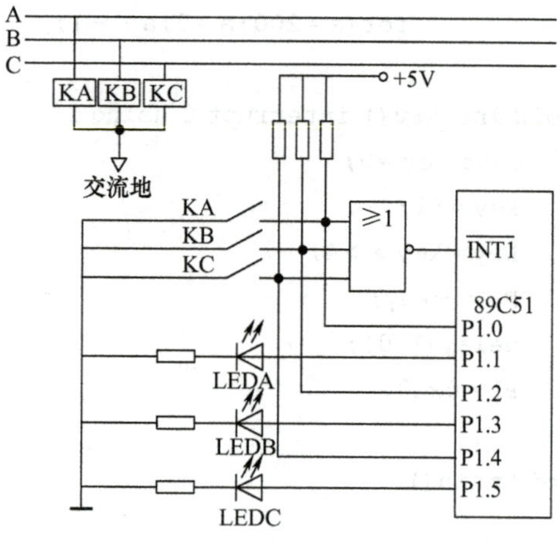

图5-6 三相交流电的故障检测电路

② 故障情况：一旦A、B、C三相中有一相掉电，如A相，则继电器线圈KA便失电，所控制的常开触点KA也会断开，于是该触点向或非门的输入信号变为高电平“1”，或非门因此输出一个低电平“0”向$\overline{INT1}$申请中断。与此同时，KA的常开触点断开，该触点向或非门输入的高电平“1”被作为A相掉电的状态信号送入P1.0引脚。在外部中断$\overline{INT1}$的中断服务程序中读入该信号，就会在P1.1引脚输出一个高电平“1”点亮发光二极管LEDA。此时，由于B、C两相没有掉电，故LEDB、LEDC不会点亮。

2）汇编参考程序如下：

```
        ORG   0000H
        LJMP  MAIN         ;跳至主程序
        ORG   0013H        ; INT1 的中断入口地址
        LJMP  TEST         ;转至中断服务程序
        ORG   0100H
MAIN:   MOV   P1,#15H      ;P1.0、P1.2、P1.4 作输入,P1.1、P1.3、P1.5 输出 0
        SETB  EX1          ;开 INT1 中断
        CLR   IT1          ; INT1 为低电平触发
        SETB  EA           ;CPU 开中断
        SJMP  $            ;等待中断
TEST:   JNB   P1.0,LB      ;A 相正常,转测 B 相
        SETB  P1.1         ;A 相掉电,点亮 LEDA
  LB:   JNB   P1.2,LC      ;B 相正常,转测 C 相
        SETB  P1.3         ;B 相掉电,点亮 LEDB
  LC:   JNB   P1.4,LL      ;C 相正常,返回
        SETB  P1.5         ;C 相掉电,点亮 LEDC
  LL:   RETI
        END
```

3）C51 参考程序如下：

模拟三相交流电的电路故障检测C51程序设计

```
#include <reg51.h>                       /* 包含编译器自带的头文件* /
void delay(unsigned char n)              //延时 n×100ms 函数(也可称为子程序)
{
   unsigned char a,b,c;
   for(c=n;c>0;c--)
       for(b=142;b>0;b--)
           for(a=200;a>0;a--);
}
void int_srv() interrupt 2 using 1  //中断服务子程序
{
     char key=0;                         //定义一个字符型变量
     key=P1;                             //读取 P1 口的数值,存储在 key 中
     if(key==0x01)                       //判断按键 KA 是否断开
     {
       P1|=0x02;                         //点亮 LEDA
       delay(1);                         //延时 100ms
     }
     if(key==0x04)                       //判断按键 KB 是否断开
     {
       P1|=0x08;                         //点亮 LEDB
       delay(1);                         //延时 100ms
     }
```

```
        if(key = =0x10)                    //判断按键 KC 是否断开
        {
          P1 |=0x20;                       //点亮 LEDC
          delay(1);                        //延时 100ms
        }
        P1 =0x15;                          //恢复初始状态,为下一次判断按键状态做准备
}
void main()
{
      EA =1;                               //打开总中断
      EX1 =1;                              //打开外部中断 1
      IT1 =0;                              //设定外部中断 1 的触发方式为低电平触发
      while(1)
      {
        P1 =0x15;                          //按键连接的引脚置高电平,P1 口其他引脚置低电平
      }
}
```

4. 任务完成步骤

1）将各元件按硬件接线图焊接到万能板上或实验装置中。

2）将参考程序输入并下载到 89C51 中。

3）接通电源，运行程序观察效果。

学习任务 5.2 运用定时/计数器完成定时或计数

5.2.1 探究定时/计数器的基本结构与特性

设置定时计数器的功能

89C51 单片机内部有两个 16 位的可编程定时/计数器 T0 和 T1，通过编程可选择其用作定时器或计数器。此外，工作方式、定时时间、计数值、启动和中断请求等都可以由程序设定，其逻辑结构如图 5-7 所示。

由图 5-7 可知，89C51 单片机的定时/计数器逻辑结构由定时器 0（T0）、定时器 1（T1）、方式寄存器 TMOD 和控制寄存器 TCON 组成。

T0、T1 是 16 位加法计数器，分别由两个 8 位专用寄存器组成，T0 由 TH0 和 TL0 组成，T1 由 TH1 和 TL1 组成。TL0、TL1、TH0、TH1 的字节地址依次为 8AH ~8DH，每个寄存器均可单独访问。

T0 或 T1 用作计数器时，对芯片引脚 T0（P3.4）或 T1（P3.5）上输入的脉冲计数，每输入一个脉冲，加法计数器加 1；T0 或 T1 用作定时器时，对内部机器周期脉冲计数，由于机器周期是定值，故计数值确定时，时间也随之确定。

TMOD、TCON 与 T0、T1 间通过内部总线及逻辑电路连接，TMOD 用于设置定时/计数器的工作方式，TCON 用于控制定时/计数器的启动与停止。

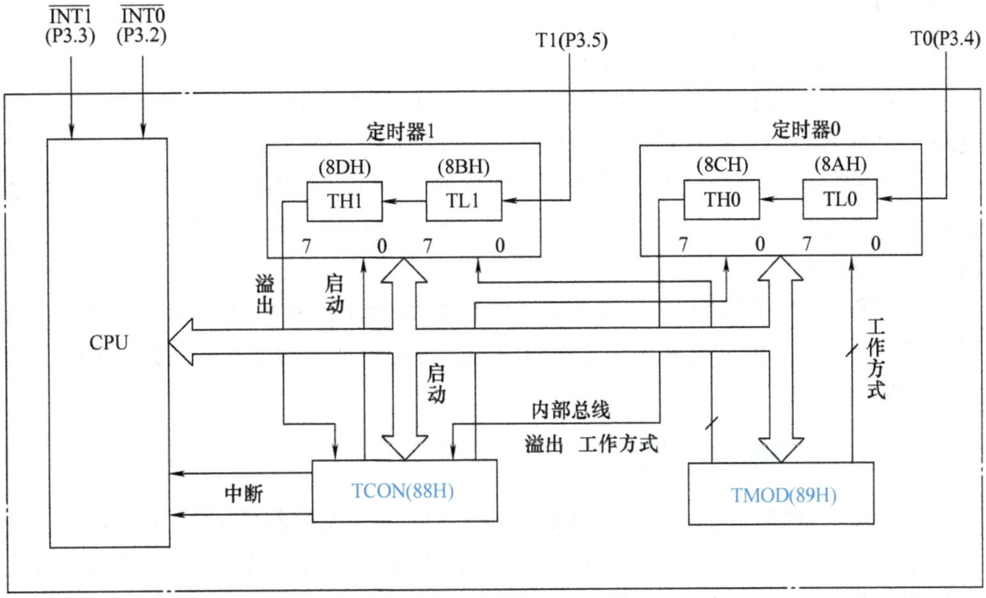

图 5-7　89C51 单片机定时/计数器逻辑结构

5.2.2　设置定时/计数器的功能

定时/计数器是一个二进制的加 1 寄存器，当设置了定时/计数器的工作方式并启动后，定时/计数器就开始从所设定的计数初始值开始加 1 计数，不再占用 CPU 的操作时间，只有在计数器计满溢出时才向 CPU 发出请求，中断 CPU 当前的操作，但定时与计数两种模式下的计数方式却不相同。

1. 设定为计数功能

计数是指对外部脉冲进行计数。外部脉冲通过 T0（P3.4）、T1（P3.5）两个信号引脚输入。输入的脉冲在负跳变时有效，进行计数器加 1 操作。

CPU 在每个机器周期的 S5P2 期间采样引脚输入电平，若前一个机器周期采样值为 1，后一个机器周期采样值为 0，则计数器加 1。新的计数值是在检测到输入引脚电平发生 1 到 0 的负跳变后，于下一个机器周期的 S3P1 期间装入计数器中的，可见检测一个由 1 到 0 的负跳变需要两个机器周期，又因为一个机器周期等于 12 个振荡周期，所以最高检测频率为振荡频率的 1/24，并且要求外部输入计数脉冲信号的高与低电平至少持续 1 个机器周期。

2. 设定为定时功能

定时功能也是通过计数器的计数来实现的，此时的计数脉冲来自单片机内部，即每个机器周期产生 1 个计数脉冲，计数器自动加 1 一次，计数值确定，定时时长随之确定。

定时器的定时时间与系统的振荡频率紧密相关，如果单片机系统采用 12MHz 晶振，则计数周期为 1μs，也是最短的定时时间，适当选择定时器的初值可获取各种定时时间。

★**开发提示：**单片机的定时和计数功能都是内部结构计数脉冲数量，当使用定时功能时是对晶振产生的脉冲波进行计数，只要组成最小系统电路即可实现，无需外接其他电路；当使用计数功能时，是对外部脉冲波进行计数，需在 P3.4 或 P3.5 引脚接入脉冲信号。

3. 定时方法

在单片机的控制应用中，可供选择的定时方法有：

（1）软件定时 靠执行一个循环程序以进行时间延迟。特点为时间精确，且不需外加硬件电路。但占用 CPU，定时时间不宜太长。

（2）外部硬件定时 使用专门的硬件电路完成时间较长的定时。特点为定时功能全部由外部硬件电路完成，不占 CPU 时间，但需通过改变电路中的元器件参数来调节定时时间，在使用上不够灵活方便。

（3）可编程内部定时器定时 通过对系统机器周期计数来实现定时。特点为计数值通过程序设定，改变计数值，也就改变了定时时间，方便灵活。89C51 单片机的 T0/T1 就是可编程内部定时器。

5.2.3 精准控制定时/计数器

在启动定时/计数器之前，CPU 必须将一些命令（称为控制字）写入定时/计数器中，此过程称为定时/计数器的初始化。定时/计数器的初始化通过设置定时/计数器的方式寄存器 TMOD 和控制寄存器 TCON 来完成。

1. 定时/计数器方式寄存器 TMOD

TMOD 用于控制 T0/T1 的工作方式，高、低 4 位分别用于控制 T1 和 T0，两者含义完全相同，TMOD 格式见表 5-8。

表 5-8 TMOD 格式

	设置 T1				设置 T0			
名称（位地址）	D7H	D6H	D5H	D4H	D3H	D2H	D1H	D0H
TMOD（89H）	GATE	$C/\overline{T}$	M1	M0	GATE	$C/\overline{T}$	M1	M0

（1）M1 和 M0 T0/T1 工作方式控制位，具体定义见表 5-9。

表 5-9 T0/T1 工作方式选择

M1	M0	工作方式	功能（i=0，1）
0	0	方式 0	TLi 的低 5 位与 THi 的 8 位构成 13 位计数器
0	1	方式 1	TLi 和 THi 构成 16 位计数器
1	0	方式 2	自动重装 8 位计数器，TLi 溢出，THi 内容自动送入 TLi
1	1	方式 3	定时器 T0 分成两个 8 位计数器，T1 停止工作

（2）$C/\overline{T}$ 功能选择位。当 $C/\overline{T}=0$ 时，T0/T1 设置为定时器工作方式；$C/\overline{T}=1$ 时，T0/T1 设置为计数器工作方式。

（3）GATE 门控位。当 GATE=0 时，软件控制位 TR0 或 TR1 置 1 即可启动定时器；当 GATE=1 时，TCON 中的软件控制位 TR0/TR1 置 1，同时还需 P3.2/P3.3 为高电平方可启动定时器，即允许通过外部中断引脚启动定时器。

TMOD 的字节地址为 89H，其各位状态只能通过字节传送指令来设定而不能用位寻址指令改变，复位时各位状态为 0。

例 5-2 设置 T1 工作于方式 1，定时工作方式与外部中断引脚电平无关，编程进行设定。

1）T1 工作于方式 1，则 M1 = 0，M0 = 1。

2）因定时工作方式与外部引脚电平中断无关，故 GATE = 0。

3）T0 未用，低 4 位可随意置数，但低两位不可为 11（因方式 3 时，T1 停止计数），一般可将其设为 0000。

因此，高 4 位应为 0001，低 4 位为 0000，指令形式为：MOV TMOD，#10H。

2. 定时/计数器控制寄存器 TCON

TCON 是一个 8 位寄存器，用于控制定时器的启动/停止以及标志定时器溢出时的中断申请。TCON 的地址为 88H，既可进行字节寻址又可进行位寻址，复位时所有位被清 0。TCON 格式见表 5-10。

表 5-10　TCON 格式

名称（位地址）	8FH	8EH	8DH	8CH	8BH	8AH	89H	88H
TCON（88H）	TF1	TR1	TF0	TR0	IE1	IT1	IE0	IT0

（1）TF1　T1 溢出标志位。当 T1 计数满产生溢出时，由硬件自动将 TF1 置 1，并向 CPU 发出 T1 中断请求，如此时中断允许，则立即响应 T1 中断。进入中断服务程序后，由硬件自动将 TF1 清 0。在中断屏蔽时，TF1 可通过指令查询该位是否为 1 来判断是否溢出，此时只能由软件将 TF1 清 0。

（2）TR1　T1 运行控制位。由软件置 1 或清 0 来启动或关闭 T1。当 GATE = 1 时，且 $\overline{\text{INT1}}$为高电平时，TRI 置 1 启动 T1；当 GATE = 0 时，TR1 置 1 即可启动 T1。

1）当 GATE = 0 时，$\overline{\text{INT1}}$信号无效，TR1 直接控制 T1 的启动和关闭。

若 TR1 = 1，则启动 T1，T1 从初值开始计数直至溢出，溢出时计数（定时）完成，TF1 置位，并申请中断，如要循环计数则 T1 需重置初值；如采用查询方式，则需要用软件将 TF1 复位。

若 TR1 = 0，则停止计数。

2）当 GATE = 1 时，由$\overline{\text{INT1}}$的输入电平和 TR1 位的状态来共同确定 T1 的启动和关闭。

若 TR1 = 1，则通过$\overline{\text{INT1}}$（P3.4）引脚直接开启或关断 T1，当$\overline{\text{INT1}}$为高电平时，允许计数，否则停止计数。

若 TR1 = 0，则控制开关被关断，停止计数。

（3）TF0　T0 溢出标志位。其功能及操作情况与 TF1 相同。

（4）TR0　T0 运行控制位。其功能及操作情况与 TR1 相同。

（5）IE1　外部中断 1（$\overline{\text{INT1}}$）请求标志位。

（6）IT1　外部中断 1 触发方式选择位。

（7）IE0　外部中断 0（$\overline{\text{INT0}}$）请求标志位。

（8）IT0　外部中断 0 触发方式选择位。

TCON 中的低 4 位用于控制外部中断，与定时/计数器无关。当系统复位时，TCON 的所有位均清 0。

TCON 的字节地址为 88H，可以位寻址，清 0 溢出标志位或启动定时器都可以用位操作指令，如“SETB TR1”等。

5.2.4　设置定时/计数器的工作方式

通过对 TMOD 寄存器中 M0、M1 位进行设置，可对四种工作方式进行选择。

1. 方式0

当TMOD寄存器中M1M0 = 00时，T0/T1工作于方式0，此时构成一个13位定时/计数器，T0在方式0时的逻辑电路结构如图5-8所示。

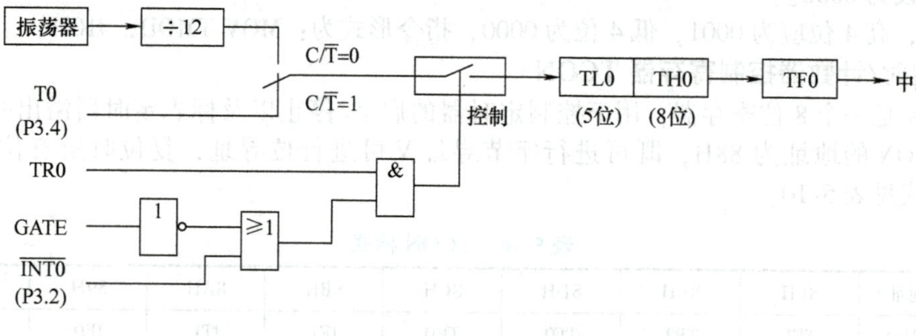

图5-8　T0在方式0时的逻辑电路结构

16位加法计数器只用了其中的13位，TH0/TH1提供高8位，TL0/TL1提供低5位（高3位未用）。当TL0/TL1低5位溢出时自动向TH0/TH1进位，而TH0溢出时向中断标志位TF0进位（硬件自动置位），并申请中断。

1）当$C/\overline{T}=0$时，T0/T1用作定时方式，对机器周期计数。其定时时间为

$$\Delta t = (2^{13} - \text{计数初值}) \times \text{机器周期} = (8192 - \text{计数初值}) \times 12/f_{osc}$$

其中，f_{osc}为晶振频率，若$f_{osc}=12\text{MHz}$，则定时范围为1~8192μs。

2）当$C/\overline{T}=1$时，T0用作计数方式，外部计数脉冲由T0/T1（P3.4/P3.5）引脚输入，当外部信号电平发生由1到0的负跳变时，计数器加1。其计数值为

$$C = 2^{13} - \text{计数初值} = 8192 - \text{计数初值}$$

2. 方式1

T0工作于方式1时，其逻辑电路结构如图5-9所示，T1的结构和操作与T0完全相同。

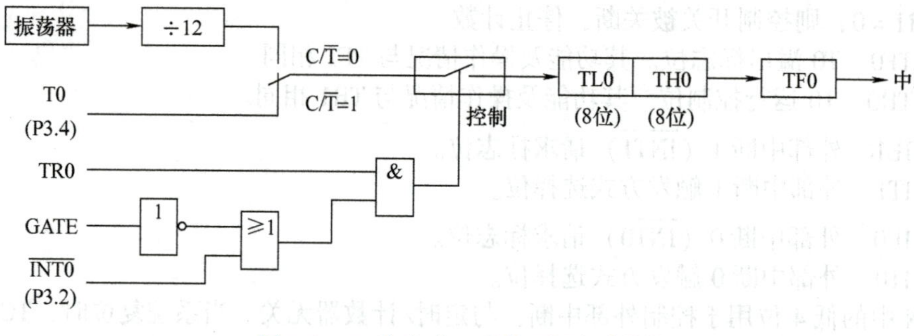

图5-9　T0在方式1时的逻辑电路结构

T0/T1方式1的结构与操作几乎完全与方式0相同，唯一差别是方式1的计数位数是16位。

1）用作定时器时，定时时间为

$$\Delta t = (2^{16} - \text{计数初值}) \times \text{机器周期} = (65536 - \text{计数初值}) \times 12/f_{osc}$$

其中，f_{osc} 为晶振频率，若 $f_{osc}=12MHz$，则定时范围为 1 ~ 65536μs。

2）用作计数器时，计数值为

$$C = 2^{16} - 计数初值 = 65536 - 计数初值$$

3. 方式 2

方式 2 又称为自动重装初值方式，工作于方式 2 时，T0/T1 将 16 位加法计数器分成两部分，TL0/TL1 为 8 位计数器；TH0/TH1 为预置寄存器。初始化时将计数初值同时装入 TL0/TL1 和 TH0/TH1 中，计数溢出时，单片机自动将 TH0/TH1 中的值加载到 TL0/TL1 中进行下一轮定时过程，而不必用软件人为地重新设置初始值。方式 2 工作过程如下：

1）启动定时器，TL0/TL1 从初始值开始加 1 计数。

2）当 TL0/TL1 计满溢出时，向 TF0/TF1 进位，发出中断请求。

3）单片机自动将 TH0/TH1 中的值加载到 TL0/TL1 中。

4）重新开始新一轮计数。

5）重复以上几步，直到关闭定时器。

T0 工作于方式 2 时的逻辑电路结构如图 5-10 所示。

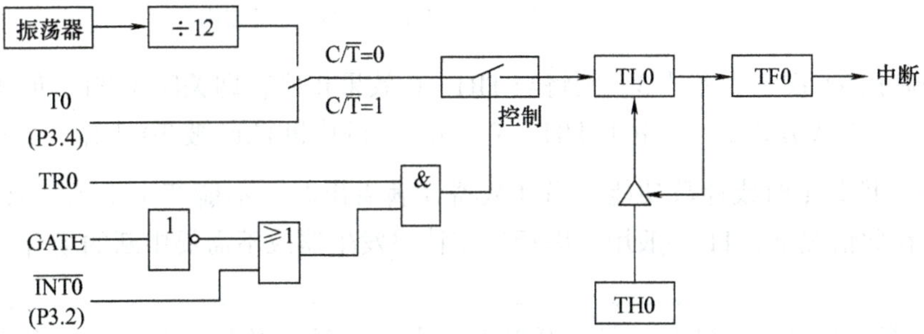

图 5-10　T0 在方式 2 时的逻辑电路结构

方式 2 下单片机可以自动重复加载初值，既方便使用，又使定时更为精确。但因为是 8 位计数器，计数的最大值是 256，故定时时间短，计数数值小。

1）用作定时器时，定时时间为

$$\Delta t = (2^8 - 计数初值) \times 机器周期 = (256 - 计数初值) \times 12/f_{osc}$$

其中，f_{osc} 为晶振频率，若 $f_{osc}=12MHz$，则定时范围为 1 ~ 256μs。

2）用作计数器时，计数值为

$$C = 2^8 - 计数初值 = 256 - 计数初值$$

4. 方式 3

T0 在方式 3 时的逻辑电路结构如图 5-11 所示。该方式只适应于 T0，工作于方式 3 时，T0 被分解成两个独立的 8 位计数器。TL0 占用原 T0 的控制资源、引脚和中断源，即 C/$\overline{T}$、GATE、TR0、TF0 和 T0（P3.4）引脚、$\overline{INT0}$（P3.2）引脚。

工作于方式 3 时，TL0 除计数位数不同于方式 0、方式 1 外，其功能、操作与方式 0、方式 1 完全相同，可定时亦可计数。

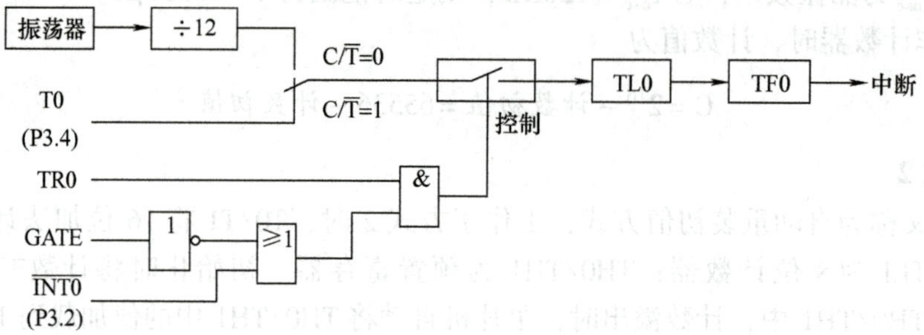

图 5-11 T0 在方式 3 时 TL0 的逻辑电路结构

由于 TL0 独占了原 T0 的各控制位，TH0 只能作为简单的定时器用，不能对外部脉冲计数，只借用原 T1 的控制资源 TF1 和 TR1。TH0 的启动和停止受 TR1 置 1 或清 0 控制，计数溢出时 TF1 置位（这使 T1 失去了中断功能），其逻辑电路结构如图 5-12 所示。

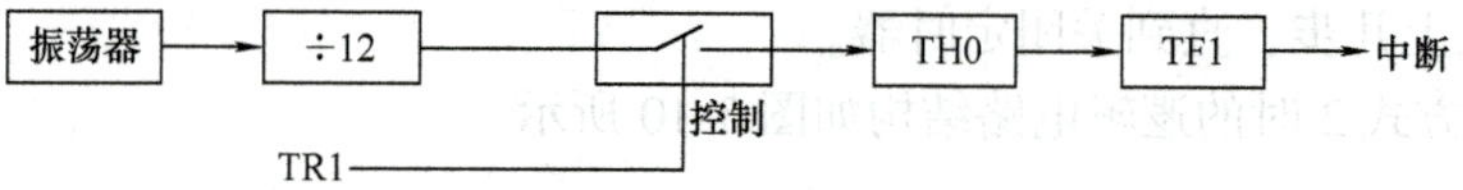

图 5-12 T0 在方式 3 时 TH0 的逻辑电路结构

如果强制把 T1 设置为方式 3，则将与 TR1 =0 效果相同，即关闭了 T1。但 T1 仍可设置为方式 0、方式 1 或方式 2。但由于 TR1、TF1 及 T1 的中断源已被 T0 占用，此时，T1 仅由控制位 C/$\overline{T}$ 切换其定时或计数功能。当计数器计满溢出时，不能产生中断，只能将输出送往串行口。在此情况下，T1 一般用作串行口波特率发生器或不需要中断的场合。

※拓展链接： 定时器的定时功能与延时函数或延时语句功能相似，定时器定时更精确，且与主程序可同时执行，然而需要配置相应的寄存器，不如延时函数或延时语句好理解。在工程开发中，同学们要有质量优先意识，根据产品对定时精度的要求灵活选取定时方法，精益求精，提升产品性能。

5.2.5 定时/计数器如何初始化

定时/计数器的功能是由软件编程确定的，一般在使用前都要进行初始化。初始化可分为以下 4 个步骤：

1）确定工作方式，对 TMOD 赋值。

例如，将 T1 设定为工作方式 1，且用作定时器，用“MOV TMOD，#10H”语句实现。

2）预置定时或计数初值，直接将初值写入 TH0/TH1 和 TL0/TL1。

定时/计数器的初值因工作方式不同而不同。定时/计数器工作的实质是做“加 1”计数，设最大计数值为 M，定时或计数初值 X 可计算如下：

① 用作定时器，若定时时间为 Δt，晶振频率为 f_{osc}，则

$$X = M - \text{计数值} = 2^n - \frac{\Delta t}{\text{机器周期}} = 2^n - \frac{\Delta t}{12} \times f_{osc}$$

② 用作计数器，设计数个数为 C，则

$$X = M - \text{计数值} = 2^n - C$$

各种工作方式下的 M 值如下：

方式 0，$M = 2^{13} = 8192$。

方式 1，$M = 2^{16} = 65536$。

方式 2，$M = 2^{8} = 256$。

方式 3，T0 分成两个 8 位计数器，所以 M 值均为 256。

3）根据需要开启定时/计数器中断，直接对 IE 寄存器赋值。

例如，开启定时/计数器 1 中断，关闭其他中断源，用下面语句实现：

MOV　IE，#88H

4）启动定时/计数器，将 TR0/TR1 置 1。

GATE = 0 时直接由软件置位 TR0/TR1 来启动；GATE = 1 时，除了软件置位外，还必须在外中断引脚加上相应的高电平才能启动。

例 5-3　利用 T1 采用方式 1 定时，要求每 50ms 溢出一次，如采用 12MHz 晶振，进行初始化编程。

因为工作在方式 1，所以计数最大值为

$$M = 2^{16} = 65536$$

对于机器周期的计数值为　$\text{计数值} = \dfrac{\Delta t}{\text{机器周期}} = \dfrac{\Delta t}{12} \times f_{osc} = \dfrac{50\text{ms}}{12} \times 12\text{MHz} = 50000$

所以，计数初值为　$X = M - \text{计数值} = 65536 - 50000 = 15536 = 3CB0H$

将 3CH、B0H 分别预置给 TH1、TL1，可以用如下指令实现：

```
MOV  TH1,#3CH
MOV  TL1,#0B0H
```

实训任务 11　复杂交通信号灯模拟控制

复杂交通信号灯的控制汇编程序设计

1. 任务目的

1）练习使用单片机定时器与软件结合进行定时。

2）掌握中断硬件设计及编程调试过程。

2. 任务内容

用 89C51 单片机设计一个十字路口交通信号灯模拟控制系统，晶振采用 12MHz。A、B 道交叉组成十字路口，A 是主道，B 是支道，具体要求如下：

1）正常情况下，A、B 两道轮流放行，A 道放行 60s（结束前 5s 开始，绿灯闪烁 3 次警告，间隔 1s，然后黄灯亮 2s）；B 道放行 30s（结束前 5s 开始，绿灯闪烁 3 次警告，间隔 1s，然后黄灯亮 2s）；然后 A 道放行，如此循环。

2）一道有车而另一道无车时（用两个开关 S1、S2 模拟），使有车车道放行。

3）有紧急车辆通过时（用开关 S0 模拟），A、B 道均为红灯。

3. 任务分析

（1）整体设计思路

1）正常情况下运行主程序，采用0.5s延时子程序的反复调用来实现各种定时时间。

2）一道有车而另一道无车时，采用外部中断1（置为低优先级）方式进入相应的中断服务程序。

3）有紧急车辆通过时，采用外部中断0（置为高优先级）方式进入相应的中断服务程序。

（2）硬件设计　根据设计要求，分析如下：

1）可用单片机P1口通过74LS07驱动12只发光二极管控制模拟交通信号灯，P1口线输出高电平熄灭信号灯，输出低电平点亮信号灯。则P1口线控制功能及相应控制码见表5-11。

表5-11　P1口线控制功能及相应控制码

P1.7	P1.6	P1.5	P1.4	P1.3	P1.2	P1.1	P1.0	P1口控制码	状态说明
未用	未用	B道绿灯	B道黄灯	B道红灯	A道绿灯	A道黄灯	A道红灯		
1	1	1	1	0	0	1	1	F3H	A道放行，B道禁止
1	1	1	1	0	1	0	1	F5H	A道警告，B道禁止
1	1	0	1	1	1	1	0	DEH	A道禁止，B道放行
1	1	1	0	1	1	1	0	EEH	A道禁止，B道警告

2）若分别以S1、S2模拟A、B道的车辆繁忙/通畅情况，当开关打开为高电平时，表示有车；开关闭合为低电平时，表示无车。S1、S2相同时表示正常情况，S1、S2不相同时表示一道有车另一道无车，如此时产生外部中断1向CPU提出中断请求，执行特定功能程序，则中断的条件应是：$\overline{INT1}=\overline{S1 \oplus S2}$，可通过74LS86（异或门）与74LS04（非门）组合实现。另外，还需将S1、S2信号接入单片机，以便单片机查询有车车道，可将其分别接至单片机的P3.0口和P3.1口。

3）若以S0模拟紧急车辆通过，当S0为高电平时表示正常，当S0为低电平时，表示有紧急车辆通过的情况，直接将S0信号接至$\overline{INT0}$引脚即可实现外部中断0中断。

综上，可设计复杂交通灯模拟控制系统电路如图5-13所示。

（3）软件设计　说明如下：

1）主程序采用查询方式定时，由寄存器R2确定调用0.5s延时子程序的次数，以获取交通灯的各种时间。子程序采用定时器1的方式1查询方式定时，定时为50ms，用寄存器R3确定循环10次50ms定时，从而获取0.5s的延时时间。

2）一道有车另一道无车的中断服务程序首先要保护现场，因需用到延时子程序和P1口，故需保护的寄存器有R3、P1、TH1和TL1，保护现场时还需关中断，以防止高优先级中断（紧急车辆通过所产生的中断）出现导致程序混乱。然后，开中断，由软件查询P3.0和P3.1口，判别哪一道有车，再根据查询情况执行相应的服务。待绿灯通行信号出现后，保持5s的放行延时（如需延长，读者可自行调整），然后关中断，恢复现场，再开中断，返回主程序。

3）紧急车辆出现时的中断服务程序也需保护现场，但无需关中断（因其为高优先级中断），然后执行相应的服务，待交通灯信号出现后延时20s，确保紧急车辆通过交叉路口，然后恢复现场，返回主程序。

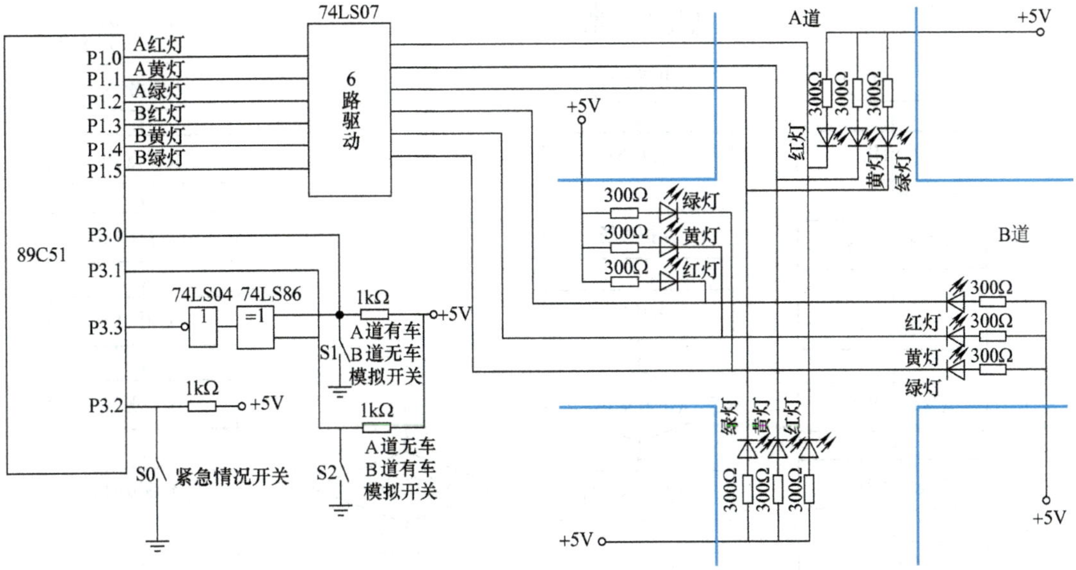

图 5-13　复杂交通灯模拟控制系统电路图

复杂交通信号灯模拟控制系统主程序及中断服务程序的流程图如图 5-14 所示。

① 汇编参考程序如下：

```
        ORG    0000H
        AJMP   MAIN          ;指向主程序
        ORG    0003H
        AJMP   INT0          ;指向紧急车辆出现中断程序
        ORG    0013H
        AJMP   INT1          ;指向一道有车另一道无车中断程序
;主程序
        ORG    0100H
MAIN:   SETB    PX0            ;置外部中断 0 为高优先级中断
        MOV     TCON,#00H      ;置外部中断 0、1 为电平触发
        MOV     TMOD,#10H      ;置定时器 1 为方式 1
        MOV     IE,#85H        ;开 CPU 中断,开外部中断 0、1 中断
        MOV     P3,#0FFH       ;将接有开关的 P3 口设置为可读状态
DISP:   MOV     P1,#0F3H       ;A 绿灯放行,B 红灯禁止
        MOV     R2,#6EH        ;置 0.5s 循环次数
DISP1:  ACALL   DELAY          ;调用 0.5s 延时子程序
        DJNZ    R2,DISP1       ;55s 不到继续循环
        MOV     R2,#06         ;置 A 绿灯闪烁循环次数
WARN1:  CPL     P1.2           ;A 绿灯闪烁
        ACALL   DELAY
        DJNZ    R2,WARN1       ;闪烁次数未到则继续循环
        MOV     P1,#0F5H       ;A 黄灯警告,B 红灯禁止
```

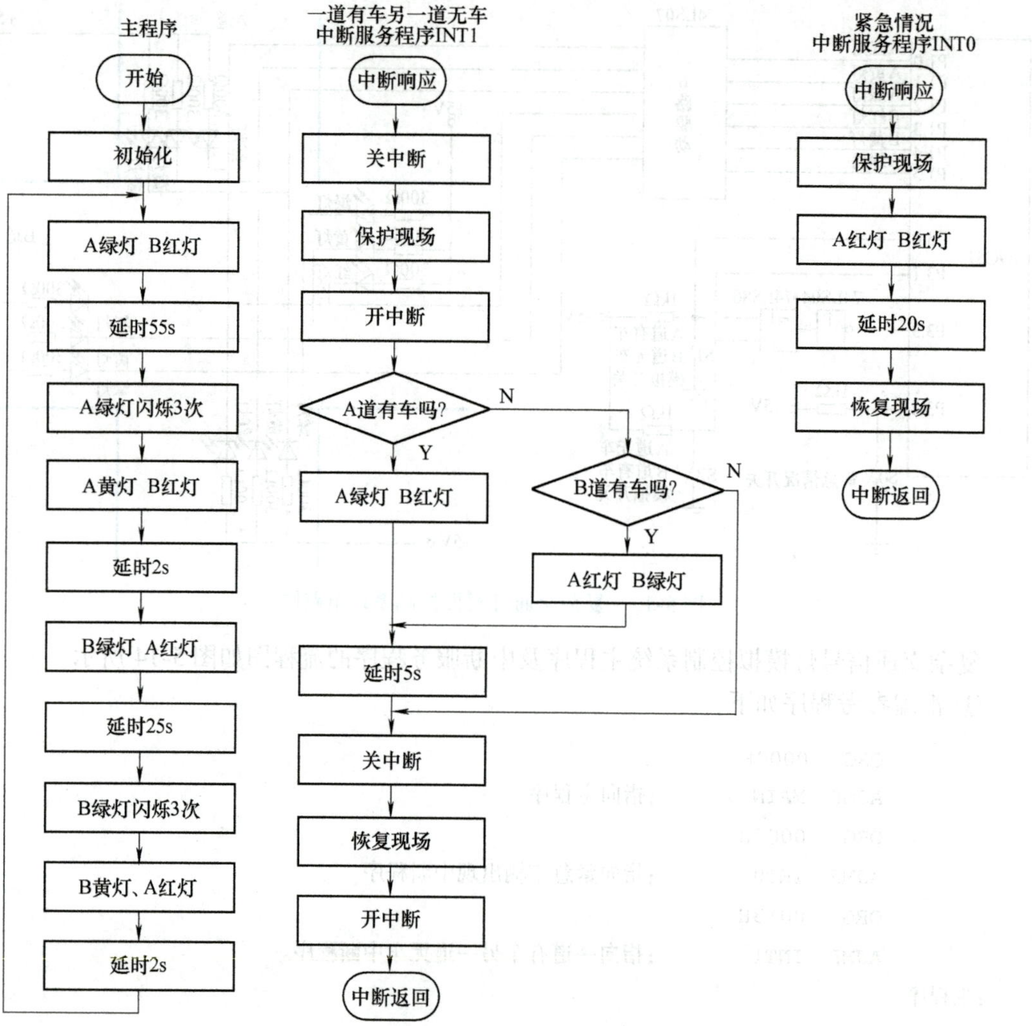

图 5-14 复杂交通信号灯模拟控制系统程序流程图

```
        MOV     R2,#04H
YEL1:   ACALL   DELAY
        DJNZ    R2,YEL1        ;2s 未到继续循环
        MOV     P1,#0DEH       ;A 红灯,B 绿灯
        MOV     R2,#32H
DISP2:  ACALL   DELAY
        DJNZ    R2,DISP2       ;25s 未到继续循环
        MOV     R2,#06H        ;置 B 绿灯闪烁循环
WARN2:  CPL     P1.5           ;B 绿灯闪烁
        ACALL   DELAY
        DJNZ    R2,WARN2       ;闪烁次数未到则继续循环
        MOV     P1,#0EEH       ;A 红灯,B 黄灯
        MOV     R2,#04H
```

```
 YEL2:   ACALL   DELAY
         DJNZ    R2,YEL2
         AJMP    DISP           ;循环执行主程序
;紧急车辆出现时的中断服务程序
 INT0:   PUSH    P1             ;P1 口数据入栈保护
         PUSH    03H            ;寄存器 R3 入栈保护
         PUSH    TH1            ;TH1 入栈保护
         PUSH    TL1            ;TL1 入栈保护
         MOV     P1,#0F6H       ;A、B 道均为红灯
         MOV     R5,#28H        ;置 0.5s 循环初值
DLY20:   ACALL   DELAY
         DJNZ    R5,DLY20       ;20s 未到继续循环
         POP     TL1            ;弹栈恢复现场
         POP     TH1
         POP     03H
         POP     P1
         RETI                   ;返回主程序
;一道有车另一道无车的中断服务程序
 INT1:   CLR     EA             ;关中断
         PUSH    P1             ;入栈保护现场
         PUSH    03H
         PUSH    TH1
         PUSH    TL1
         SETB    EA             ;开中断
         JNB     P3.0,BP        ;A 道无车转向
         MOV     P1,#0F3H       ;A 绿灯,B 红灯
         SJMP    DELAY1         ;转向 5s 延时
   BP:   JNB     P3.1,EXIT      ;B 道无车退出中断
         MOV     P1,#0DEH       ;A 红灯,B 绿灯
DELAY1:  MOV     R6,#0AH        ;置 0.5s 循环初值
 NEXT:   ACALL   DELAY
         DJNZ    R6,NEXT        ;5s 未到继续循环
 EXIT:   CLR     EA
         POP     TL1            ;弹栈恢复现场
         POP     TH1
         POP     03H
         POP     P1
         SETB    EA
         RETI
;0.5s 延时子程序
DELAY:   MOV     R3,#0AH
         MOV     TH1,#3CH
```

```
        MOV     TL1,#0B0H
        SETB    TR1
LP1:    JBC     TF1,LP2
        SJMP    LP1
LP2:    MOV     TH1,#3CH
        MOV     TL1,#0B0H
        DJNZ    R3,LP1
        RET
        END
```

② C51 参考程序如下：

复杂交通信号灯的控制C51程序设计

```
#include <reg51.h>                    //包含头文件
#define LED P1                        //定义 LED 连接到 P1 口
sbit KEY1 = P3^0;                     //定义按键 KEY1/KEY2 连接
sbit KEY2 = P3^1;
unsigned char time = 0,num = 0;
void delay(unsigned char n)           //延时 n×100ms 函数(也可称为子程序)
{
    unsigned char a,b,c;
    for(c = n;c > 0;c - -)
        for(b = 142;b > 0;b - -)
            for(a = 200;a > 0;a - -);
}
void main( )                          //主函数
{
    IE = 0x87;                        //允许外部中断 0、外部中断 1 、定时器 0 中断、总中断
    TCON = 0x10;                      //INT0、INT1 设定为负电平触发启动定时器 0
    TMOD = 0x01;                      //设置定时器 0 为定时功能,工作在方式 1
    TH0 = 0x3C;
    TL0 = 0xB0;                       //装入计数初值,每 50ms 进入一次定时器中断 0
    while(1)                          //循环执行 while(1)后{}内的程序段
    {
      if(time < 55)                   //定时 55s
      LED = 0xf3;                     //A 道绿灯,B 道红灯
      if(time > = 55&&time < 58)      //A 道绿灯闪烁 3 次
      {
        if(num > = 0&&num < 10)
        LED = 0xf7;
        if(num > 10&&num < 20)
        LED = 0xf3;
      }
        if(time > = 58 && time < 60)  //定时 2s

          LED = 0xf5;                 //A 道黄灯,B 道红灯
```

```
        if(time>=60&&time<85)           //定时 25s
          LED=0xde;                     //A 道红灯,B 道绿灯

        if(time>=85&&time<88)           //定时 3s  B 道绿灯闪烁 3 次
        {
          if(num>=0&&num<10)
          LED=0xfe;
          if(num>10&&num<20)
          LED=0xde;
        }
        if(time>=88&&time<90)           //定时 2s
          LED=0xee;                     //A 道红灯,B 道黄灯
      }
}
void int0(void)interrupt 0              //外部中断 0 中断函数
{
  unsigned char led_save;
  led_save=LED;                         //保护现场
  LED=0xF6;                             //紧急情况下,A、B 通道均禁止
  delay(200);                           //延时 20s
  LED=led_save;                         //恢复现场
}
void int1(void)interrupt 2              //外部中断 1 触发
{
  unsigned char led_save;
  led_save=LED;                         //保护现场
  if(KEY1==1)                           //A 道有车吗
  {
    LED=0xf3;                           //A 绿灯,B 红灯
    delay(50);
  }
  else if(KEY2==1)                      //B 道有车吗
  {
    LED=0xde;
    delay(50);
  }
  LED=led_save;                         //恢复现场
}
void time0(void) interrupt 1
{
  TH0=0x3C;
  TL0=0xB0;                             //重新载入计数初值,定时 50ms
  num++;
```

```
    if(num= =20)                    //当num等于20时,计时达1s
    {
      time++;
      num=0;
    }
    if(time= =90)                   //当计时达到90s,time置零,开启下一个循环的计时
      time=0;
}
```

4. 任务完成步骤

（1）硬件接线 将各元器件按硬件接线图焊接到万用电路板上或实验装置中。

（2）编程并下载 将参考程序输入并下载到89C51单片机中。

（3）接通电源，运行程序观察效果。

实训任务12 用单片机定时器控制报警声系统

1. 任务目的

掌握单片机定时/计数器系统的构成及编程调试过程。

2. 任务内容

生活中常听到各种各样的报警声，例如“嘀、嘀…”就是常见的一种报警声，要求用AT89C51单片机产生形成这种“嘀、嘀…”报警声的控制信号，从P1.0口输出，嘀0.2s，然后断0.2s，如此循环下去。

用单片机定时器控制报警声系统汇编程序设计

3. 任务分析

假设嘀声的频率为1kHz，则报警声时序图如图5-15所示。

1kHz方波从P1.0输出0.2s，接着0.2s从P1.0输出电平信号，如此循环下去，就形成报警的声音了。

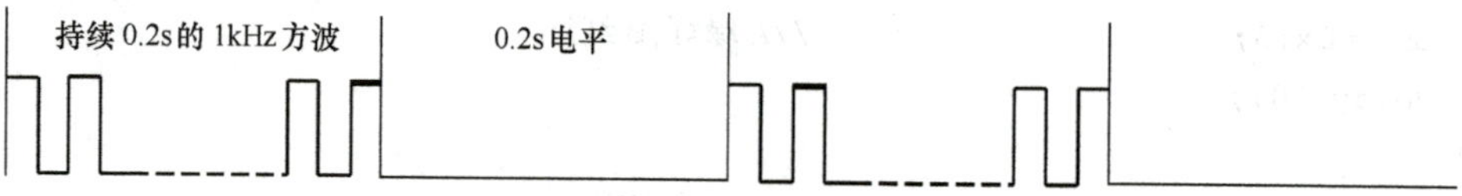

图5-15 报警声时序图

要产生上面的信号，可以将上面的信号分成两部分，一部分为1kHz方波，占用时间为0.2s；另一部分为电平，也是占用0.2s；因此，利用单片机的定时/计数器T0，可以定时0.2s；同时，也要用单片机产生1kHz的方波，对于1kHz的方波信号周期为1ms，高电平占用0.5ms，低电平占用0.5ms，因此也采用定时器T0来完成0.5ms的定时；最后，可以选定定时/计数器T0的定时时间为0.5ms，定时400次即可达到0.2s的定时时间。

电路原理图如图5-16所示。图中的LM386是一种音频功率放大集成电路芯片，广泛应用于录音机和收音机中。

主程序流程图如图5-17所示。

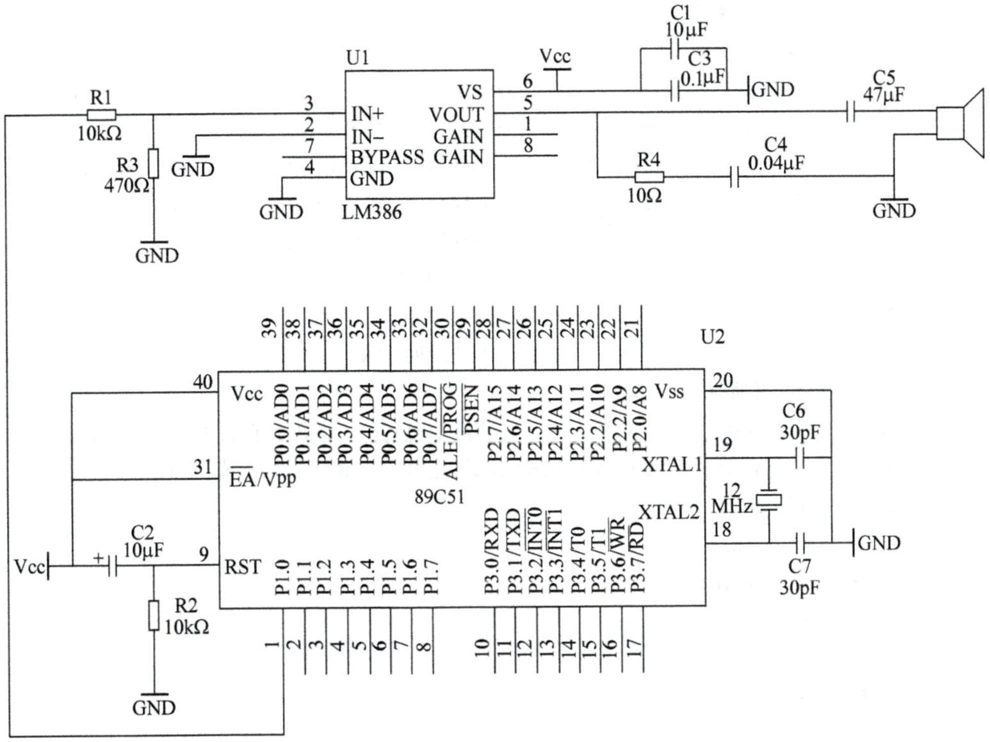

图 5-16　报警声电路原理图

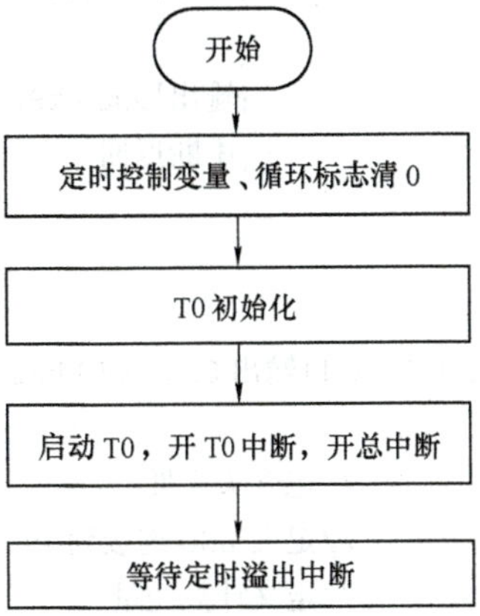

图 5-17　主程序流程图

1）汇编参考程序如下：

```
T02SA   EQU 30H        ;由 0.5ms 形成 0.2s 的控制次数 A
T02SB   EQU 31H        ;由 0.5ms 形成 0.2s 的控制次数 B
FLAG    BIT 00H        ;定义方波和电平一个大循环完成标志
ORG     0000H
LJMP    START
ORG     000BH
LJMP    INT_T0
```

```
START:  MOV     T02SA,#00H
        MOV     T02SB,#00H
        CLR     FLAG                        ;标志清 0
        MOV     TMOD,#01H                   ;设置 T0 工作在方式 1
        MOV     TH0,#(65536-500)/256        ;相除取整运算,T0 高字节赋初值,定时 0.5ms
        MOV     TL0,#(65536-500) MOD 256    ;取模运算,T0 低字节赋初值,定时 0.5ms
        SETB    TR0                         ;启动定时器 T0
        SETB    ET0                         ;开 T0 中断
        SETB    EA                          ;开总中断
        SJMP    $                           ;等待定时中断
        ;定时中断服务程序
INT_T0: MOV     TH0,#(65536-500)/256        ;相除取整运算 T0 高字节赋初值,定时 0.5ms
        MOV     TL0,#(65536-500) MOD 256    ;取模运算,T0 低字节赋初值,定时 0.5ms
        INC     T02SA
        MOV     A,T02SA
        CJNE    A,#100,NEXT
        INC     T02SB
        MOV     A,T02SB
        CJNE    A,#04H,NEXT
        MOV     T02SA,#00H
        MOV     T02SB,#00H
        CPL     FLAG                        ;标志位取反,即由 0 变为 1
NEXT:   JB      FLAG,DONE
        CPL     P1.0                        ;输出形成 1kHz 或 0.2s 的电平信号
DONE:   RETI                                ;中断返回
        END
```

2）C51 参考程序如下：

用单片机定时器控制报警声系统C51程序设计

```
/* 在 P1.0 口接蜂鸣器驱动电路,在 P1.0 口输出 0.2s 的 1kHz 脉冲波,0.2s 的低电
平,两者间隔输出* /
#include <reg51.h>                  //包含头文件
sbit LED = P1^0;                    //定义 LED 连接到 P1.0 口
int k = 0;                          //定义计数变量
void main( )                        //主函数
{   TMOD = 0x00;                    //选择定时器 T0 定时、工作在方式 0
    IE = 0x82;                      //打开总中断、打开定时器 T0 中断
    TH0 = 0xf0;                     //定时器赋初值,定时 0.5ms
    TL0 = 0x0b;
    TCON = 0x10;                    //启动定时器 T0
    while(1);
}
void t0(void)interrupt 1            //定时器 T0 中断函数
{
```

```
    TH0 =0xf0;//定时器赋初值
    TL0 =0x0b;
    k++;                        //每 0.5ms 计数值 k 加 1
    if(k<400)                   //当 k 的值在 0 ~400 区间时,P1.0 引脚输出 1kHz 的脉冲波
    {
      if(k% 2 = =0)
        LED = ~LED;
    }
    if(k> =400)                 //当 k 值在 400 ~800 区间时 P1.0 引脚输出低电平
      LED =1;
    if(k= =801)                 //当 k 值增加至 800 以上时,将 k =0
      k =0;
}
```

4. 任务完成步骤

1）将各元器件按硬件接线图焊接到万用电路板上或实验装置中。

2）将参考程序输入并下载到 89C51 单片机中。

3）接通电源，运行程序观察效果。

能力训练与提升

动手与动脑

1. 编程实现对外部脉冲计数，当计到 100 时，从 P1.1 引脚输出一个正跳变。

2. 依照实训任务 9、10、11、12 进行编程与调试，并尝试改变任务所提供代码的部分参数，不断调试，观察变化，学会中断与定时的控制原理和接口方法。

思考与练习

1. 什么是中断？单片机采用中断有什么好处？

2. T0 用作定时器，以方式 0 工作，定时 10ms，单片机晶振频率为 6MHz，请计算定时初值。

3. 单项选择题，从四个备选项中选择正确的选项。

（1）89C51 单片机的定时/计数器 1 用作定时方式时是____。

A）由内部时钟频率定时，一个时钟周期加 1　　B）由内部时钟频率定时，一个机器周期加 1

C）由外部时钟频率定时，一个时钟周期加 1　　D）由外部时钟频率定时，一个机器周期加 1

（2）89C51 单片机的定时/计数器 0 用作计数方式时是____。

A）由内部时钟频率定时，一个时钟周期加 1　　B）由内部时钟频率定时，一个机器周期加 1

C）由外部计数脉冲计数，下降沿加 1　　D）由外部计数脉冲计数，一个机器周期加 1

（3）89C51 单片机的定时/计数器 1 用作计数方式时计数脉冲是____。

A）外部计数脉冲由 T1（P3.5）输入　　B）外部计数脉冲由内部时钟频率提供

C）外部计数脉冲由 T0（P3.4）输入　　D）由外部计数脉冲计数

（4）89C51 单片机的机器周期为 2μs，其晶振频率 fosc 为____MHz。

A）1　　B）2　　C）6　　D）12

（5）89C51 单片机的定时/计数器 1 用作定时方式时，工作于方式 1，则初始化编程为____。

A）MOV TOMD，#01H　　B）MOV TOMD，#50H

C）MOV TOMD，#10H　　D）MOV TCON，#02H

（6）89C51 单片机的定时器若用软件启动，则应使 TOMD 中的____。

A）GATE 位置 1　　B）C/T 位置 1　　C）GATE 位置 0　　D）C/T 位置 0

（7）启动定时/计数器 1 开始定时的指令是____。

A）CLR TR0　　B）CLR TR 1　　C）SETB TR0　　D）SETB TR1

（8）使 89C51 单片机的定时/计数器 0 停止计数的指令是____。

A）CLR TR0　　B）CLR TR 1　　C）SETB TR0　　D）SETB TR1

（9）下列指令判断若定时/计数器 0 计满数就转 LP 的是____。

A）JB T0，LP　　B）JNB TF0，LP　　C）JNB TR0，LP　　D）JB TF0，LP

（10）下列指令判断若定时/计数器 0 未计满数就原地等待的是____。

A）JB T0，$　　B）JNB TF0，$　　C）JNB TR0，$　　D）JB TF0，$

（11）当 CPU 响应定时/计数器 1 的中断请求后，程序计数器 PC 的内容是____。

A）0003H　　B）000BH　　C）00013H　　D）001BH

（12）当 CPU 响应外部中断 0 的中断请求后，程序计数器 PC 的内容是____。

A）0003H　　B）000BH　　C）00013H　　D）001BH

（13）89C51 单片机在同一级别里除串行口外，级别最低的中断源是____。

A）外部中断 1　　B）定时/计数器 0　　C）定时/计数器 1　　D）串行口

（14）当外部中断 0 发出中断请求后，中断响应的条件是____。

A）SETB ET0　　B）SETB EX0　　C）MOV IE，#81H　　D）MOV IE，#61H

（15）当定时/计数器 0 发出中断请求后，中断响应的条件是____。

A）SETB ET0　　B）SETB EX0　　C）MOV IE，#82H　　D）MOV IE，#61H

（16）用定时/计数器 1 方式 1 计数时，要求每计满 10 次产生溢出标志，则 TH1、TL1 的初始值是____。

A）FFH、F6H　　B）F6H、F6H　　C）F0H 、F0H　　D）FFH、F0H

（17）89C51 单片机的 TMOD 用于控制 T1 和 T0 的工作方式，其中 $C/\overline{T}$ 表示的是____。

A）门控位　　B）工作方式控制位　　C）功能选择位　　D）启动位

（18）89C51 单片机定时/计数器 1 的溢出标志 TF1，若计满数产生溢出时不用中断方式而用查询方式，则应____。

A）由硬件清 0　　B）由软件清 0　　C）由软件置 1　　D）可不处理

（19）89C51 单片机串行口接收或发送完一帧数据时，将 SCON 中的____，向 CPU 申请中断。

A）RI 或 TI 置 1　　B）RI 或 TI 置 0　　C）RI 置 1 或 TI 置 0　　D）RI 置 0 或 TI 置 1

（20）执行中断处理程序最后一句指令 RETI 后，____。

A）程序返回到 ACALL 的下一句　　B）程序返回到 LCALL 的下一句

C）程序返回到主程序开始处　　D）程序返回到响应中断时一句的下一句

小贴士：

凡事都要脚踏实地去作，不驰于空想，不骛于虚声，而惟以求真的态度作踏实的工夫。以此态度求学，则真理可明，以此态度作事，则功业可就。

——李大钊

项目6 利用串行通信技术实现89C51双机通信

项目导语

串行通信是使用一条数据线将数据一位一位地依次传输，每位数据占据一个固定的时间长度。通过串行通信，只需要少数几条线就可以在系统间交换信息，特别适用于单片机与单片机、单片机与外设之间的远距离通信。

能力目标

◇ 理解串行通信基础知识。
◇ 理解常用的串行通信总线标准。
◇ 理解 89C51 单片机串行通信的基本原理。
◇ 能进行 89C51 单片机串行通信的简单应用。

思维导图

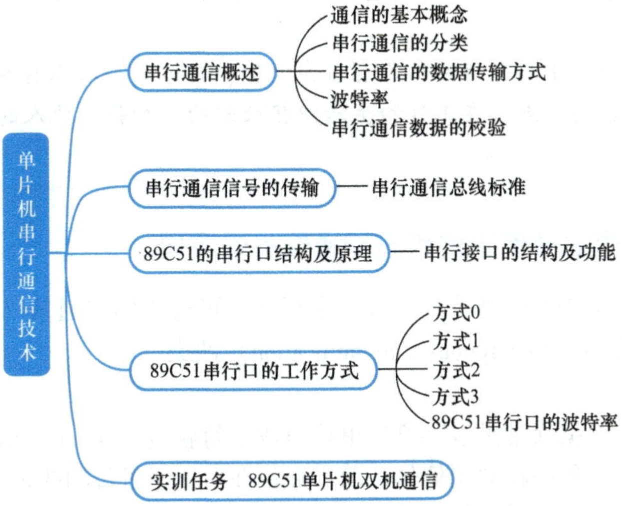

素质目标

◇ 理解设备间通信的重要性，培养学生积极沟通、善于交流的行为习惯。
◇ 培养规则意识，能理解设备通信过程中通信协议的重要性。
◇ 培养学生勤于思考、积极探索的创新精神，鼓励学生使用增加校验位的方法降低信息传输的误码率。
◇ 理解通信协议中校验和应答的重要性，培养学生工作严谨、一丝不苟的工匠精神。

学习任务6.1　认识串行通信

6.1.1　何为串行与并行通信

在计算机系统中，CPU 和外部设备有两种基本通信方式：并行通信和串行通信。并行通信是指数据的各位同时传送；串行通信是指数据一位一位地顺序传送。两种通信方式如图6-1所示。

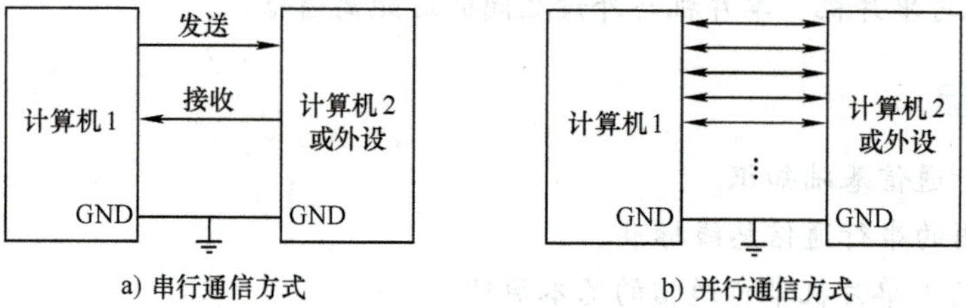

图6-1　串行与并行通信示意图

两种基本通信方式比较起来，串行通信能够节省传输线，特别是数据位数很多和远距离数据传送时，这一优点更为突出；串行通信方式的主要缺点是传送速度较慢。

※拓展链接：串行通信和并行通信各有自身优势，就像每个人都有优缺点一样，同学们应不断挖掘自己的优点，在工作和生活中扬长避短，加强与他人的合作交流，将工作做到更好。

6.1.2　串行通信中的异步通信和同步通信有何不同

按照串行数据传输中的时钟控制方式，串行通信可分为同步通信（Synchronous Communication）和异步通信（Asynchronous Communication）两类。

1. 异步通信

在异步通信中，数据通常是以字符为单位组成字符帧（Character Frame）传送的。字符帧由发送端逐帧发送，每一帧数据低位在前，高位在后，通过传输线被接收端逐帧接收。发送端和接收端由各自独立的时钟控制数据的发送和接收，两个时钟彼此独立，不必同步。

在异步通信中，接收端依靠字符帧的格式来判断发送端是何时开始发送及何时结束发送的。字符帧也称数据帧，由起始位、数据位、奇偶校验位和停止位四部分组成，如图6-2所示。两相邻字符帧之间可以没有空闲位，也可以有若干空闲位，这由用户决定。

（1）起始位　位于字符帧开头，只占1位，为逻辑0低电平，用于向接收端表示发送端即将开始发送一帧信息。

（2）数据位　紧跟起始位之后，用户根据情况可取5位、6位、7位或8位，低位在前，高位在后。

（3）奇偶校验位　位于数据位之后，占1位，用来表征串行通信中采用奇校验还是偶校验，这由用户决定。

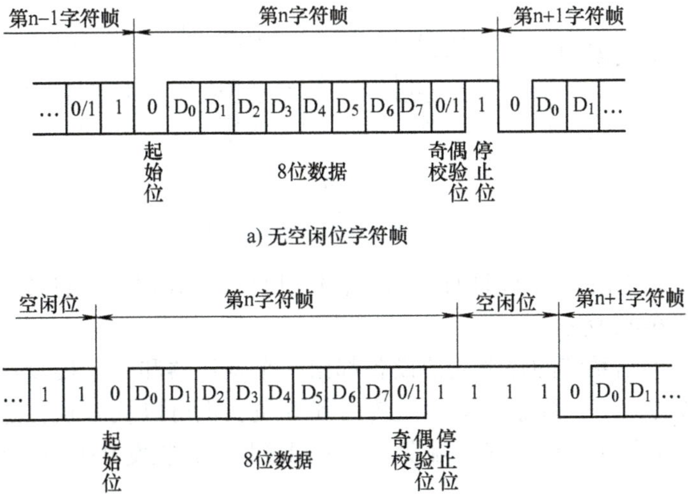

a) 无空闲位字符帧

b) 有空闲位字符帧

图 6-2　异步通信的字符帧格式

(4) 停止位　位于字符帧最后，为逻辑 1 高电平。通常可取 1 位、1.5 位或 2 位，用于向接收端表示一帧字符信息已经发送完，也为发送下一帧做准备。

2. 同步通信

同步通信是一种连续串行传送数据的通信方式，一次通信只传输一帧信息。同步通信字符帧和异步通信的字符帧不同，通常有若干个数据字符，由同步字符、数据字符和校验字符 CRC 三部分组成，如图 6-3 所示。同步字符可采用统一的标准格式，也可由用户约定。

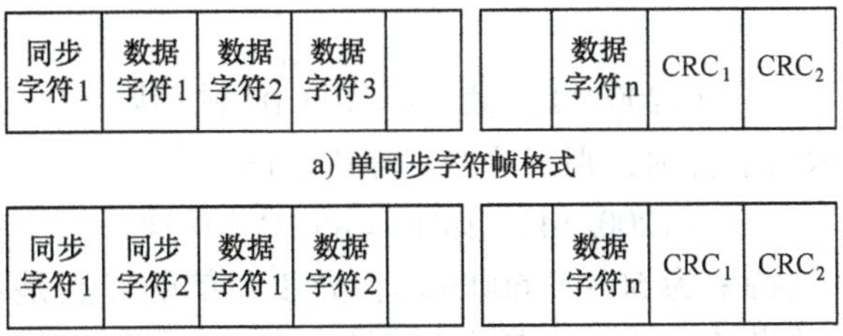

a) 单同步字符帧格式

b) 双同步字符帧格式

图 6-3　同步通信的字符帧格式

★**开发提示：** 为了使不同设备间可以更加方便地通信，通信的数据格式是人为协议规定好的，全球统一标准，在不同设备上只要都安装串行接口，便可进行串行口通信，我们只需学习使用，无需更改。

6.1.3　串行通信有何种数据传输方式

在串行通信中数据是在两个站之间进行传送的，按照数据传送方向，串行通信可分为单工（Simplex）、半双工（Half Duplex）和全双工（Full Duplex）三种数据传输方式，如图 6-4所示。

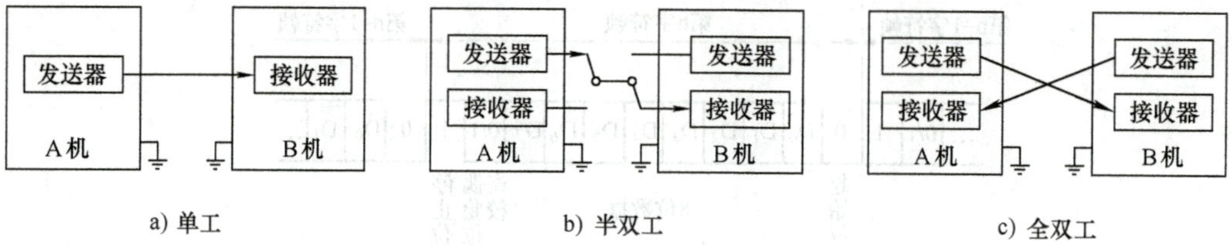

图 6-4 串行通信的三种数据传输方式

(1) 单工 通信系统的 A 机只有发送器，B 机只有接收器，信息数据只能单方向传送而不能反传，如图 6-4a 所示。

(2) 半双工 通信系统的每个通信设备都由一个发送器和一个接收器组成，如图 6-4b 所示。在这种传输方式下，数据能从 A 机传送到 B 机，也可以从 B 机传送到 A 机，但是不能同时在两个方向上传送，即只能一端发送，一端接收。其收发开关一般是由软件控制的电子开关。

(3) 全双工 通信系统的每端都有发送器和接收器，可以同时发送和接收，即数据可以在两个方向上同时传送，如图 6-4c 所示。

在实际应用中，多数情况只工作于半双工方式，此方式简单实用。

6.1.4 何为数据传输的波特率

波特率（Baud Rate）也称比特数，是每秒钟传送二进制数码的位数，表示数据传输的速度，波特率越高，数据传输速度越快。波特率单位为 bit/s，即位/秒。

波特率和字符的实际传输速率不同，字符的实际传输速率是每秒内所传的字符帧数，和字符帧格式有关。波特率为 1200bit/s 的异步通信，若采用图 6-2a 所示的字符帧，则字符的实际传输速率为

$$(1200/11)\ 帧/秒 = 109.09\ 帧/秒$$

若改用图 6-2b 所示的字符帧，则字符的实际传输速率为

$$(1200/14)\ 帧/秒 = 85.71\ 帧/秒$$

通常，异步通信的波特率为 50 ~ 9 600bit/s，异步通信的优点是不需要传送同步时钟，字符帧长度不受限制，故设备简单。缺点是字符帧中因包含起始位和停止位而降低了有效数据的传输速率。

同步通信的数据传输速率较高，通常可达 56 000bit/s 或更高，缺点是要求发送时钟和接收时钟必须保持严格同步。

6.1.5 串行通信数据如何校验

(1) 奇偶校验 奇偶校验的特点是按字符校验，即数据发送时，在每一个字符的最高位之后都附加一个奇偶校验位“1”或“0”，使被传送字符（包括奇偶校验位）中含“1”的位数都为偶数（偶校验）或都为奇数（奇校验）。

(2) 和校验 和校验是针对数据块的校验。发送端在发送数据块时，对块中的数据算术求和，然后将产生的单字节的算术和作为校验字符（和校验）附加到数据块的结尾传给接收端。

(3) 循环冗余码校验（CRC）　CRC检验是对一个数据块校验一次，它被广泛地应用于同步串行通信方式中，例如对ROM或RAM存储区的完整性的校验等。

学习任务6.2　串行通信采用何种总线标准

异步通信电路种类和型号很多，能完成异步通信的硬件电路称为UART（Universal Asynchronous Receiver/Transmitter）；能完成同步通信的硬件电路称为USRT（Universal Synchronous Receiver/Transmitter）；能完成同步及异步通信的硬件电路称为USART（Universal Synchronous Asynchronous Receiver/Transmitter）。

本质来说，所有串行接口电路都是以并行数据形式与CPU接口，以串行数据形式与外部逻辑接口。其基本功能都是从外部逻辑接收串行数据，转换成并行数据后传送给CPU，或从CPU接收并行数据，转换成串行数据后输出到外部逻辑。而在单片机应用系统中，数据通信主要采用异步串行通信。设计通信接口时，必须根据需要选择标准接口，采用标准接口后能方便地将单片机和外设、测量仪器等有机地连接起来，从而构成一个测控系统。

异步通信电路接口主要有三类：RS-232C接口；RS-449、RS-422和RS-485接口；20mA电流环路串行接口。下面主要介绍RS-232C接口、RS-485接口和20mA电流环路串行接口。

1. RS-232C接口

RS-232C是目前最常使用的串行接口总线标准，是由美国电子工业协会（Electronic Industries Association，EIA）1962年公布的一种异步串行通信总线标准，1969年最后修订而成。RS表示Recommended Standard，232是该标准的标识号，C表示最后一次修订。RS-232C串行接口总线适用于设备之间的通信距离不大于15m、传输速率最大为20kbit/s时的场合。

(1) RS-232C信息格式标准　RS-232C采用串行格式，如图6-5所示。该标准规定，信息的开始为起始位，信息的结束为停止位；信息本身可以是5、6、7或8位再加一位奇偶校验位。若第n个与第n+1个信息之间处于持续的逻辑“1”状态，则表示当前线路上没有信息传送。

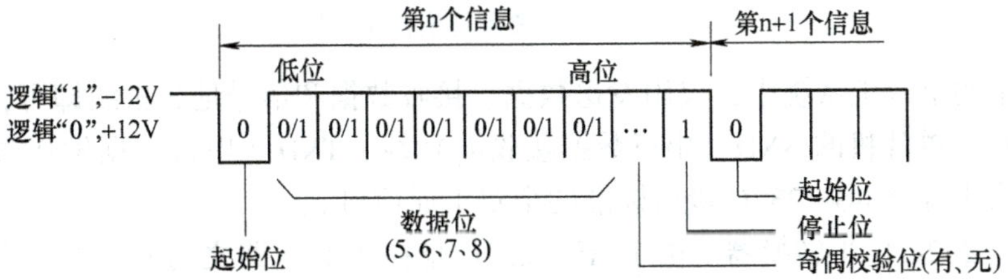

图6-5　RS-232C信息格式

(2) RS-232C信号接口　目前较为常用的RS-232C接口连接器有标准的D形25针插头（DB-25）和9针插头（DB-9）两种，RS-232C连接器外观如图6-6所示。

实际上DB-25中有许多引脚很少使用，在计算机与终端设备通信过程中一般只使用3～9根。RS-232C DB-9与DB-25常用信号引脚说明见表6-1。

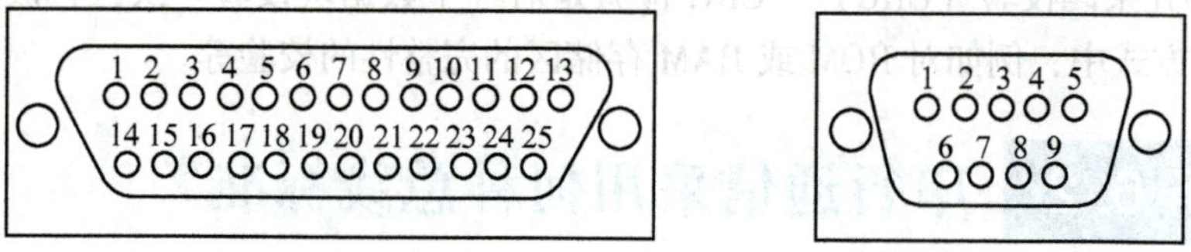

a) 25针插头口(DB-25)　　b) 9针插头口(DB-9)

图 6-6　RS-232C 连接器外观

表 6-1　RS-232C DB-9 与 DB-25 常用信号引脚说明

DB-9 引脚	DB-25 引脚	信号名称	符号	方向	功能
1	8	载波检测	DCD	本机←对方	本机接收到远程载波
2	3	接收数据	RXD	本机←对方	本机接收串行数据
3	2	发送数据	TXD	本机→对方	本机发送串行数据
4	20	数据准备就绪	DTR	本机→对方	本机准备就绪
5	7	信号地	SGND	—	信号公共地
6	6	数据准备就绪	DSR	本机←对方	对方准备就绪
7	4	发送请求	RTS	本机→对方	请求将线路切换到发送方式
8	5	允许发送	CTS	本机←对方	对方已切换到接收状态（清除发送）
9	22	振铃指示	RI	本机←对方	数据通信接通，通知本机，线路正常

在保证通信准确性的前提下，如果通信距离较近（小于 12m），则可以用电缆线直接连接，如图 6-7 所示；如果通信距离较远，则中间需附加调制解调器。

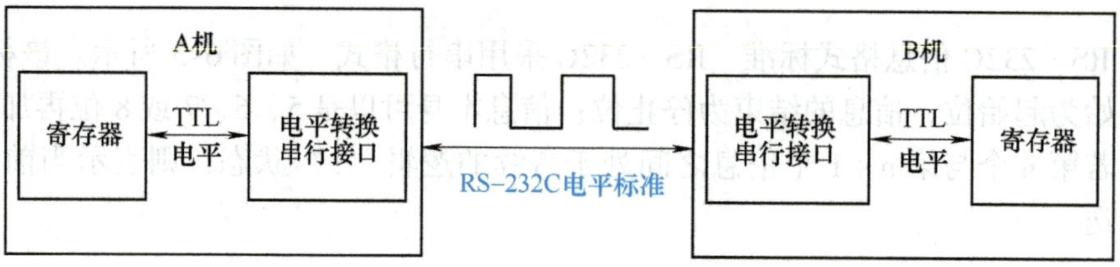

图 6-7　近距离串行通信示意图

在最简单的全双工系统中，仅用发送数据、接收数据和信号地 3 根线即可，如图 6-8 所示。利用 89C51 单片机的 RXD（串行数据接收端）线、TXD（串行数据发送端）线和一根地线，即可构成符合 RS-232C 接口标准的全双工通信口。

（3）RS-232C 电平转换器　由于 RS-232C 是在 TTL 电路之前研制的，所以其电平不是 +5V 和地，而是采用负逻辑，即：逻辑“0”对应 +3～+15V（通常取 +12V）；逻辑“1”对应 -3～-15V（通常取 -12V）。因此，RS-232C 不能和 TTL 电路直接相连，使用时必须进行电平转换，否则将使 TTL 电路烧坏。使用电平转换电路时，MAX232 芯片即可实现 RS-232C 与 TTL 电平之间的双向转换。MAX232 供电电压为单独的 +5V。89C51 单片机经 MAX232 与连接器的连接如图 6-9 所示。

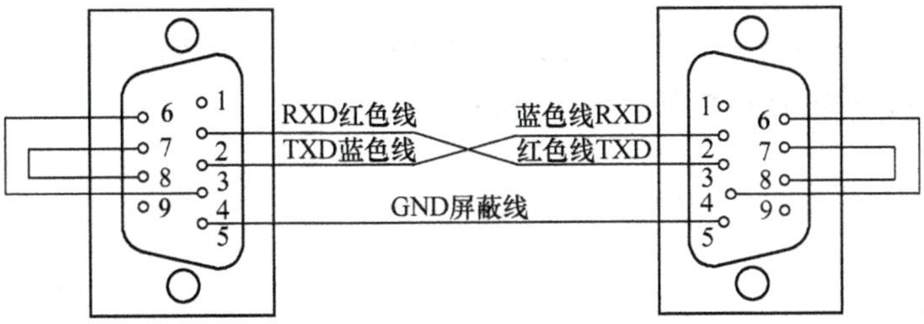

图 6-8　三线制接法

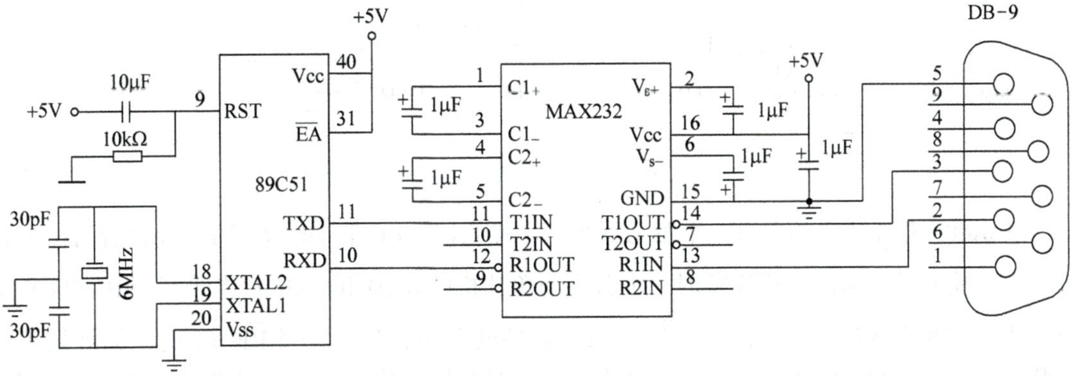

图 6-9　89C51 单片机经 MAX232 与连接器的连接

> ※拓展链接：在电子信息技术领域有非常多的标准，如接口标准、通信协议标准、产品质量标准等，标准化是行业生产管理、质量保证、促进贸易发展的重要手段。

2. RS－485 接口

RS－232C 虽然使用广泛，但其出现较早，在现代网络通信中已暴露出明显的不足，主要表现为：接口的信号电平值较高，易损坏接口电路芯片；必须经过电平转换电路方能与 TTL 电路相连；传输效率较低；对噪声的抗干扰性弱；传输距离有限。

针对 RS－232C 的不足，相继出现了一些新的接口技术，RS－485 就是其中之一，其以良好的抗噪声干扰性、长距离传输特性和多站能力等优点成为用户首选的串行接口。RS－485的优越性具体表现在以下几个方面。

1）逻辑“1”以两线间的电压差 +2～+6V 表示；逻辑“0”以两线间的电压差 -2～-6V 表示。接口信号电平比 RS－232C 降低了，接口电路不易损坏，且该电平与 TTL 电平兼容，可方便与 TTL 电路连接。

2）传输数据的速度较快，最高速率达到 10Mbit/s。传输距离可达 1200m。

3）接口允许在双绞线上同时连接 32 个负载（收发器），即具有多站能力。

4）采用平衡驱动器和差分接收器的组合，工作于半双工方式，抗共模干扰能力强，即抗噪声干扰性好。

5）所组成的半双工网络一般只需要两根连线，因此 RS－485 接口采用屏蔽双绞线传输，连接器采用 DB－9 的 9 芯插头座。

MAX485 接口芯片是 Maxim 公司生产的一种 RS－485 芯片，其采用单一＋5V 电源工作，额定电流为 300μA，采用半双工通信方式，具有将 TTL 电平转换为 RS－485 电平的功能。MAX485 电平转换芯片电路接线如图 6-10 所示。

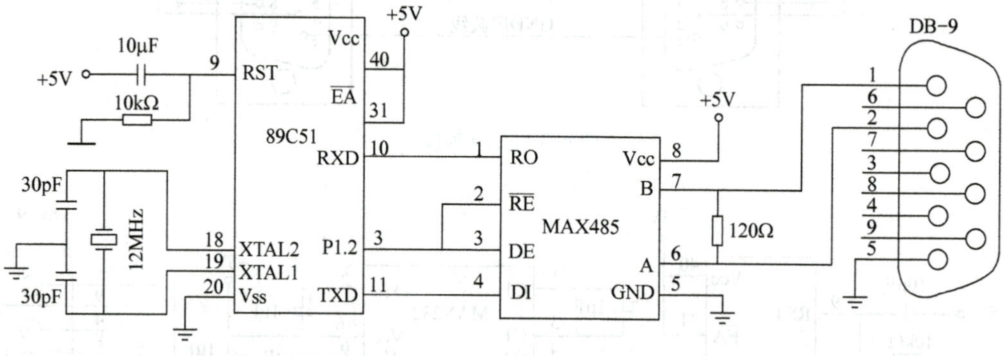

图 6-10　MAX485 电平转换芯片电路接线图

MAX485 芯片的内部含有一个驱动器和一个接收器。RO 和 DI 端分别为接收器的输出和驱动器的输入端，与单片机连接时只需分别与单片机的 RXD 和 TXD 相连即可；$\overline{RE}$ 和 DE 端分别为接收和发送的使能端，当 $\overline{RE}=0$ 时，器件处于接收状态；当 $\overline{RE}=1$ 时，器件处于发送状态，因为 MAX485 工作在半双工状态，所以只需用单片机的一个引脚控制这两个引脚即可；A 端和 B 端分别为接收和发送的差分信号端，当 A 引脚的电平高于 B 时，代表发送的数据为“1”；当 A 引脚的电平低于 B 时，代表发送的数据为“0”。常在 A 端和 B 端之间加匹配电阻，一般可选 120Ω 的电阻。

3. 20mA 电流环路串行接口

20mA 电流环也是目前串行通信中广泛使用的一种接口电路，如图 6-11 所示，它通过光电隔离的电流环发送和接收信息。在发送端，将 TTL 电平转换为环路电流信号，在接收端又转换成 TTL 电平。电流环串行通信接口的最大优点是低电阻传输线对电气噪声不敏感，而且易实现光电隔离，因此在长距离通信时要比 RS－232C 优越得多。

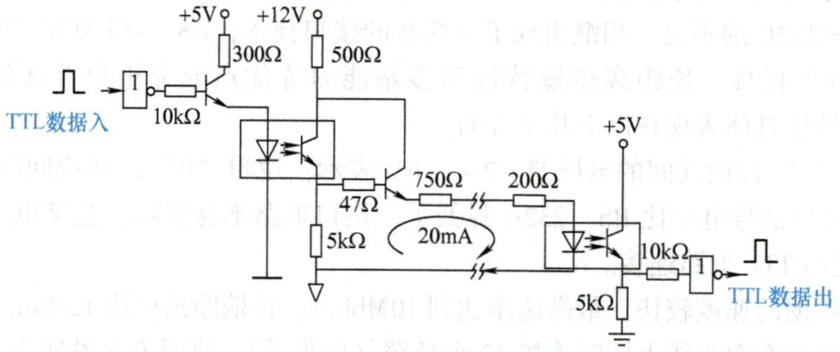

图 6-11　20mA 电流环接口电路

学习任务6.3 单片机的串行口有何种结构和工作特性

89C51单片机内部有1个可编程全双工串行通信接口，具有UART的全部功能，不仅可以同时进行数据的接收和发送，还可做同步移位寄存器使用，有四种工作方式，帧格式有8位、10位和11位，并能设置各种传输波特率。

89C51单片机串行口的结构框图如图6-12所示，主要由发送器、接收器和串行口控制寄存器组成。

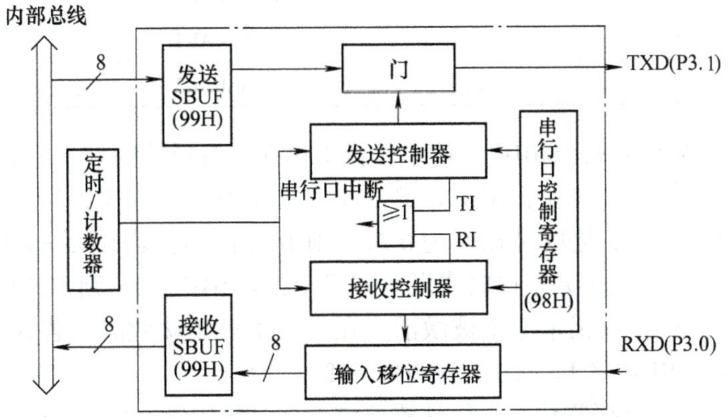

图6-12 89C51单片机串行口的结构框图

1. 发送器和接收器

发送器主要由发送缓冲寄存器SBUF和发送控制器组成。接收器主要由接收缓冲寄存器SBUF、输入移位寄存器和接收控制器组成。SBUF属于特殊功能寄存器，接收器和发送器二者共用一个字节地址（99H）。发送缓冲寄存器只能写入不能读出，接收缓冲寄存器只能读出不能写入。接收或发送数据分别通过串行口对外的两条信号线RXD（P3.0）、TXD（P3.1）实现，因此可以同时发送、接收数据，为全双工制式。

（1）发送数据 CPU由一条写发送缓冲寄存器的指令把数据（字符）写入串行口的发送缓冲寄存器SBUF（发）中，然后从TXD端一位位地向外发送，指令如下：

```
MOV   SBUF, A      ；累加器A中的内容送入发送缓冲寄存器
```

（2）接收数据 在发送数据的同时，接收端RXD也可以一位位地接收数据，直到收到一个完整的字符数据后通知CPU，再用一条指令把接收缓冲寄存器SBUF（收）的内容读入累加器，指令如下：

```
MOV   A, SBUF      ；将接收缓冲寄存器中的内容读入累加器A
```

可见，如果CPU工作在中断方式，则在整个串行收发过程CPU的操作时间很短，可大大提高效率。

2. 串行口控制寄存器

串行口控制寄存器SCON用于设置串行口的工作方式、监视串行口工作状态、发送与接收的状态控制等，是一个既可字节寻址又可位寻址的特殊功能寄存器，其格式见表6-2。

表 6-2 串行口控制寄存器 SCON 格式

名称（位地址）	9FH	9EH	9DH	9CH	9BH	9AH	99H	98H
SCON（98H）	SM0	SM1	SM2	REN	TB8	RB8	TI	RI

（1）SM0、SM1　串行方式选择位，定义见表 6-3。

表 6-3 串行方式选择

SM0	SM1	工作方式	功能	波特率
0	0	方式 0	8 位同步移位寄存器	$f_{osc}/12$
0	1	方式 1	10 位 UART	可变
1	0	方式 2	11 位 UART	$f_{osc}/64$ 或 $f_{osc}/32$
1	1	方式 3	11 位 UART	可变

采用指令“MOV SCON，#40H”，使单片机工作在串行通信的方式 1 下。

（2）SM2　多机通信控制位，用于方式 2 和方式 3 中。在方式 2 和方式 3 处于接收时，若 SM2 =1 且接收到的第 9 位数据 RB8 为 0 时，则不激活 RI；若 SM2 =1 且 RB8 =1 时，则置 RI =1。在方式 2、方式 3 处于接收或发送方式时，若 SM2 =0，则不论接收到第 9 位 RB8 为 0 还是为 1，TI、RI 都以正常方式被激活。在方式 1 处于接收时，若 SM2 =1，则只有收到有效的停止位后，RI 才置 1。在方式 0 中，SM2 应为 0。

（3）REN　允许串行接收位，由软件置位或清 0。当 REN =1 时，允许接收；当 REN = 0 时，禁止接收。使用位操作指令“SETB REN”，允许单片机接收。

（4）TB8　发送数据的第 9 位，在方式 2 和方式 3 中，由软件置位或复位，可做奇偶校验位。在多机通信中，可作为区别地址帧或数据帧的标识位，一般约定地址帧时 TB8 为 1，数据帧时 TB8 为 0。

（5）RB8　接收数据的第 9 位，功能同 TB8。

（6）TI　发送中断标志位。在方式 0 中，发送完 8 位数据后，由硬件置位；在其他方式中，在发送停止位之初由硬件置位。因此 TI 是发送完一帧数据的标志，可以用指令“JBC TI,rel”来查询是否发送结束。

（7）RI　接收中断标志位。在方式 0 中，接收完 8 位数据后，由硬件置位；在其他方式中，在接收停止位的中间由硬件置位。同 TI 一样，也可以通过“JBC RI，rel”来查询是否接收完一帧数据。当 RI =1 时，也可申请中断，响应中断后都必须由软件对 RI 清 0。

3. 电源及波特率选择寄存器 PCON

PCON 主要是为 CHMOS 型单片机的电源控制而设置的专用寄存器，不可位寻址，字节地址为 87H。在 HMOS 的 8051 单片机中，PCON 除了最高位 SMOD 与串行通信有关以外，其他位都是虚设的。PCON 格式见表 6-4。

表 6-4 PCON 格式

名称（位地址）	D7H	D6H	D5H	D4H	D3H	D2H	D1H	D0H
PCON（87H）	SMOD	/	/	/	GF1	GF0	PD	IDL

（1）SMOD　为波特率选择位，在方式 1、2 和 3 时，串行通信的波特率与 SMOD 有关。当 SMOD = 1 时，通信波特率乘 2；当 SMOD = 0 时，波特率不变。

（2）GF1、GF0　通用标志位，由软件置位、复位。

（3）PD　掉电方式控制位，若 PD = 1，则进入掉电方式。

（4）IDL　待机方式控制位，若 IDL = 1，则进入待机方式。

学习任务 6.4　89C51 单片机串行口有哪四种工作方式

MCS - 51 单片机的串行口有四种工作方式，通过 SCON 中的 SM1、SM0 位来决定，见表 6-3。

6.4.1　方式 0 的运用

运行串行口方式0

在方式 0 下，串行口作同步移位寄存器用，其波特率固定为 $f_{osc}/12$。串行数据从 RXD（P3.0）端输入或输出，同步移位脉冲由 TXD（P3.1）送出。这种方式常用于扩展 I/O 口。

1. 发送

当一个数据写入串行口发送缓冲寄存器 SBUF 时，串行口将 8 位数据以 $f_{osc}/12$ 的波特率从 RXD 引脚输出（低位在前），发送完置中断标志位 TI 为 1，请求中断。在再次发送数据之前，必须由软件清 TI 为 0。方式 0 用于扩展并行输出口电路，如图 6-13 所示，其中 74LS164 为串入并出移位寄存器。

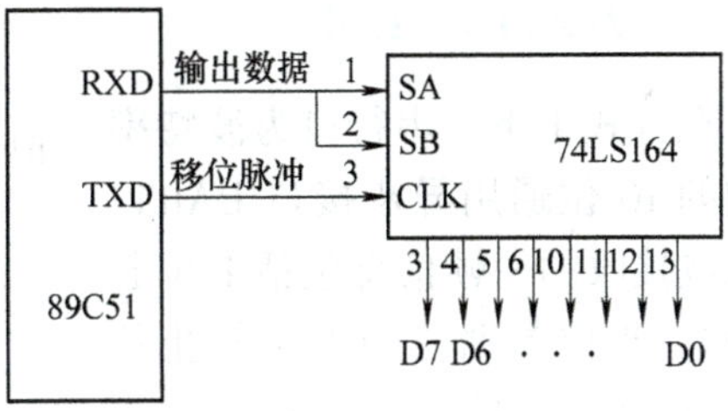

图 6-13　方式 0 用于扩展并行输出口电路

2. 接收

在满足 REN = 1 和 RI = 0 的条件下，串行口即开始从 RXD 端以 $f_{osc}/12$ 的波特率输入数据（低位在前），当接收完 8 位数据后，置中断标志位 RI 为 1，请求中断。在再次接收数据之前，必须由软件清 RI 为 0。

串行控制寄存器 SCON 中的 TB8 和 RB8 在方式 0 中未用。**值得注意的是**，每当发送或接收完 8 位数据后，硬件会自动置 TI 或 RI 为 1，CPU 响应 TI 或 RI 中断后，必须由用户用软件清 0。方式 0 时，SM2 必须为 0。

例 6-1　利用两片 74LS165 扩展两个 8 位并行输入端口，扩展电路如图 6-14 所示。

74LS165 是 8 位并行输入、串行输出移位寄存器，RXD 为串行输入引脚，与 74LS165 的串行输出端相连；TXD 为移位脉冲输出端，与所有 74LS165 芯片的移位脉冲输入端相连；用 1 根 I/O 线 P1.0 控制移位与置位。

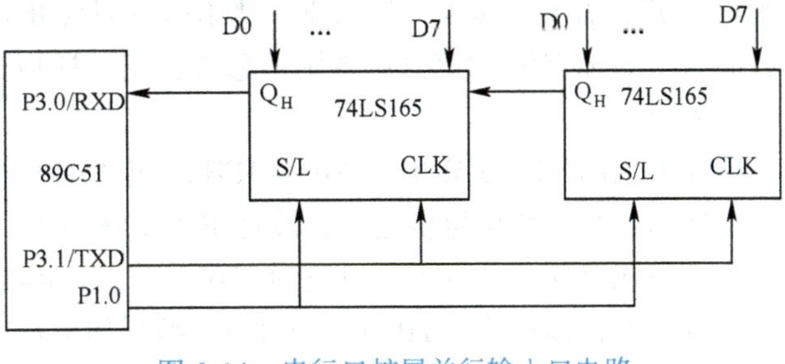

图 6-14　串行口扩展并行输入口电路

用两个 8 位并行口读入 20H 组

字节数据，并把它们转存到内部 RAM 数据区（首址为 30H）的程序清单如下：

```
        MOV  R7,#20H        ;设置字节组数
        MOV  R0,#30H        ;设置内部 RAM 数据区首地址
        SETB F0             ;设置读入字节奇偶数标志,第 1 个 8 位数为偶数
RCV0:   CLR  P1.0           ;74LS165 置入数据
        SETB P1.0           ;允许 74LS165 串行移位
RCV1:   MOV  SCON,#00H      ;串行口设为方式 0
 STP:   JNB  RI,STP         ;等待接收完
        CLR  RI
        MOV  A,SBUF         ;从串行口读入数据
        MOV  @ R0,A
        INC  R0             ;指向数据区下个地址
        CPL  F0             ;指向第奇数个 8 位数
        JB   F0,RCV2        ;读入第偶数个 8 位数后继续读第奇数个 8 位数,如读完第奇数个 8
                            位数转 RCV2
        DEC  R7             ;读完一组数
        SJMP RCV1           ;再读入第奇数个 8 位数
RCV2:   DJNZ R7,RCV0        ;20 组数未读完,重新并行置入
```

程序中用户标志位 F0 用来标志一组数的前 8 位与后 8 位。

6.4.2 方式 1 的运用

在方式 1 下，串行口为波特率可调的 10 位通用异步接口 UART。发送或接收的一帧信息包括 1 位起始位 0、8 位数据位和 1 位停止位 1，其帧格式如图 6-15 所示。

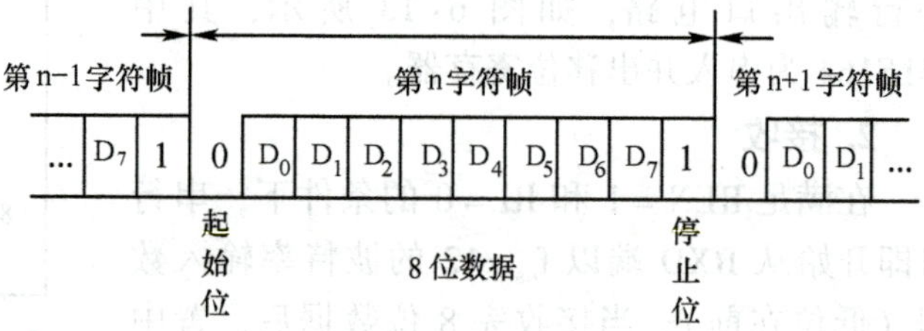

图 6-15 10 位的帧格式

1. 发送

发送时，数据从 TXD 输出，当数据写入发送缓冲寄存器 SBUF 后，启动发送器发送。当发送完一帧数据后，自动置中断标志位 TI 为 1。方式 1 所传送的波特率取决于定时/计数器 1 的溢出率和 PCON 中的 SMOD 位，将在后文讨论。

2. 接收

接收时，由 REN 置 1 允许接收，串行口采样 RXD，当采样为 1 到 0 的跳变时，确认是起始位“0”，就开始接收一帧数据。当 RI =0 且停止位为 1 或 SM2 =0 时，停止位进入 RB8 位，同时中断标志位 RI 置 1；否则信息将丢失。所以，方式 1 接收时，应先用软件清除 RI 或 SM2 标志。

例 6-2 由内部 RAM 单元 20H ~ 3FH 取出 ASCII 码数据，在最高位上加奇偶校验位后由串行口输出，采用 8 位异步通信，波特率为 1200bit/s，f_{osc} =11.059MHz。

为了完成该任务，将串行口置为方式 1；采用定时/计数器 1（T1），以方式 2 工作，作波特率发生器，预置值（TH1） =0E8H。编程如下：

(1) 主程序

```
        MOV   TMOD,#20H     ;设 T1 为方式 2
        MOV   TL1,#0E8H     ;装入时间常数
        MOV   TH1,#0E8H
        SETB TR1            ;启动定时/计数器 1
        MOV   SCON,#40H     ;设串行口为方式 1
        MOV   R0,#20H       ;发送数据首地址
        MOV   R7,#32        ;发送首个数据
LOOP:   MOV   A,@ R0        ;发送数据至累加器 A
        ACALL SPOUT         ;调发送子程序
        INC   R0            ;指向下一个地址
        DJNZ R7,LOOP
```

(2) 串行口发送子程序

```
SPOUT:  MOV   C,P           ;设置奇校验位
        CPL   C
        MOV   ACC.7,C
        MOV   SBUF,A        ;启动串行口发送
        JNB   TI,$          ;等待发送完
        CLR   TI            ;清 TI 标志,允许再发送
        RET
```

6.4.3　方式 2 的运用

方式 2 下，串行口为 11 位 UART，传送波特率与 SMOD 有关。发送或接收一帧数据包括 1 位起始位 0、8 位数据位、1 位可编程位（用于奇偶校验）和 1 位停止位 1，其帧格式如图 6-16 所示。

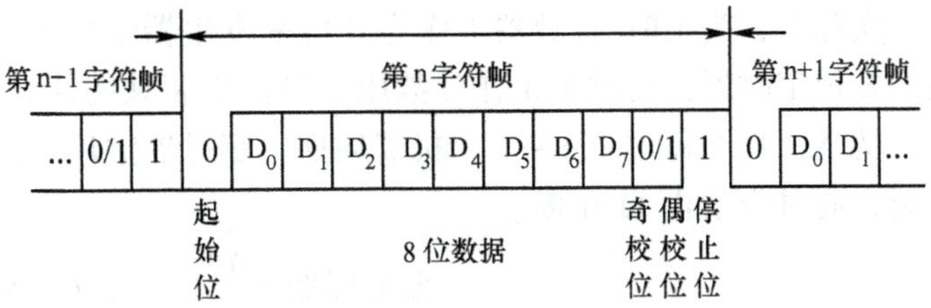

图 6-16　11 位的帧格式

1. 发送

发送时，先根据通信协议由软件设置 TB8，然后用指令将要发送的数据写入 SBUF，启动发送器。写 SBUF 的指令除了将 8 位数据送入 SBUF 外，同时还将 TB8 装入发送移位寄存器的第 9 位，并通知发送控制器进行一次发送。一帧信息即从 TXD 发送，在发送完一帧信息后，TI 被自动置 1，在发送下一帧信息之前，TI 必须由中断服务程序或查询程序清 0。

2. 接收

当 REN = 1 时，允许串行口接收数据。数据由 RXD 端输入，接收 11 位的信息。当接收器采样到 RXD 端的负跳变，并判断起始位有效后，开始接收一帧信息。

当接收器接收到第 9 位数据后，若同时满足 RI = 0 并且 SM2 = 0 或接收到的第 9 位数据为 1，则接收数据有效，8 位数据送入 SBUF，第 9 位送入 RB8，并置 RI = 1。若不满足上述

两个条件，则信息丢失。

6.4.4 方式3的运用

方式3为波特率可变的11位UART通信方式，除波特率外，方式3和方式2完全相同。

6.4.5 89C51单片机串行口的波特率如何设定

在串行通信中，收发双方对传送的数据速率即波特率要有一定的约定。

89C51单片机的串行口通过编程可以有四种工作方式，其中方式0和方式2的波特率是固定的，方式1和方式3的波特率可变，由定时/计数器1的溢出率决定。

1. 方式0和方式2

（1）方式0中　波特率为时钟频率的1/12，即$f_{osc}/12$，固定不变。

（2）方式2中　波特率取决于PCON中的SMOD值。

当SMOD=0时，波特率为$f_{osc}/64$。

当SMOD=1时，波特率为$f_{osc}/32$，即波特率$=\frac{2^{SMOD}}{64}\times f_{osc}$。

2. 方式1和方式3

在方式1和方式3下，波特率由定时/计数器1的溢出率和SMOD共同决定，即

$$波特率=\frac{2^{SMOD}}{32}\times T1溢出率$$

式中，T1溢出率取决于单片机定时/计数器1的计数速率和预置值。计数速率与寄存器TMOD中的$C/\overline{T}$位有关，当$C/\overline{T}=0$时，计数速率为$f_{osc}/12$；当$C/\overline{T}=1$时，计数速率为外部输入时钟频率。

实际上，当定时/计数器1作为波特率发生器使用时，通常工作在方式2，即自动重装载的8位定时器，此时TL1作计数用，自动重装载的值在TH1内。设计数的预置值（初始值）为X，那么每过256-X个机器周期，定时器溢出一次。为了避免溢出而产生不必要的中断，此时应禁止T1中断。

$$溢出周期=\frac{12}{f_{osc}}\times(256-X)$$

溢出率为溢出周期的倒数，则

$$波特率=\frac{2^{SMOD}}{32}\times\frac{f_{osc}}{12(256-X)}$$

表6-5列出了T1产生的常用波特率及获得办法。

表6-5 T1产生的常用波特率及获得方法

波特率/(bit/s)	f_{osc}/MHz	SMOD	T1		
			$C/\overline{T}$	模式	初始值
方式0——1×10^6	12	×	×	×	×
方式2——375×10^3	12	1	×	×	×
方式1、3——62.5×10^3	12	1	0	2	FFH

（续）

波特率/（bit/s）	f_{osc}/MHz	SMOD	T1		
			C/$\overline{T}$	模式	初始值
19.2×10^3	11.059	1	0	2	FDH
9.6×10^3	11.059	0	0	2	FDH
4.8×10^3	11.059	0	0	2	FAH
2.4×10^3	11.059	0	0	2	F4H
1.2×10^3	11.059	0	0	2	E8H
137.5×10^3	11.986	0	0	2	1DH
110	6	0	0	2	72H
110	12	0	0	1	FEEBH

例 6-3　分析下述程序的波特率。

```
MOV  TMOD,#20H
MOV  TL1,#0F4H
MOV  TH1,#0F4H
SETB TR1
```

若采用 11.059MHz 的晶振，分析 TMOD 的设置，对照表 6-5，可知串行通信的波特率应为 2400bit/s。

★**开发提示**：当在一个系统中同时使用串行口通信和定时/计数器时，用于生成串行口波特率的定时器不能再作为定时器或计数器使用。

实训任务 13　89C51 单片机双机通信

89C51单片机双机通信汇编程序设计

1. 任务目的

1）掌握 89C51 单片机串行口的应用。

2）学习串行口的编程方法。

3）掌握单片机全系统调试的过程及方法。

2. 任务内容

用两片 89C51 单片机组成通信系统进行数据的接收和发送。单片机 A 的 P1 口接拨动开关 S0～S7，由 CPU 将 P1 口的开关状态经由 TXD 传给单片机 B。单片机 B 将接收的数据输出至 P1 口，通过发光二极管以显示对应的数据。

3. 任务分析

（1）双机通信硬件电路接线图　接线图如图 6-17 所示。

（2）汇编参考程序

1）发送参考程序。

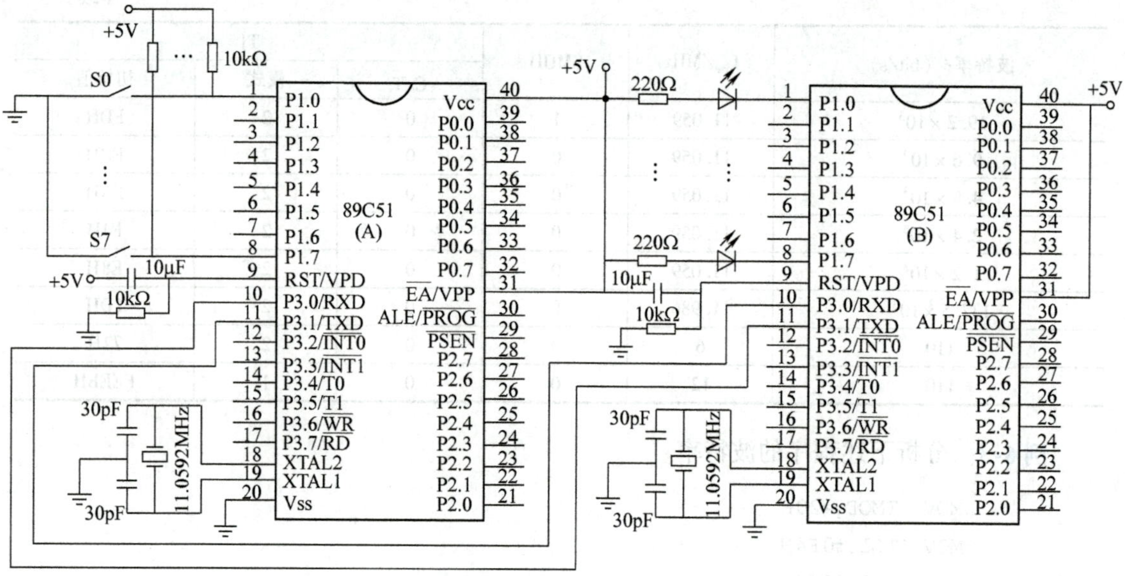

图 6-17 双机通信硬件电路接线图

```
        ORG  0000H
        AJMP MAIN
        ORG  0100H
MAIN:   MOV  SP,#60H
        MOV  SCON,#40H        ;串行口以方式 1 工作
        MOV  TMOD,#20H        ;T1 以方式 2 工作
        MOV  TH1,#0FDH        ;波特率 9600bit/s
        MOV  TL1,#0FDH
        SETB TR1
        MOV  P1,#0FFH
        MOV  30H,#0FFH        ;设拨码开关初始值
K0:     MOV  A,P1             ;读入拨码开关
        CJNE A,30H,K1         ;判断与前次是不是相同,不同则跳至 K1
        SJMP K0
K1:     MOV  30H,A            ;存入拨动开关新值
        MOV  SBUF,A           ;输入 SBUF 发送
WAIT:   JBC  TI,K0            ;是否发送完毕?
        SJMP WAIT
        END
```

2）接收参考程序。

```
        ORG  0000H
        AJMP MAIN
        ORG  0100H
MAIN:   MOV  SP,#60H
        MOV  SCON,#50H
```

```
        MOV  TMOD,#20H
        MOV  TH1,#0FDH
        MOV  TL1,#0FDH
        SETB TR1
        MOV  P1,#0FFH
  K0:   JB   RI,KK            ;是否接收到数据,有则跳至 KK
        SJMP K0
  KK:   MOV  A,SBUF           ;将接收到的数据保存到累加器
        MOV  P1,A             ;输出至 P1
        CLR  RI               ;清除 RI
        SJMP K0
        END
```

(3) C51 参考程序

89C51单片机双机通信C51程序设计

```
/*********************串行口发送程序********************/
#include <reg51.h>
#define KEY P1
unsigned char key;
/*************************主程序*********************/
void main(void)
{
  TMOD = 0x20;          //定时器 1 工作于方式 2
  SCON = 0x50;          //串行口工作于方式 1,允许接收
  TH1 = 0xfd;           //定时器初值波特率为 9600bit/s
  TL1 = TH1;
  PCON = 0x00;          //波特率不倍增
  EA = 1;               //打开总中断
  ES = 1;               //打开串行口中断
  TR1 = 1;              //启动定时器 1
  while(1)
  {
    if(TI = =1)         //判断串行口发送是否完毕
      TI =0;
    if(KEY! =0xff)      //判断 P1 口连接的按键是否有按键按下
    {
      key =P1;          //若有按键按下,则读取 P1 口数值并发送至串行口发送缓存器 SBUF
      SBUF =key;
    }
    else                //若没有按键按下,则往串行口发送 FF
    {
      SBUF =0xff;
    }
  }
}
```

```
/***********************串行口接收程序******************/
#include <reg51.h>
unsigned char a;
/************************主程序**********************/
void main(void)
{
    TMOD = 0x20;          //定时器1 工作于方式2
    SCON = 0x50;          //串行口工作于方式1,允许接收
    TH1 = 0xfd;           //定时器初值波特率为9600bit/s
    TL1 = TH1;
    PCON = 0x00;          //波特率不倍增
    EA = 1;               //打开总中断
    ES = 1;               //打开串行口中断
    TR1 = 1;              //启动定时器1
    while(1)
    {
      if(RI = =1)         //判断串行口数据是否接收完毕
        RI =0;
      a =SBUF;            //将串行口接收缓存器中的数据存储至变量a中
      P1 =a;              //将变量a的数值赋予P1口
    }
}
```

4. 任务完成步骤

（1）硬件接线　将各元器件按硬件接线图焊接到万用电路板上。

（2）编程并下载　将参考程序输入并下载到89C51单片机中。

（3）观察运行结果　将编程完成的89C51芯片插入到硬件电路板的CPU插座中，接通电源，观察发光二极管的亮灭。

5. 总结与提高

试用中断方式重新设计程序并验证。

能力训练与提升

动手与动脑

1. 编写一个子程序，将累加器A中的一个字符从串行口发送出去。
2. 编写一个子程序，从串行口接收一个字符。
3. 请编制串行通信的数据发送程序，发送内部RAM 50H～5FH的16B数据，串行口设定为方式2，采用偶校验方式。设晶振频率为6MHz。

思考与练习

1. 串行通信有几种基本通信方式？有什么区别？

2. 什么是串行通信的波特率？
3. 串行通信有哪几种传输方式？各有什么特点？
4. 简述 89C51 串行口控制寄存器 SCON 各位的定义。
5. 某异步通信接口中，其帧格式为 10 位，当接口每秒传送 1800 个字符时，计算其传送波特率。
6. 说明如何利用 89C51 串行口方式 0，将串行口扩展为并行口。

小贴士：

如果你希望成功，当以恒心为良友，以经验为参谋，以当心为兄弟，以希望为哨兵。

——爱因斯坦

项目7 扩展89C51单片机的系统接口

项目导语

走进自动化生产车间，会发现生产中的很多环节是通过单片机控制的，各种参数如温度、压力、流量、液位、转速和成分等进行采样（A－D转换）等，单片机迅速采集处理并发出各种控制命令。对于较小的系统如仪器、仪表、小型测控系统等，单片机不需扩展外围芯片，但当有大量的现场测试数据需要处理时，就需要外部扩展存储器；单片机系统常需连接键盘、显示器、打印机等外设，其中，键盘和显示器是使用最频繁的外设，它们是人机对话的一种基本方式，A－D和D－A转换器是计算机与外界联系的重要途径，此时I/O口通常需要扩充，以便和更多的外设进行联系。

能力目标

◇ 深刻理解单片机数据、地址和控制总线的构成。
◇ 理解片外扩展存储器、扩展芯片的方法及地址的确定方法。
◇ 熟练扩展简单的并行I/O，能利用可编程芯片8255及8155进行扩展并行I/O。
◇ 掌握独立键盘、理解矩阵键盘接口及编程技术，掌握数码管显示接口的应用。
◇ 能进行简单的A－D与D－A转换应用。
◇ 能完成简单的高电压大电流设备的单片机控制。

思维导图

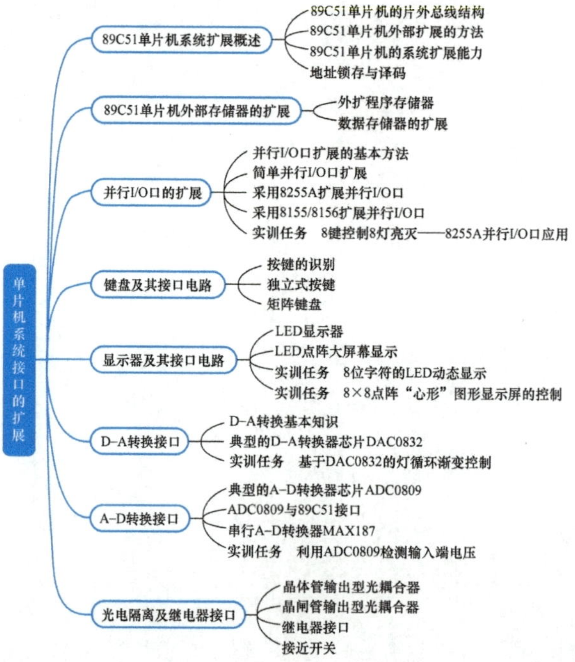

素质目标

◇ 能编程实现多位数码管数字显示建党、建国等纪念日时间信息，培养学生铭记历史、牢记使命的爱国主义精神。
◇ 能编程实现 LED 点阵屏显示爱心、字符等图形信息，培养学生爱生活、爱祖国、爱家人的乐观向上的情操。
◇ 能根据项目要求恰当选择 I/O 口扩展方法，培养学生的质量意识、成本意识和工匠精神。
◇ 鼓励学生拓展项目功能，提高项目产品的性能，培养学生积极探索的创新精神。

学习任务 7.1　扩展 89C51 单片机系统外部设备

7.1.1　扩展 89C51 单片机的片外总线

当系统要求扩展时，为了便于与各种芯片相连接，应把单片机外部连线变为一般微机所具有的三总线结构形式，即地址总线（AB）、数据总线（DB）和控制总线（CB）。89C51 单片机的片外引脚可构成如图 7-1 所示的三总线结构，所有外围芯片都将通过此三总线进行扩展。

★**开发提示：**89C51 单片机内部集成了计算机的基本部分，只要在外围接上复位及晶振电路就可构成最小应用系统。一般来说，对于较小的系统如仪器、仪表、小型测控系统等，最小应用系统就能满足需要，不需要扩展外围芯片。但随着单片机应用范围的扩大，例如程序存储器的容量需求增大，有大量的现场测试数据需要存储，就需要在外部扩展程序存储器和数据存储器，此外还需要扩展 I/O 口。

1. 数据总线 DB

数据总线由 P0 口提供，宽度为 8 位。P0 口是三态双向口，是应用系统中使用最频繁的通道，单片机与外部交换的所有信息，几乎都通过 P0 口传送。

片外多个扩展芯片的数据线采用并联方式连接在数据总线上，而在某一时刻只有端口地址与单片机发出的地址相符的芯片才能与单片机进行通信。

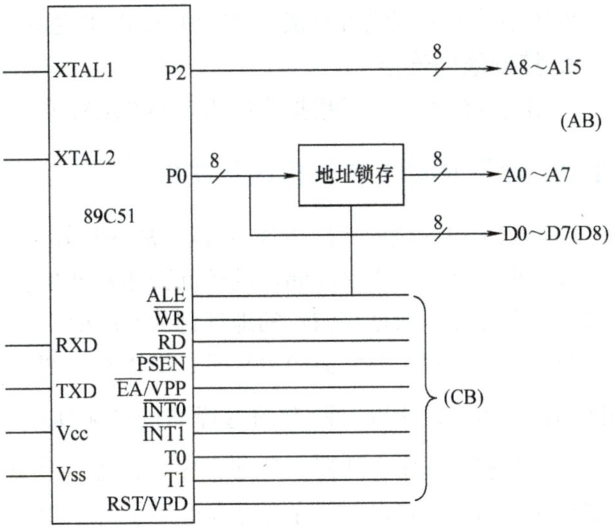

图 7-1　89C51 单片机的片外三总线结构

2. 地址总线 AB

地址总线的宽度为 16 位，故可寻址范围为 2^{16}B = 64KB。地址总线的低8位A0～A7由P0口经地址锁存器提供，P2口直接提供地址总线的高8位A8～A15。

P0口、P2口在系统扩展中用作地址线后，便不能再作为一般I/O口使用。

3. 控制总线CB

控制总线包括片外系统扩展用控制线和片外信号对单片机的控制线。系统扩展用控制线有$\overline{WR}$、$\overline{RD}$、$\overline{PSEN}$、ALE、$\overline{EA}$，功能如下：

（1）$\overline{WR}$、$\overline{RD}$　分别用于外部数据存储器的读、写控制。当执行外部数据存储器操作指令MOVX时，这两个信号分别在读、写操作时自动生成。

（2）$\overline{PSEN}$　用于外部程序存储器的读控制。执行外部程序存储器读操作指令（查表指令）MOVC时（且$\overline{EA}=0$），该信号自动生成。

（3）ALE　用于输出锁存P0口输出的低8位地址的控制信号。通常ALE在P0口输出地址期间，用下降沿控制锁存器对地址进行锁存，该信号自动生成。

（4）$\overline{EA}$　用于选择单片机的内部或外部程序存储器。当$\overline{EA}=0$时，只访问外部程序存储器，当$\overline{EA}=1$时，优先访问内部程序存储器，并可自动延至外部存储器。

除以上扩展用控制线外，还有外部中断控制输入端$\overline{INT0}$（P3.2）、$\overline{INT1}$（P3.3）以及内部计数器计数输入端T0（P3.4）、T1（P3.5）。

7.1.2　连接89C51单片机外部三总线

各种外围接口电路与单片机相连都是利用三总线实现。

1. 地址线的连接

通常将外围芯片的低8位地址线经锁存器与89C51单片机的P0口相连，高8位地址线与P2口直接相连。外围芯片地址线不足16位则按从低至高的顺序与P0、P2口的各位依次连接。

2. 数据线的连接

外围芯片的数据线可直接与89C51的P0口连接。

3. 控制线的连接

外围芯片的控制线可根据实际需要与89C51单片机的部分控制线灵活相连。

7.1.3　计算89C51单片机的外扩能力

因89C51单片机的地址线为16位，故在片外可扩展的存储器的最大容量为64KB。由于对外部数据存储器和程序存储器的访问使用不同的指令及控制信号，故允许两者地址重合。外部程序存储器、数据存储器的地址都为0000H～FFFFH。

对于有内部程序存储器的单片机，由于对内部程序存储器与外部程序存储器的访问使用相同的操作指令，所以对两者的选择靠硬件来实现。当$\overline{EA}=0$时，选择外部程序存储器，即无论内部有无程序存储器，外部程序存储器的地址可从0000H开始。当$\overline{EA}=1$时，选择内部程序存储器，若内部程序存储器的容量为4KB，则其地址为0000H～0FFFH，外部程序存储器的地址只能从1000H开始。

为满足应用系统的需要而扩展的I/O口、A－D转换口、D－A转换口及定时/计数器，均是与外部数据存储器统一编址的，即通常把64KB的外部数据存储器空间的一部分作为扩展I/O口的地址空间，每一个I/O口相当于一个数据存储单元，CPU如同访问外部数据存储单元一样通过MOVX指令访问扩展I/O口，对其进行读/写操作。

7.1.4　连接地址锁存器

1. 地址锁存

单片机扩展外部存储器时，地址线是由P0和P2口提供的，但P0口同时分时用作数据线，因此当CPU访问外部存储单元时，先从P0口输出低8位地址，从P2口输出高8位地址，选择对应单元，然后利用P0口进行读写，所以应通过锁存器将P0口首先输出的低8位地址锁存保持，才不致导致P0口使用上的冲突。单片机的ALE引脚专门用来发出锁存命令，P0口低8位地址信号在ALE下降沿送入锁存器锁存。

地址锁存器通常使用芯片74LS373，其是带有三态门的、双列直插20引脚的8位锁存器，74LS373引脚、结构及功能如图7-2所示。

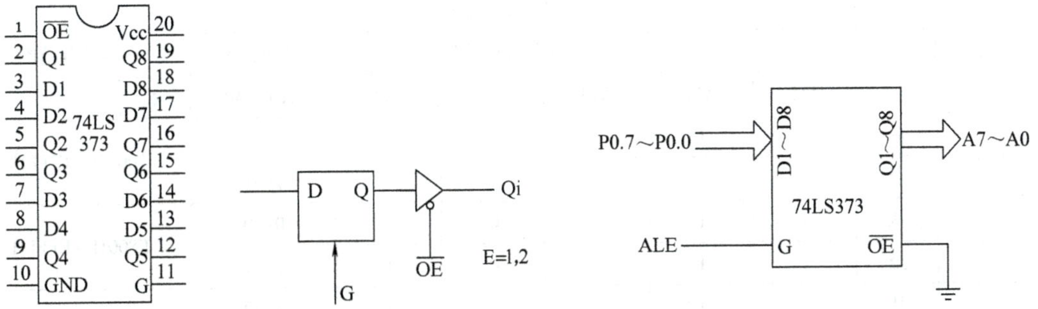

a) 74LS373引脚　b) 74LS373结构(其中一位)　c) 74LS373用作锁存器

图7-2　74LS373引脚、结构及功能

74LS373的逻辑功能见表7-1。

表7-1　74LS373的逻辑功能表

$\overline{OE}$	G	功能
0	1	透明（Qi＝Di）
0	0	保持（Qi保持不变）
1	×	输出高阻

各引脚符号和功能如下：

（1）D7～D0　三态门输入端。

（2）Q7～Q0　三态门输出端。

（3）GND　接地端。

（4）Vcc　电源端。

（5）$\overline{OE}$　三态门使能端。当$\overline{OE}$＝0时，三态门输出标准TTL电平；$\overline{OE}$＝1时，三态门输出高阻态。

(6) G 锁存器控制端。当 G = 1 时，锁存器处于透明工作状态，锁存器的输出状态随数据输入端的变化而变化，即 Qi = Di (i = 0，1，2，…7)；当 G 端由 1 变为 0 时，输出端 Qi 数据即被锁存起来，不再随输入端的变化而变化，一直保持锁存前的值不变。G 端可直接与单片机的锁存控制信号端 ALE 相连，74LS373 在 ALE 的下降沿进行地址锁存。

2. 地址译码

外围芯片的片选信号也接至地址总线，常有三种接法。

(1) 线选法 将外围芯片的片选信号接至剩余高位地址线。适用于外围芯片数量少的情况，接法简单。线选法扩展三片芯片的实例如图 7-3 所示，假设无关位为 1 (也可为 0)，各芯片地址确定见表 7-2。

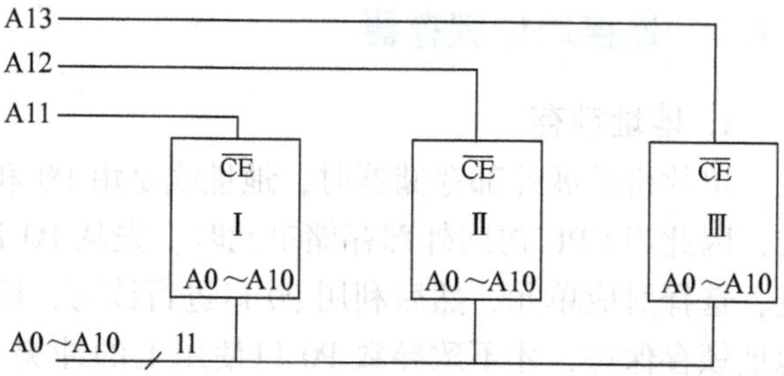

图 7-3 线选法扩展三片芯片

表 7-2 线选法扩展三片芯片地址确定

芯片		二进制地址范围						十六进制范围
		无关位		片外片选地址线			片内地址线	
		A15	A14	A13	A12	A11	A10 ~ A0	
芯片Ⅰ	从	1	1	1	1	0	0…0	F000H ~ F7FFH
	至	1	1	1	1	0	1…1	
芯片Ⅱ	从	1	1	1	0	1	0…0	E800H ~ EFFFH
	至	1	1	1	0	1	1…1	
芯片Ⅲ	从	1	1	0	1	1	0…0	D800H ~ DFFFH
	至	1	1	0	1	1	1…1	

(2) 接地法 将外围芯片的片选信号直接接地，此时外围芯片一直处于激活状态，只适用于个别片选信号或只扩展一片芯片的情况。

(3) 译码法 首先将 89C51 剩余高位地址线经译码器译码后输出，然后用译码器输出信号来选通相应外围芯片的片选信号，适用于外围芯片数量较多的情况，但需要增加译码器。

常用的译码器有 74LS138 (3 – 8 译码器)、74LS139 (双 2 – 4 译码器)、74LS154 (4 – 16 译码器) 等。74LS138 是 3 位选择输入线，8 位译码输出线，所以最多能接 8 个芯片的片选端。74LS138 逻辑真值表见表 7-3。

表 7-3 74LS138 逻辑真值表

	输入					输出							
	G1	$\overline{G2A}+\overline{G2B}$	C	B	A	$\overline{Y0}$	$\overline{Y1}$	$\overline{Y2}$	$\overline{Y3}$	$\overline{Y4}$	$\overline{Y5}$	$\overline{Y6}$	$\overline{Y7}$
非正常	0	×	×	×	×	1	1	1	1	1	1	1	1
	×	1	×	×	×	1	1	1	1	1	1	1	1

（续）

	输入					输出							
	G1	$\overline{G2A}+\overline{G2B}$	C	B	A	$\overline{Y0}$	$\overline{Y1}$	$\overline{Y2}$	$\overline{Y3}$	$\overline{Y4}$	$\overline{Y5}$	$\overline{Y6}$	$\overline{Y7}$
正常	1	0	0	0	0	0	1	1	1	1	1	1	1
	1	0	0	0	1	1	0	1	1	1	1	1	1
	1	0	0	1	0	1	1	0	1	1	1	1	1
	1	0	0	1	1	1	1	1	0	1	1	1	1
	1	0	1	0	0	1	1	1	1	0	1	1	1
	1	0	1	0	1	1	1	1	1	1	0	1	1
	1	0	1	1	0	1	1	1	1	1	1	0	1
	1	0	1	1	1	1	1	1	1	1	1	1	0

74LS138译码器及译码法扩展三片芯片实例如图7-4所示，对于图7-4b所连接芯片，假如无关位为1，则地址确定见表7-4。

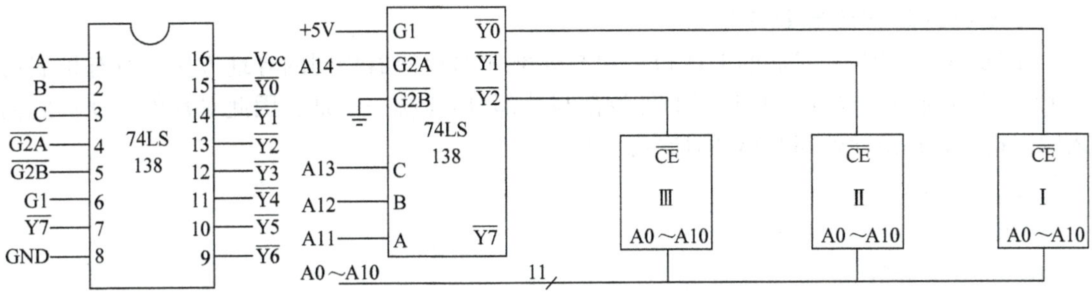

a) 74LS138引脚图　　b) 地址译码法扩展三片芯片

图7-4　74LS138译码器及译码法扩展三片芯片

表7-4　74LS138译码芯片地址确定

芯片		二进制地址范围						十六进制范围
		无关位	片外译码地址线				片内地址线	
		A15	A14	A13	A12	A11	A10～A0	
芯片Ⅰ	从	1	0	0	0	0	0…0	8000H～87FFH
	至	1	0	0	0	0	1…1	
芯片Ⅱ	从	1	0	0	0	1	0…0	8800H～8FFFH
	至	1	0	0	0	1	1…1	
芯片Ⅲ	从	1	0	0	1	0	0…0	9000H～97FFH
	至	1	0	0	1	0	1…1	

学习任务7.2　扩展89C51单片机外部存储器

当单片机组成一个比较大的应用系统时，内部程序存储器和数据存储器的容量可能不够用，或片内无程序存储器，这时就需要扩展外部存储器，扩展的容量应根据系统的需要而定。

由于现今的单片机存储器容量均较大，实际应用中需要扩展的情况不多，但是通过学习扩展存储器可很大程度上提升扩展系统接口的技术水平。

学习任务7.3 扩展并行I/O口

7.3.1 并行I/O口扩展采用何种方法

89C51单片机内部有四个双向的并行I/O口P0～P3，在无外部存储器扩展时，四个端口都可作为准双向的通用I/O口使用。但片外扩展存储器时，P0口分时作为低8位地址线和数据线，P2口作为高8位地址线，将导致P0口和部分或全部的P2口无法再用作通用I/O口。P3口具有第二功能，在应用系统中也常被使用。在大多数的应用系统中，真正能够提供给用户使用的只有P1口和部分P2口、P3口，因此I/O口通常需要扩充，以便和更多的外设（例如显示器、键盘）进行联系。

1. I/O编址方法与I/O指令

在89C51单片机中扩展的I/O口采用与外部数据存储器相同的寻址方法，所有扩展的I/O口，以及通过扩展I/O口连接的外设都与外部RAM统一编址，因此对片外I/O口的输入输出指令就是访问外部RAM的指令，即：

```
MOVX  @ DPTR,A
MOVX  @ Ri,A
MOVX  A,@ DPTR
MOVX  A,@ Ri
```

2. 扩展方法

扩展I/O口的方法主要有如下两种。

1）利用数据缓冲器或数据锁存器构成简单的并行I/O口，如74LS244、74LS373、74LS273和74LS377等。

2）利用可编程的专用芯片扩展I/O口，如8255或8155，所谓可编程，是指利用编程的方法可以使一个接口芯片执行不同的功能。

> ★**开发提示：**51单片机的I/O引脚是控制外设的重要接口，然而其只有32位I/O引脚，为了预留出更多的I/O引脚用于扩展系统功能，因此使用芯片进行I/O口扩展非常有必要。

7.3.2 扩展简单并行I/O口

简单并行I/O口扩展具有电路简单、成本低和配置灵活的特点，通常采用TTL或CMOS电路锁存器、三态门等作为扩展芯片，通过P0口来实现扩展的一种方案。采用74LS244作为扩展输入、74LS273作为扩展输出的简单I/O口扩展电路如图7-5所示。

1. 芯片及连线说明

上述电路采用的芯片为TTL电路74LS244和74LS273。其中74LS244为8缓冲线驱动器

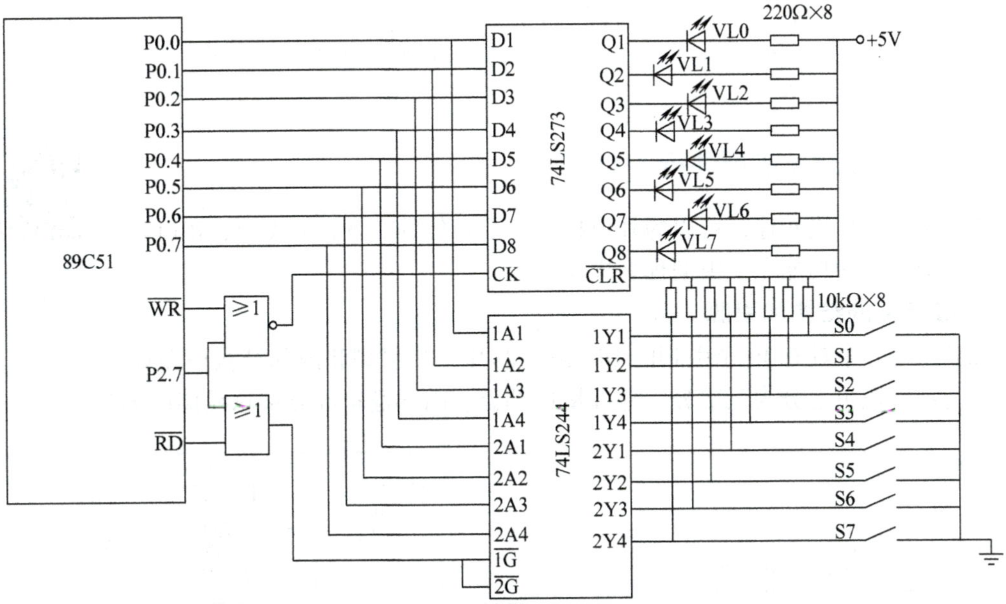

图 7-5　简单 I/O 扩展电路

（三态输出），$\overline{1G}$、$\overline{2G}$为低电平有效的使能端，当二者之一为高电平时，输出为三态。74LS273 为 8D 触发器，$\overline{CLR}$为低电平有效的清除端，当$\overline{CLR}=0$时，输出全为 0 且与其他输入端无关；CK 端是时钟信号，当 CK 由低电平向高电平跳变的时刻，由输入端 D 输入的数据传送到输出端 Q。

P0 口作为双向 8 位数据线，既能够从 74LS244 输入数据，又能够从 74LS273 输出数据。

1）输入控制信号由 P2.7 和$\overline{RD}$相“或”后形成，当二者都为 0 时，74LS244 的控制端$\overline{G}$有效，选通 74LS244，外部的信息输入到 P0 口线上。当与 74LS244 相连的开关都没有闭合时，输入全为 1，若某开关闭合，则所在线对应位输入为 0。

2）输出控制信号由 P2.7 和$\overline{WR}$相“或非”后形成。当二者都为 0 后，输出正脉冲，负脉冲上升沿时刻，74LS273 的控制端有效，选通 74LS273，P0 口上的数据锁存到 74LS273 的输出端，控制发光二极管，当某线输出为 0 时，相应的发光二极管发光。

2. I/O 口地址的确定

因为 74LS244 和 74LS273 都是在 P2.7 为 0 时被选通的，如果无关位都为 1，则二者的端口地址都为 7FFFH（此地址不是唯一的，只要保证 P2.7 = 0，其他地址位无关）。但由于分别由$\overline{RD}$和$\overline{WR}$控制，两个信号不可能同时为 0（执行输入指令如“MOVX　A，@DPTR”或“MOVX　A，@Ri”时，$\overline{RD}$有效；执行输出指令如“MOVX　@DPTR，A”或“MOVX　@Ri，A”时，$\overline{WR}$有效），所以逻辑上二者不会发生冲突。如果系统还有其他扩展接口电路，应考虑将其地址空间区分开来，以防止地址重叠。

3. 编程应用

下述程序实现的功能是任意开关闭合，对应的发光二极管发光。

```
CONT: MOV     DPTR,#7FFFH      ;数据指针指向口地址
      MOVX    A,@ DPTR         ;检测开关状态,从 74LS244 读入数据
      MOVX    @ DPTR,A         ;向 74LS273 输出数据,驱动发光二极管
      SJMP    CONT             ;循环
```

7.3.3 采用8255A扩展并行I/O口

采用8255A扩展并行IO口

8255A和单片机相连，可以为外设提供三个8位的I/O口：A口、B口和C口，三个端口的功能完全由编程来决定。

1. 8255A的结构和引脚

8255A是一个具有40个引脚的DIP封装芯片，其引脚和内部结构框图如图7-6所示，逻辑上分为三部分：外部接口部分、内部逻辑部分和总线接口部分。

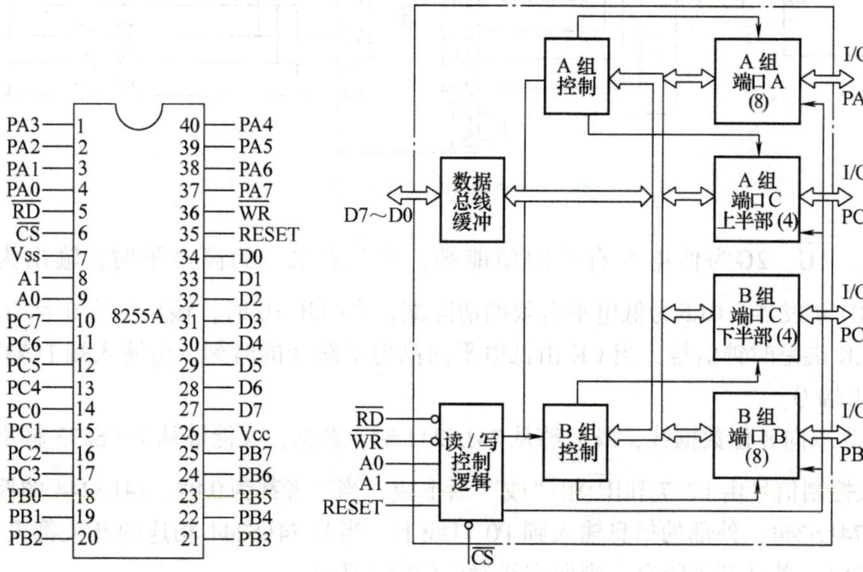

a) 引脚　　b) 内部结构框图

图7-6 8255A的引脚及内部结构框图

（1）外部接口部分　包括三个I/O口：A口、B口和C口。A口（PA0～PA7）具有一个8位数据输出锁存器/缓冲器和一个8位的数据输入锁存器，可编程为8位输入/输出或双向寄存器；B口（PB0～PB7）具有一个8位数据输出锁存器/缓冲器和一个8位数据输入缓冲器，可编程为8位输入或输出寄存器，但不能双向输入/输出；C口（PC0～PC7）具有一个8位数据输出锁存器/缓冲器和一个8位数据输入缓冲器，可分别作为两个4位口使用，除作为输入/输出口外，还可作为A口和B口选通方式工作时的控制/状态信号端。

（2）内部逻辑部分　包括A组和B组的控制电路，这是两组根据CPU命令控制8255A工作方式的电路。每组控制电路从读、写控制逻辑接收各种命令，从内部数据总线接收控制字（指令），并发出适当的命令到相应的端口。A组控制电路控制A口及C口的高4位；B组控制电路控制B口及C口的低4位。

（3）总线接口部分　包括读/写控制逻辑和数据总线缓冲器。

读/写控制逻辑用于管理所有的数据、控制字或状态字的传送。其接收来自 CPU 的地址信息及一些控制信号来控制各个口的工作状态，这些控制信号包括$\overline{CS}$、$\overline{RD}$、$\overline{WR}$、RESET、A1、A0。

1）$\overline{CS}$：片选信号端，低电平有效。

2）$\overline{RD}$和$\overline{WR}$：分别为读、写选区通信号端，低电平有效。当$\overline{RD}$为 0 时，$\overline{WR}$必为 1，8255A 处于被读状态，8255A 送信息到单片机 CPU；反之亦然。

3）RESET：复位信号端，高电平有效。

4）A1、A0：端口选择信号，与$\overline{RD}$、$\overline{WR}$信号配合用来选择端口及内部控制寄存器，并控制信息传送的方向，8255A 端口选择及功能见表 7-5。

表 7-5　8255A 端口选择及功能

功能	控制信号					操作
	A1	A0	$\overline{RD}$	$\overline{WR}$	$\overline{CS}$	
单片机 CPU 输入操作（从 8255A 读内容）	0	0	0	1	0	A 口→数据总线
	0	1	0	1	0	B 口→数据总线
	1	0	0	1	0	C 口→数据总线
单片机 CPU 输出操作（向 8255A 写内容）	0	0	1	0	0	数据总线→A 口
	0	1	1	0	0	数据总线→B 口
	1	0	1	0	0	数据总线→C 口
	1	1	1	0	0	数据总线→控制寄存器
禁止操作	×	×	×	×	1	数据总线为三态
	×	×	1	1	0	数据总线为三态
	1	1	0	1	0	非法操作

数据总线缓冲器是一个双向三态的 8 位缓冲器，用于与系统的数据总线直接相连，以实现 CPU 和 8255A 间的信息传送。

2. 8255A 的控制字

8255A 的 A 口、B 口和 C 口具体工作在什么方式下，通过 CPU 对控制寄存器写入控制字来决定。

8255A 有两种控制字，即控制三个端口工作方式的方式选择控制字和控制 C 口各位置位/复位的控制字。两种控制字共用一个寄存器单元，只是用 D7 位来区分是哪一种控制字。D7 =1为工作方式控制字；D7 =0 为 C 口置位/复位控制字。两种控制字的格式和定义见表 7-6 和表 7-7。

表 7-6　8255A 的方式选择控制字

D7	D6	D5	D4	D3	D2	D1	D0
	A 组			B 组			
控制选择 1：方式控制	方式选择 00：方式 0 01：方式 1 1×：方式 2		A 口 1：输入 0：输出	C 口高 4 位 1：输入 0：输出	方式选择 0：方式 0 1：方式 1	B 口 1：输入 0：输出	C 口低 4 位 1：输入 0：输出

表 7-7 8255A 的 C 口置位/复位控制字

D7	D6	D5	D4	D3	D2	D1	D0
控制选择 0：位操作	不用：000			位选择 000：C 口 0 位 001：C 口 1 位 010：C 口 2 位 011：C 口 3 位 100：C 口 4 位 101：C 口 5 位 110：C 口 6 位 111：C 口 7 位			位操作 0：复位 1：置位

例 7-1 设 8255A 控制字寄存器的地址为 0003H，试编程使 A 口为方式 0，作为输出口，B 口也为方式 0，作为输入口，PC4～PC7 作为输出，PC0～PC3 作为输入。

```
MOV    R0,#0003H          ;指向 8255A 控制寄存器地址
MOV    A,#83H             ;控制字#83H 送入 A
MOVX   @ R0,A             ;将控制字通过 A 送入控制寄存器
```

例 7-2 设 8255A 控制字寄存器地址为 00F3H，试编程将 PC1 置 1，PC3 清 0。

```
MOV     R0,#0F3H
MOV     A,#03H
MOVX    @ R0,A
MOV     A,#06H
MOVX    @ R0,A
```

例 7-3 将 B8H（10111000B）写入控制寄存器后，则 8255A 设置 A 口为方式 1 输入，B 口为方式 0 输出，C 口高 4 位为方式 1 输入，C 口低 4 位方式 0 输出。

3. 8255A 的工作方式

8255A 有三种工作方式：方式 0、方式 1 和方式 2。方式选择通过写控制字完成。

（1）方式 0（基本 I/O） 该工作方式不需要任何选通信号，A 口、B 口及 C 口的高 4 位和低 4 位都可以独立设定为输入或输出。输出数据被锁存，输入数据不锁存。此方式下，虽然数据的输入与输出没有固定的应答信号，但 A 口和 B 口作为 I/O 口使用时，C 口仍可作为这两个端口的控制/状态信号端，因此 A 口、B 口可以工作在查询方式。

（2）方式 1（选通 I/O） 又称应答方式，A 口和 B 口都可独立设置为方式 1。在此方式下，A 口、B 口传输数据，A 口和 B 口的输入数据或输出数据都被锁存，C 口用作 I/O 操作的控制和同步信号，以实现中断方式传送 I/O 数据。

（3）方式 2（双向传送） 仅 A 口有此工作方式，此方式下 A 口为双向数据端口，既可发送也可接收数据，C 口的 PC3～PC7 用作 I/O 联络信号；B 口和 PC0～PC2 只能编程为方式 0 或方式 1。

不论方式 1 还是方式 2，联络信号与 C 口各位有固定的对应关系，不能通过编程改变。端口 C 在方式 1 和方式 2 时，8255A 内部规定的联络信号分配见表 7-8。

表 7-8　C 口联络信号分配

C 口各位	方式 1（选通）		方式 2（双向）	
	输入	输出	输入	输出
PC7	I/O	$\overline{OBFA}$	×	$\overline{OBFA}$
PC6	I/O	$\overline{ACKA}$	×	$\overline{ACKA}$
PC5	IBFA	I/O	IBFA	×
PC4	$\overline{STBA}$	I/O	$\overline{STBA}$	×
PC3	INTRA	INTRA	INTRA	INTRA
PC2	$\overline{STBB}$	$\overline{ACKB}$	I/O	I/O
PC1	IBFB	$\overline{OBFB}$	I/O	I/O
PC0	INTRB	INTRB	I/O	I/O

方式 1 作为输入时 C 口联络信号分配如图 7-7 所示，作为输出时 C 口联络信号分配图请读者自行分析。其中的 INTEA 和 INTEB 是 8255A 在方式 1 时内部的中断允许信号，没有外部引出端，分别控制是否允许 A 口和 B 口中断。可以通过指令对 C 口的 PC4、PC2 进行置位、复位来实现对 INTEA 和 INTEB 的置 1 与清 0，从而控制开/关 8255A 的 A 口、B 口中断。

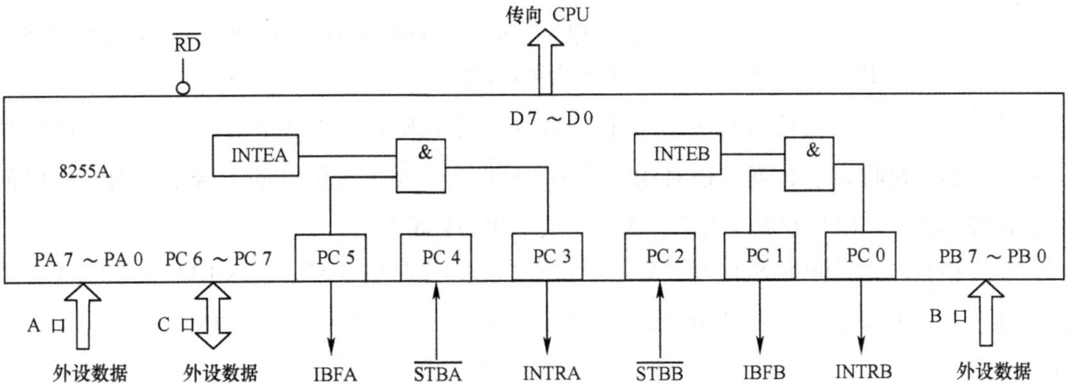

图 7-7　方式 1 作为输入时 C 口联络信号分配

方式 2 时 C 口联络信号分配如图 7-8 所示。其中 INTE1 和 INTE2 分别为输入和输入请求中断允许触发器，分别由 PC6 和 PC4 控制置位/复位。方式 2 时，A 口输入输出中断请求共用一根 INTRA，靠 C 口提供的状态位 IBFA 和 $\overline{OBFA}$ 加以区分。

1）输入联络信号。

① $\overline{STB\times}$：外设送到 8255A 的输入选通信号，低电平有效。当外设送来 $\overline{STB\times}$ 信号时，外部的输入数据装入 8255A 的锁存器。

② IBF×：输入缓冲器满信号，高电平有效。当 IBF×为高电平时，表示数据已装入锁存器，可作为向外送出的状态信号。

③ INTR×：中断请求信号，产生中断时 INTR× =1。在 IBF×为高电平、$\overline{STB\times}$ 均为高电平且允许中断（INTE× =1）时才有效，用来向 CPU 请求中断服务。

CPU 输入操作过程为：当外设的数据准备好后，向 8255A 发出 $\overline{STB\times}$ =0 的信号，CPU 准

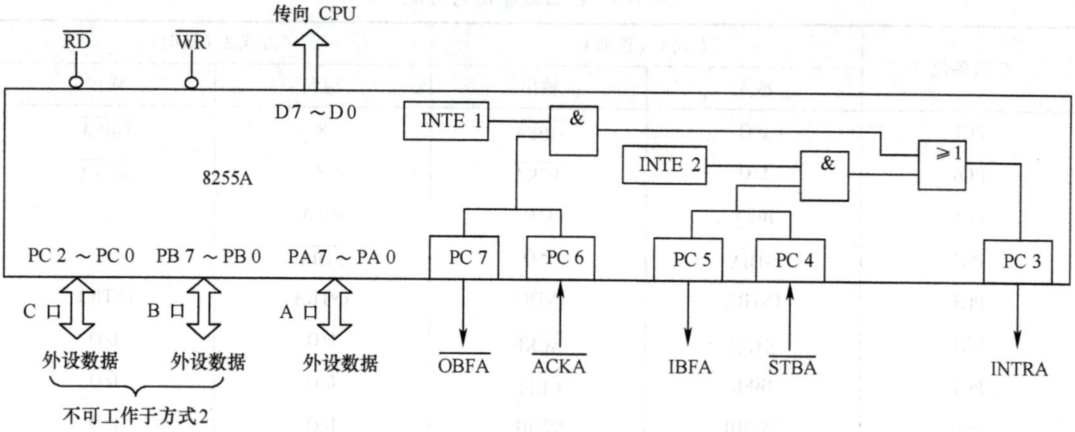

图 7-8 方式 2 时 C 口联络信号分配

备读入的数据装入 8255A 的锁存器，装满后使 IBF× =1，CPU 可以查询这个状态信息，用来确认 8255A 的数据是否准备好以供 CPU 读取。或者，当$\overline{\text{STB}\times}$重新变为高时，INTR×有效，向 CPU 发出中断请求，CPU 可以在中断服务程序中接收 8255A 的数据，并使 INTR× =0。

2）输出联络信号。

① $\overline{\text{OBF}\times}$：输出缓冲器满信号，低电平有效。当$\overline{\text{OBF}\times}$为低电平时，表示 CPU 已将数据写到 8255A 输出端口，通知外设此时可以读取数据。

② $\overline{\text{ACK}\times}$：响应信号输入，低电平有效。当$\overline{\text{ACK}\times}$为低电平时，表示外设已经从 8255A 的端口接收到了数据，是对$\overline{\text{OBF}\times}$的一种回答。$\overline{\text{ACK}\times}$信号的下降沿延时一段时间后，清除$\overline{\text{OBF}\times}$，使其变成高电平，为下一次输出做好准备。

③ INTR×：中断请求信号，高电平有效。当其为高电平时，请求 CPU 向 8255A 写数据。能产生中断请求的条件是$\overline{\text{OBF}\times}$、$\overline{\text{ACK}\times}$都为高电平且允许中断（INTE× =1），表示输出缓冲器已变空，回答信号已结束，外设已收到数据，并且允许中断。INTR×同时作为状态信号，可供查询。

4. 8255A 接口应用

详细接线及用法见后文实训任务 14。

7.3.4 采用 8155/8156 扩展并行 I/O 口

1. 8155 的结构和引脚

Intel 8155/8156（以下简称 8155）是一种多功能的可编程接口芯片，具有 256B 的 RAM、2 个 8 位（A 口和 B 口）、1 个 6 位（C 口）的可编程 I/O 口和 1 个可编程的 14 位定时/计数器，能方便地进行 I/O 扩展和 RAM 扩展，其引脚及内部结构如图 7-9 所示。

8155 为 40 引脚双列直插式封装，引脚按功能可分为四类。

（1）地址/数据总线（8 条） AD0～AD7 常和 89C51 单片机的 P0 口相连，用于分时传送地址及数据信息，地址码可以是 8155 中低 8 位 RAM 单元地址或 I/O 口地址。当 ALE = 1 时，传送的是地址信息，由 ALE 的下降沿锁存到 8155 的地址锁存器中，与$\overline{\text{RD}}$和$\overline{\text{WR}}$信号

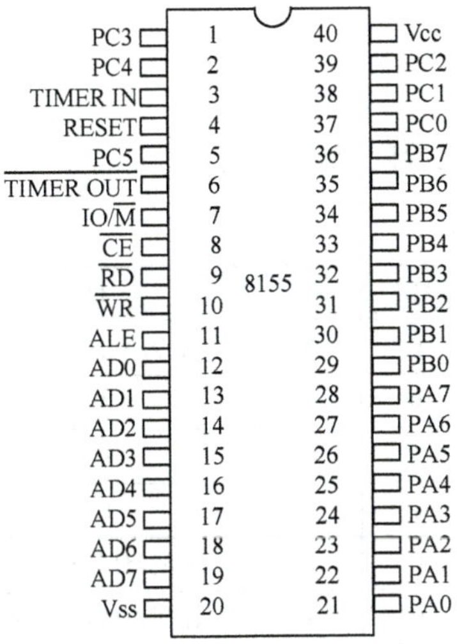

a) 引脚

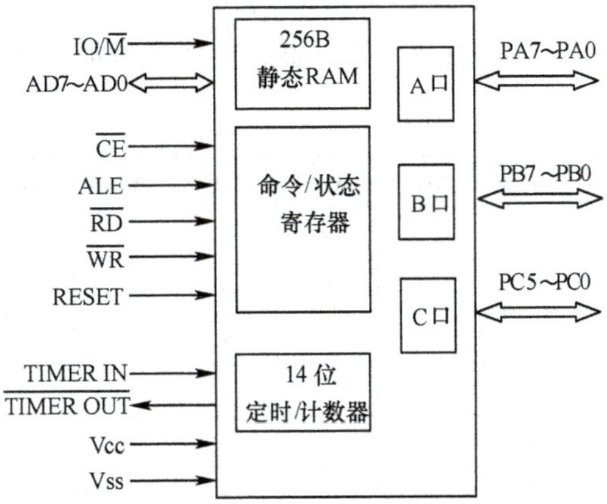

b) 内部结构

图 7-9　8155 引脚和结构图

相配合控制输入或输出数据。

（2）I/O 口总线（22 条）　包括 A 口、B 口及 C 口三个 I/O 口。

1）PA0 ~ PA7 及 PB0 ~ PB7 分别为 A 口、B 口通用输入/输出线，用于和外设之间传递数据，由命令寄存器中的控制字来决定输入/输出。

2）PC0 ~ PC5 为 C 口线，既可与外设传送数据，也可以作为 A 口、B 口的控制联络线。

（3）控制总线（8 条）　分别做如下说明：

1）RESET：复位端，高电平有效。当 RESET 端加入 5μs 左右宽的正脉冲时，8155 复位初始化，A 口、B 口及 C 口均初始化为输入方式。

2）$\overline{CE}$：片选信号线，低电平有效。

3）IO/$\overline{M}$：8155 的 RAM 和 I/O 口的选择线。当 IO/$\overline{M}$ = 0 时，选中 8155 的 256B 内部 RAM，AD0 ~ AD7 为 RAM 的地址（00H ~ FFH）选择总线；IO/$\overline{M}$ = 1 时，可以选中 8155 内部三个 I/O 口、命令/状态寄存器和定时/计数器。

4）$\overline{RD}$：读选通信号端，低电平有效。当 $\overline{CE}$ = 0 且 $\overline{RD}$ = 0 时（$\overline{WR}$ 必为 1），可将 8155 内部 RAM 单元或 I/O 口的内容传送到 AD0 ~ AD7 总线上。

5）$\overline{WR}$：写选通信号端，低电平有效。当 $\overline{CE}$ = 0 且 $\overline{WR}$ = 0 时（$\overline{RD}$ 必为 1），可将 CPU 输出送到 AD0 ~ AD7 总线上的地址信息写到内部 RAM 单元或 I/O 接口中。

6）ALE：地址锁存允许信号端。高电平有效，常和单片机的 ALE 端相连，在 ALE 的下降沿将单片机 P0 口输出的低 8 位地址信息锁存到 8155 内部的地址锁存器中。因此，单片机的 P0 口和 8155 连接时，无需外接锁存器。

7）TIMER IN：定时/计数脉冲输入端，输入脉冲时对 8155 内部的 14 位定时/计数器进行减 1 操作。

8）$\overline{TIMER\ OUT}$：定时/计数器脉冲输出端，当计数器计满回 0 时，8155 从该线输出脉冲或方波，波形由计数器的工作方式决定。

（4）电源线（2条） Vcc：+5V电源；Vss：接地端。

2. 8155的端口地址编码

8155内部有7个寄存器，需要3条地址线，端口地址分配见表7-9。

表7-9 8155端口地址分配

$\overline{CE}$	IO/$\overline{M}$	AD7	AD6	AD5	AD4	AD3	AD2	AD1	AD0	I/O
0	1	×	×	×	×	×	0	0	0	命令/状态寄存器口
0	1	×	×	×	×	×	0	0	1	A口
0	1	×	×	×	×	×	0	1	0	B口
0	1	×	×	×	×	×	0	1	1	C口
0	1	×	×	×	×	×	1	0	0	定时/计数器低8位
0	1	×	×	×	×	×	1	0	1	定时/计数器高8位
0	0	×	×	×	×	×	×	×	×	内部RAM单元

3. 用作外部RAM

当$\overline{CE}$=0、IO/$\overline{M}$=0时，也就是此二引脚置低电平时，8155只能用作外部RAM，共256B。寻址范围由$\overline{CE}$以及AD0～AD7的接法决定，当系统同时扩展外部RAM芯片时，与系统中其他数据存储器统一编址，使用“MOVX”读/写操作指令访问。

4. 用作扩展I/O口

当$\overline{CE}$=0、IO/$\overline{M}$=1时，8155可作为I/O口使用，这时A口、B口、C口地址的低8位分别为01H、02H、03H（设地址无关位为0时）。

5. 8155的命令/状态寄存器及工作方式

8155的I/O工作方式选择通过对内部命令寄存器送命令字实现，命令寄存器由8位锁存器组成，只能写入不能读出，8155的命令寄存器格式及定义如图7-10所示。

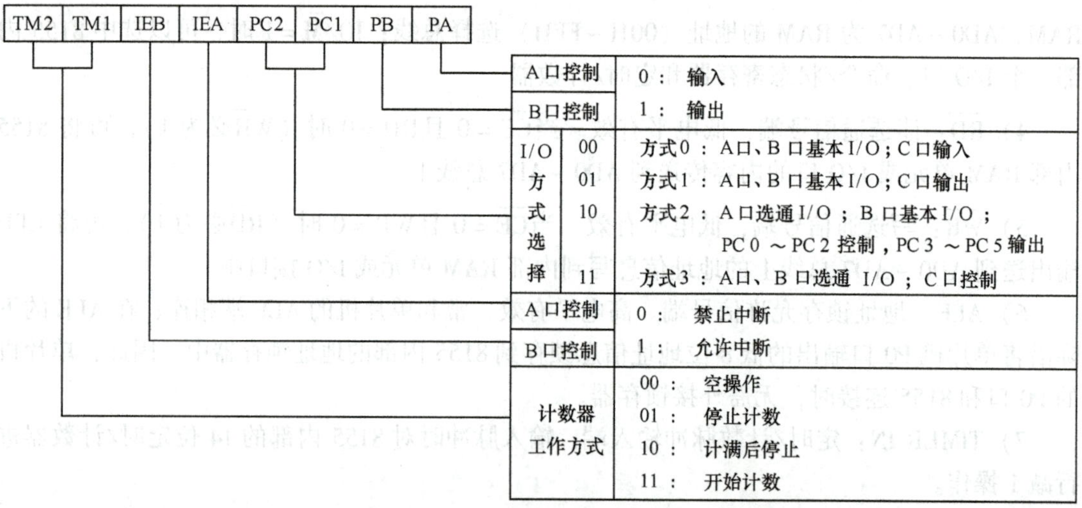

图7-10 8155的命令寄存器格式及定义

当使用8155的三个I/O口时，它们可以工作于不同方式，工作方式选择取决于对命令寄存器写入的控制字。

方式0、1时，A口、B口及C口都工作于基本I/O方式，可以直接和外设相连，采用“MOVX”指令进行输入/输出操作。

方式2时，A口为选通I/O方式，由C口的低3位作联络线，C口其余位用作I/O线；B口为基本I/O方式。

方式3时，A口、B口均为选通I/O方式，C口作为A口、B口的联络线，逻辑组态如图7-11所示。

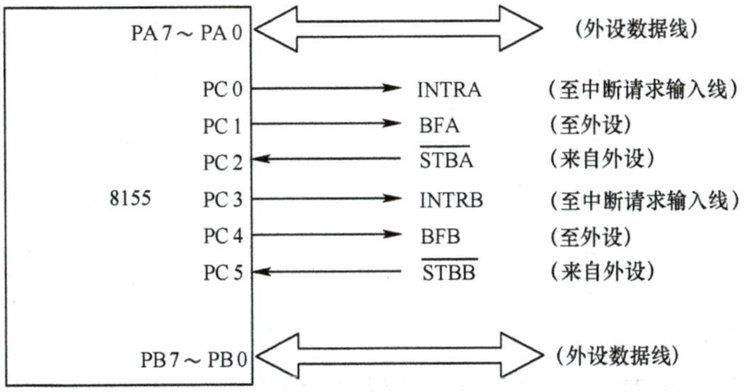

图7-11　8155方式3时的逻辑组态

A口、B口、C口工作方式及各位关系见表7-10，表中信号后缀A、B分别表示A口和B口。

表7-10　A口、B口、C口工作方式及各位关系

I/O或其引脚	命令寄存器PC1、PC2值			
	00	01	10	11
	方式0	方式1	方式2	方式3
A口	基本I/O	基本I/O	选通I/O	选通I/O
B口			基本I/O	
PC5	输入	输出	输出	$\overline{STBB}$
PC4				BFB
PC3				INTRB
PC2			$\overline{STBA}$	$\overline{STBA}$
PC1			BFA	BFA
PC0			INTRA	INTRA

INTR×：中断请求标志。当INTR×=1时，表示A口或B口有中断请求；INTR×=0，表示A口或B口无中断请求。

BF×：口缓冲器空满标志。当IBF×=1时，表示口缓冲器已装满数据，可由外设或单片机取走；BF×=0，表示口缓冲器为空，可以接受外设或单片机发送数据。

$\overline{STB×}$：A口或B口设备选通信号输入线，低电平有效。

8155的状态寄存器和命令寄存器的口地址相同，二者使用同一地址单元，但状态字寄存器只能读出不能写入，反映的是8155的工作情况，例如I/O口读输入/输出的状态以及定时器的工作状态等，8155状态寄存器格式及定义如图7-12所示。

6. 用作定时/计数器

8155内部的可编程定时/计数器是一个14位的减法计数器，可用来定时或对外部事件

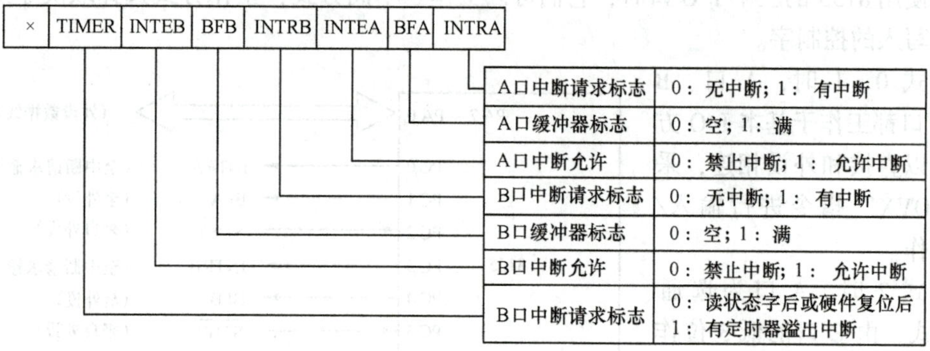

图 7-12　8155 状态寄存器格式及定义

计数。在 TIMER IN 端接外部脉冲时为计数方式，接系统脉冲时，为定时方式，计满溢出时由$\overline{\text{TIMER OUT}}$端输出脉冲或方波。定时/计数器低位字节寄存器的地址为×××××100B，高位字节寄存器的地址为×××××101B。8155 定时/计数器格式如图 7-13 所示。

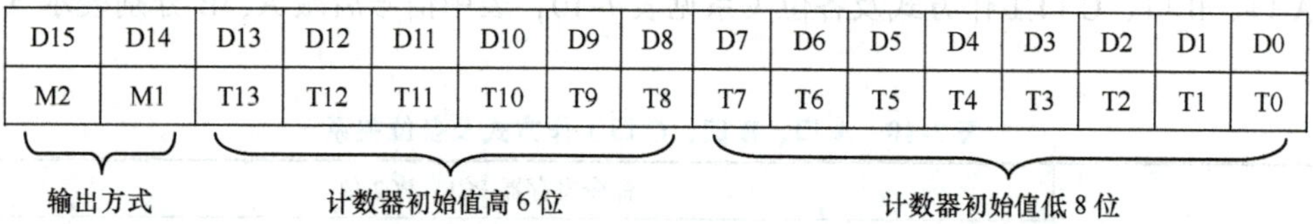

图 7-13　8155 定时/计数器格式

定时/计数器高位字节中的 M2、M1 用来定义输出方式，见表 7-11。

表 7-11　8155 定时/计数器的方式及输出波形

M2　M1	方式	定时器输出波形
0　0	单次方波（方波长度为 1 个计数周期）	
0　1	连续方波（自动重装初始值）	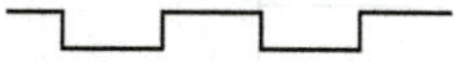
1　0	单个脉冲（在计满回 0 后输出）	
1　1	连续脉冲（自动重装初始值）	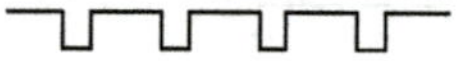

8155 对内部定时/计数器的控制是由 8155 命令寄存器的 D7（TM2）、D6（TM1）位决定的，如图 7-10 所示，总结见表 7-12。

表 7-12　8155 对内部定时/计数器的控制

8155 命令寄存器控制字 D7　D6	定时/计数器工作情况
0　0	无操作，即不影响定时/计数器的工作
0　1	立即停止定时/计数器的计数
1　0	定时/计数器计满回 0 后停止计数
1　1	若定时/计数器不工作，则开始计数；若定时/计数器正在计数，则计满回 0 后按新输入的长度值开始计数

定时/计数器启动前，通常是先送计数长度和输出方式的两个字节，然后送控制字到命令寄存器控制定时/计数器的启停。

7. 8155 的接口应用

8155 可直接与 89C51 单片机连接，8155 与 89C51 单片机的基本接口电路如图 7-14 所示。

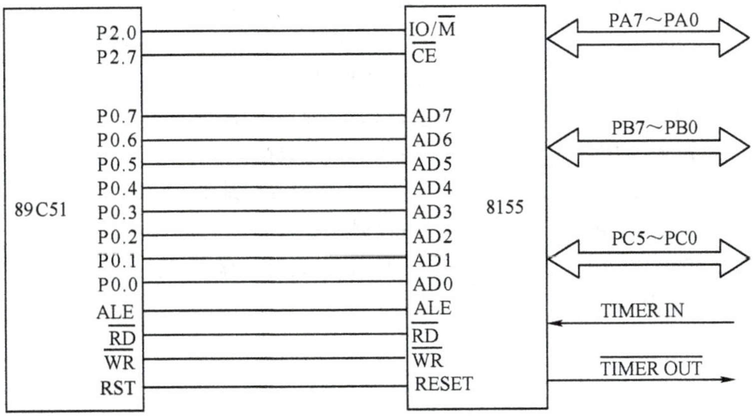

图 7-14　8155 与 89C51 单片机的基本接口电路

（1）连线说明　图中 8155 内部有地址锁存器，所以 89C51 单片机 P0 口不需另加锁存器，即可直接与 8155 的 AD7 ~ AD0 相连，既作为低 8 位地址总线，又作为数据总线。AD7 ~ AD0 利用 89C51 单片机的 ALE 信号的下降沿锁存 P0 口送出的低 8 位地址信息。片选信号$\overline{CE}$和选择信号 IO/$\overline{M}$分别连 P2.7 和 P2.0。

（2）地址确定　根据上述接法，假设 P2.6 ~ P2.1 等无关位都取 1，P0.7 ~ P0.3 分别接 AD7 ~ AD3（无关时取 0），结合表 7-9 分析，则可确定 8155 各端口地址编码，见表 7-13。

表 7-13　8155 各端口地址

89C51	A15	A14 ~ A9	A8	A7 ~ A3	A2	A1	A0	地　址
	P2.7	P2.6 ~ P2.1	P2.0	P0.7 ~ P0.3	P0.2	P0.1	P0.0	
8155	$\overline{CE}$		IO/$\overline{M}$	AD7 ~ AD3	AD2	AD1	AD0	
命令/状态寄存器	0	×（1）	1	×（0）	0	0	0	7F00H
A 口	0	×（1）	1	×（0）	0	0	1	7F01H
B 口	0	×（1）	1	×（0）	0	1	0	7F02H
C 口	0	×（1）	1	×（0）	0	1	1	7F03H
定时/计数器低 8 位	0	×（1）	1	×（0）	1	0	0	7F04H
定时/计数器高 8 位	0	×（1）	1	×（0）	1	0	1	7F05H
内部 RAM 单元	0	×（1）	0	×	×	×	×	7E00H ~ 7EFFH

例 7-4　如图 7-14 所示，将立即数 6BH 写入 8155 中 RAM 的 31H 单元。

```
MOV     A,#6BH          ;立即数送 A
MOV     DPTR,#7E31H     ;指向 8155 的 31H 单元
MOVX    @ DPTR,A        ;立即数送 31H 单元
```

例 7-5 如图7-14 所示，实现 A 口、B 口分别定义为基本输入和基本输出方式，每秒从 A 口读入一次数据送入 B 口。

编程如下：

```
        ORG     0100H
START:  MOV     DPTR,#7F00H         ;命令寄存器地址送 DPTR
        MOV     A,#02H              ;命令字 02H(00000010B)送命令寄存器
        MOVX    @ DPTR, A           ;初始化 8155
LOOP:   MOV     DPTR,#7F01H         ;DPTR 指向 A 口地址
        MOVX    A,@ DPTR            ;从 A 口读数据
        MOV     DPTR, #7F02H        ;DPTR 指向 B 口地址
        MOVX    @ DPTR,A            ;数据送 B 口
        ACALL   DELAY1S             ;调用 1s 延时子程序(略)
        SJMP    LOOP
        END
```

实训任务 14　8 键控制 8 灯亮灭——8255A 并行 I/O 口应用

1. 任务目的

掌握 8255A 芯片的并行 I/O 口扩展与输入、输出控制。

2. 任务内容

在 89C51 单片机上，通过 8255A 扩展 3 个并行 I/O 口，在 8255A 的 B 口上接有 8 个按键 S0 ~ S7、A 口接有 8 个发光二极管 VL0 ~ VL7，如图 7-15 所示。编写程序完成：按下某按键，相应的二极管发光功能，如按下 S0，则 VL0 亮，以此类推。

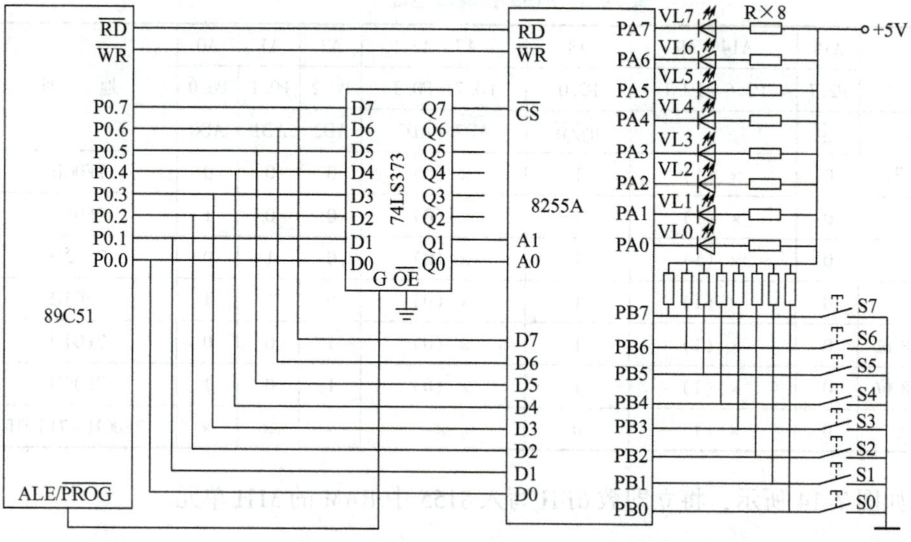

图 7-15　8 个按键控制 8 个发光二极管的连接

3. 任务分析

（1）连线说明　图中 8255A 的片选信号$\overline{CS}$及端口地址选择线 A1、A0 分别由 89C51 的 P0.7～P0.0 经 74LS373 锁存后提供；8255A 的$\overline{RD}$、$\overline{WR}$分别接 89C51 的$\overline{RD}$、$\overline{WR}$；8255A 的 D0～D7 接 89C51 的 P0.0～P0.7。

（2）地址确定　根据上述接法，8255A 的 A 口、B 口、C 口以及控制口的地址确定见表 7-14，假设无关位都取 0（也可为 1），则分别为 0000H、0001H、0002H 和 0003H。

表 7-14　8255A 的 A 口、B 口、C 口以及控制口的地址确定

89C51	A15	A14	A13	A12	A11	A10	A9	A8	A7	A6	A5	A4	A3	A2	A1	A0	地址
	P2.7	P2.6	P2.5	P2.4	P2.3	P2.2	P2.1	P2.0	P0.7	P0.6	P0.5	P0.4	P0.3	P0.2	P0.1	P0.0	
8255A	无关	无关	无关	无关	无关	无关	无关	无关	$\overline{CS}$	无关	无关	无关	无关	无关	A1	A0	
A 口	×	×	×	×	×	×	×	×	0	×	×	×	×	×	0	0	0000H
B 口	×	×	×	×	×	×	×	×	0	×	×	×	×	×	0	1	0001H
C 口	×	×	×	×	×	×	×	×	0	×	×	×	×	×	1	0	0002H
控制口	×	×	×	×	×	×	×	×	0	×	×	×	×	×	1	1	0003H

（3）编写程序　按键按下，对应引脚为低电平（0），又因为向对应二极管发 0 可以将其点亮，所以可读取 8255A 的 B 口按键状态直接发至 A 口即可完成任务要求。

① 汇编参考程序如下：

```
        ORG     0000H
        AJMP    START
        ORG     0030H
START:  MOV     DPTR,#0003H          ;指向 8255A 的控制口
        MOV     A,#83H               ;写控制字
        MOVX    @ DPTR, A            ;向控制口写控制字,A 口输出,B 口输入
        MOV     DPTR,#0001H          ;指向 8255A 的 B 口
LOOP:   MOVX    A, @ DPTR            ;检测按键,将按键状态读入 A 累加器。
        MOV     DPTR,#0000H          ;指向 8255A 的 A 口
        MOVX    @ DPTR, A            ;驱动对应二极管发光
        SJMP    LOOP                 ;返回继续循环
        END
```

② C51 参考程序如下：

```
#include <reg51.h>                   //包含头文件
#include <absacc.h>                  //声明绝对地址访问头文件
#define LED XBYTE[0x7ffc]            //定义 LED 代表 8255 的 A 口地址
#define ADR XBYTE[0x7fff]            //定义 ADR 代表 8255 控制寄存器地址
#define KEY XBYTE[0x7ffd]            //定义 KEY 代表 8255 的 B 口地址
void delay(int);
void main()
{  unsigned char a;
```

8键控制8灯亮灭——8255A并行IO口应用C51程序设计

```
    ADR=0x82;        //设置 8255 工作方式,A 口方式 0 输出,B 口方式 0 输入,C 口输出
    while(1)
    {
      a=KEY;         //读取 8255 的 B 口的数值,并存储在变量 a 中
      LED=a;         //将 a 的值输出至 8255 的 A 口,控制 LED 灯亮灭
    }
}
```

4. 任务完成步骤

（1）编写搭建 按照原理图在万用电路板上或者开发系统中，连接图 7-15 所示电路图。

（2）编程并下载 输入程序编译直至没有错误并通过编程器写入 89C51 芯片。

（3）运行 接通电源，按下不同按键，观察二极管的亮灭变化。

学习任务 7.4 外接键盘及其接口电路

通过键盘可以实现向单片机系统输入数据、传送命令等功能，是人机对话的重要途径。单片机系统中广泛使用机械式非编码键盘，由软件完成对按键闭合状态的识别。

7.4.1 按键的识别

1. 测试按键闭合状态

键盘是一组按键开关的集合。按键多为机械弹性开关，按键的断、合呈现高、低电平两种状态，通过对电平高低状态的检测便可确认是否有键按下，由于按键机械触头的弹性作用，键在按下与断开时会发生抖动。按键操作及抖动如图 7-16 所示。

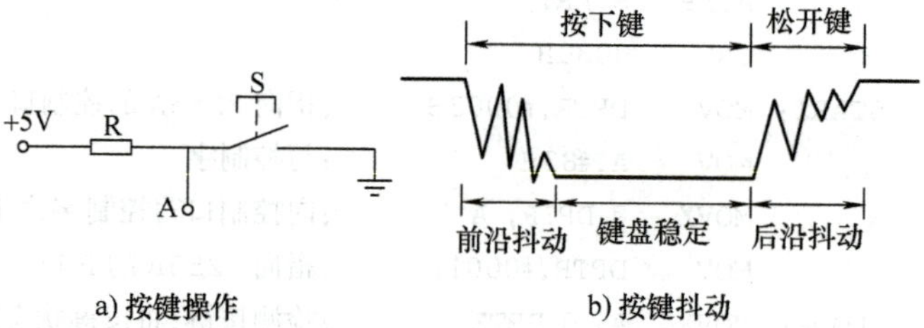

图 7-16 按键操作及抖动

2. 按键去抖动

为了确保 CPU 对一次按键动作只识别为一次按键，必须消除抖动的影响，去抖动有硬件去抖动和软件去抖动两种。如果按键较多，则不宜采用硬件去抖动（电路复杂，成本高）。

软件去抖动的方法为：当第一次检测到有按键按下时，执行一段 10 ~ 20ms 的延时子程序后再确认是否还是同一个键按下的状态，若不是则认为第一次检测到的有按键按下是抖动，从而取消这个按键的检测结果，否则就确认有按键按下。

7.4.2 外接独立式按键

1. 独立式按键结构

单片机控制系统中，往往只需几个功能键，此时可采用独立式按键结构。独立式按键可以直接用 I/O 口线构成单个按键电路，特点是每个按键单独占用一根 I/O 口线，每个按键的工作不会影响其他 I/O 口线的状态，电路配置灵活，软件结构简单，但在按键较多时，I/O

口线浪费较大，不宜采用。独立式按键的典型应用电路如图 7-17 所示。

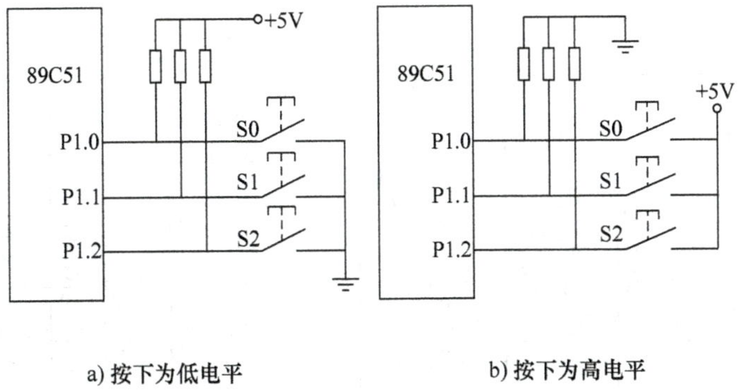

图 7-17　独立式按键的典型应用电路

2. 独立式按键编程

编程时，只需逐位查询每根 I/O 口线的输入状态，对于图 7-17a，如某一根 I/O 口线输入为低电平，则可确认该 I/O 口线所对应的按键已按下，然后再转向该键的功能处理程序，典型程序如下：

```
KEY:ORL     P1,#07H           ;置 P1.0～P1.2 为输入态
    MOV     A,P1              ;读键值,键闭合相应位为 0
    CPL     A                 ;取反,键闭合相应位为 1
    ANL     A,#00000111B      ;屏蔽高 5 位,保留有键值信息的低 3 位
    JZ      GRET              ;全 0,无键闭合,返回
    LCALL   DLY10ms           ;非全 0,有键闭合,调 10ms 延时子程序,软件去抖
    MOV     A,P1              ;重读键值,键闭合相应位为 0
    CPL     A                 ;取反,键闭合相应位为 1
    ANL     A,#00000111B      ;屏蔽高 5 位,保留有键值信息的低 3 位
    JZ      GRET              ;全 0,无键闭合,返回;非全 0,确认有键闭合
    JB      ACC.0,KEY0        ;转 0#键功能程序(略)
    JB      ACC.1,KEY1        ;转 1#键功能程序(略)
    JB      ACC.2,KEY2        ;转 2#键功能程序(略)
GRET:RET
```

7.4.3　外接矩阵键盘

1. 矩阵键盘结构

矩阵键盘又称行列式键盘，按键设置在行列的交叉点上，行、列线分别连接到按键开关的两端，在按键数量较多时，矩阵键盘可节省 I/O 口线。图 7-18 所示是一个用 4×4 的行列结构构成 16 个键的 89C51 单片机矩阵键盘电路。

2. 按键识别

行线通过电阻接 +5V 电源，无按键动作时，行线处于高电平。当有键按下时，行线电平状态将由与此行线相连的列线电平决定，列线电平如被指令输出为低，则行线电平为低，反之亦然。由于矩阵键盘中行、列线为多键共用，各按键将发生相互影响，所以必须将行、

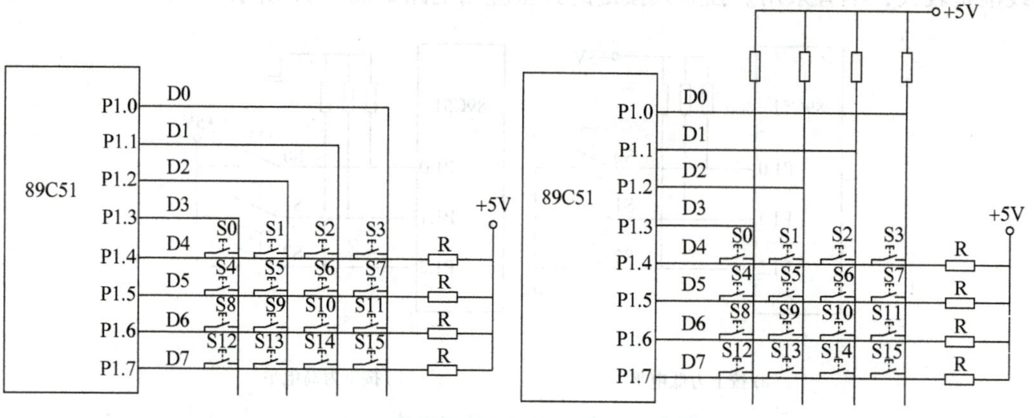

a) 扫描法电路结构　　b) 线反转法电路结构

图 7-18　4×4 矩阵键盘结构

列线信号配合起来并做适当处理才能确定按下键的位置。

（1）扫描法　图 7-18a 是典型的扫描法电路结构，首先确定是否有键按下：将所有列线均输出 0，检查各行线是否有电平变化，若有，则说明有键按下，若无，则说明无键按下。有键按下时再识别按键具体位置：逐列输出 0，其余各列置 1，检查各行线电平变化。如果某行由 1 变 0，则可确定此行、此列交叉点处的按键被按下。

（2）线反转法　图 7-18b 为典型的线反转法电路结构，扫描法要逐列扫描查询，若被按下的键处于最后一列，则要经过多次扫描才能确定。线反转法比较简练，只需要两步就可确定按键所在的行和列。

第一步：将列线输出全 0，行线编程为输入，则行线中由 1 到 0 变化的为被按下键所在的行。

第二步：与第一步相反，将行线编程为输出，并输出全 0，列线编程为输入，则列线中由 1 变 0 所在的列为按键所在的列。

例如图 7-18b 中的 S3 被按下。第一步对所有列线（P1.0～P1.3）输出 0，再读入 P1 口后得到 E0H。第二步对所有行线（P1.4～P1.7）输出 0，再读入 P1 口后得到 0EH。将两次得到的 E0H、0EH 合成（相或）为 EEH，则 EEH 为被按下 S3 时的键值。照此分析每个键的键值是唯一的，如事先对所有按键按下状态进行编码，则通过查表方法就可圆满解决键识别的问题。

3. 矩阵键盘的工作方式

（1）编程扫描方式　CPU 对键盘采取程序控制方式扫描。一旦进入键盘扫描状态，则反复扫描，等待用户从键盘输入命令和数据。而在执行键入命令或处理键入数据过程中，CPU 不再响应键入要求，直到 CPU 返回重新扫描键盘为止。

（2）定时扫描方式　此方式的键盘硬件电路与编程扫描方式相同，利用单片机内部定时/计数器产生定时中断（如 20ms），CPU 响应中断后对键盘进行扫描，在有键按下时识别出该键并执行对应的功能程序。

（3）中断扫描方式　单片机系统工作时往往并不经常需要键输入，对于编程扫描或定时扫描方式，CPU 经常处于空扫描状态。而中断扫描方式大大提高了 CPU 工作效率，只在有键按下时才执行键盘扫描，并执行对应功能程序，如无按键按下，则 CPU 不理睬键盘。89C51 单片机利用中断扫描方式实现的一个 4×4 简易矩阵键盘电路如图 7-19 所示。

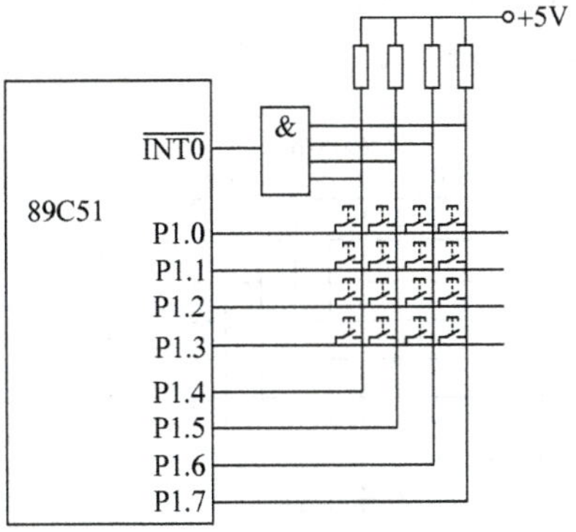

图 7-19　中断扫描键盘电路

当键盘无键按下时，与门各输入端均为高电平，保持输出端$\overline{INT0}$为高电平；当有键按下时，$\overline{INT0}$端为低电平，向 CPU 申请中断，若 CPU 开放外部中断，则会响应并转去执行中断扫描键盘子程序。

4. 矩阵键盘的应用

图 7-20 所示是一个通过 8155 扩展 I/O 组成的 4×8 矩阵键盘电路。8155 的 C 口低 4 位输入行扫描信号，A 口输出列扫描信号。8155 的 IO/$\overline{M}$与 P2.0 相连，$\overline{CS}$与 P2.7 相连，$\overline{WR}$、$\overline{RD}$分别与单片机的$\overline{WR}$、$\overline{RD}$相连。

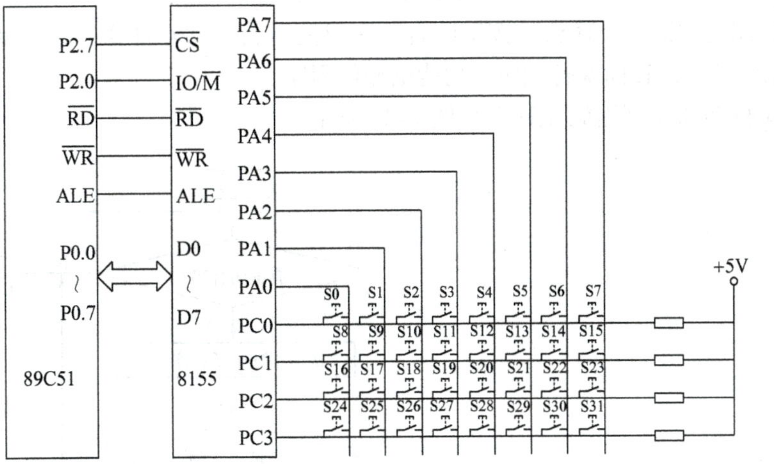

图 7-20　8155 扩展 I/O 口组成的矩阵键盘

分析可知，8155 的 A 口为基本输出，C 口为基本输入，方式命令控制字应设置为 43H；8155 的口地址（P2 未用口线规定为 0）为：命令/状态口 0100H，A 口 0101H，B 口 0102H，C 口 0103H。

编程扫描方式下，键盘扫描子程序应完成如下功能：

（1）判断是否有键按下　首先向 A 口输出全为 0，然后读 C 口状态，若 PC0～PC3 全为 1，则说明无键按下；若不全为 1，则说明有键按下。若无键按下，则用软件延时 6ms 后，重新判断键盘状态。

（2）消除按键抖动　确认有键按下后，用软件延时 12ms 后，再判断键盘状态，如果仍为有键按下状态，则认为有一个按键按下，否则作为按键抖动处理。

（3）计算键码、求按键位置　根据前述键盘扫描法，逐列置 0 扫描，求得闭合键键码，然后即可确定按键位置。如图 7-20 所示，键盘中假设 S18 被按下，则该处行、列线相通。扫描过程是：先从 PA 口输出 FEH，即最左端列线为 0，然后输入行线状态，判断行线中是否有低电平线，如图 7-21a 所示。如没有低电平，再依次如图 7-21b、c 所示进行判断，当输出 FBH 时，行线中将有一条低电平，则闭合键找到。

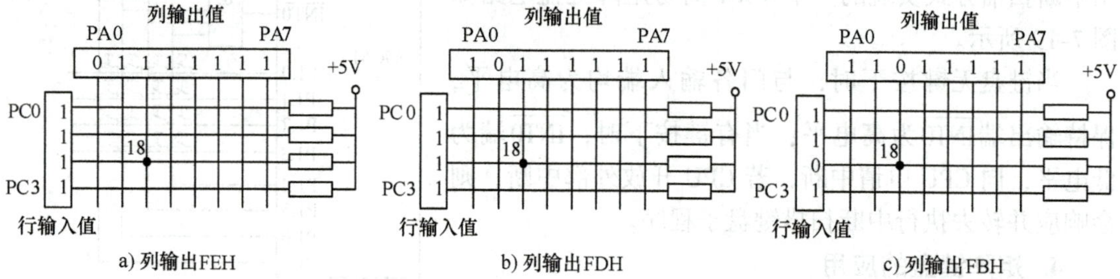

图 7-21　8155 扩展矩阵键盘扫描过程

键码可由用户自行定义，计算方法不唯一，但应尽量选择简单方法计算。这里，每行的行首可给以固定的编号 0（00H）、8（08H）、16（10H）、24（18H），列号依列线顺序为 0～7，因此图 7-20 所示 32 个键的扫描法键码如图 7-22 所示。计算公式为

键码 = 列号 + 行首键号

（4）判别闭合的键是否释放　按键闭合一次只能进行一次功能操作，因此，等按键释放后才能根据求得的键码转向执行相应的功能键操作程序。

软件消除抖动和识别键码流程图如图 7-23 所示。

00H	01H	02H	· · ·	06H	07H
08H	09H	0AH	· · ·	0EH	0FH
10H	11H	12H	· · ·	16H	17H
18H	19H	1AH	· · ·	1EH	1FH

图 7-22　扫描法 4×8 矩阵键盘码

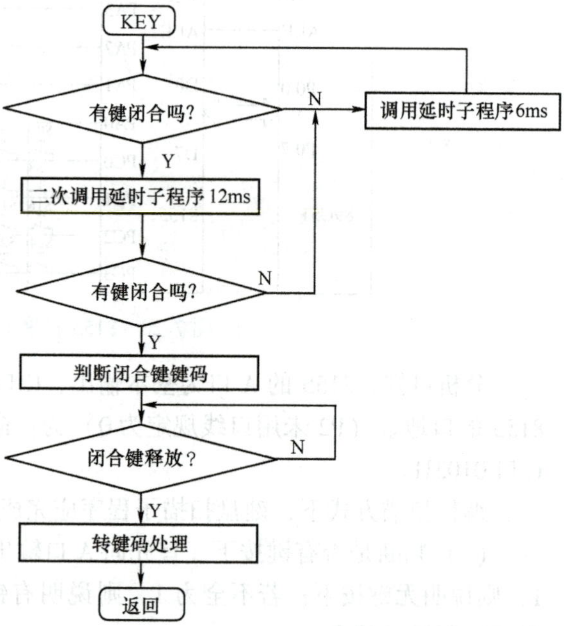

图 7-23　软件消除抖动和识别键码流程图

键盘扫描子程序如下：

1）6ms 延时子程序。

```
DLY:(略)
```

2）判断是否有键闭合子程序。

```
KS1:  MOV    DPTR,#0101H        ;建立 A 口地址
      MOV    A,#00H             ;A 口送 00H
      MOVX   @ DPTR,A
      INC    DPTR
      INC    DPTR               ;建立 C 口地址
      MOVX   A,@ DPTR           ;读 C 口
      CPL    A                  ;A 取反,无键按下则全 0
      ANL    A,#0FH             ;屏蔽 A 高半字节
      RET                       ;返回
```

3）键盘扫描程序。

```
KEY1: ACALL  KS1                ;检查有键闭合否
      JNZ    LK1                ;A 非 0 则有键按下,转移至消抖动处理
      ACALL  DLY                ;调用延时子程序延时 6ms
      AJMP   KEY1
 LK1: ACALL  DLY                ;有键闭合二次延时,延时 12ms 去抖动
      ACALL  DLY
      ACALL  KS1                ;再检查有键闭合否
      JNZ    LK2                ;有键闭合,转 LK2
      ACALL  DLY                ;无键闭合,延时 6ms 后转 KEY1
      AJMP   KEY1
 LK2: MOV    R2,#0FEH;          ;扫描初值送 R2
      MOV    R4,#00H            ;扫描列号送 R4
 LK4: MOV    DPTR,#0101H        ;建立 A 口地址
      MOV    A,R2
      MOVX   @ DPTR,A           ;扫描初值送 A 口
      INC    DPTR
      INC    DPTR               ;指向 C 口
      MOVX   A,@ DPTR           ;读 C 口
      JB     ACC.0,LONE         ;ACC.0 =1,第 1 行无键闭合,转 LONE
      MOV    A,#00H             ;装第 1 行行值
      AJMP   LKP
LONE: JB     ACC.1,LTWO         ;ACC.1 =1,第 2 行无键闭合,转 LTWO
      MOV    A,#08H             ;装第 2 行行值
      AJMP   LKP
LTWO: JB     ACC.2,LTHR         ;ACC.2 =1,第 3 行无键闭合,转 LTHR
      MOV    A,#10H             ;装第 3 行行值
      AJMP   LKP
LTHR: JB     ACC.3,NEXT         ;ACC.3 =1,第 4 行无键闭合,转 NEXT
      MOV    A,#18H             ;装第 4 行行值
 LKP: ADD    A,R4               ;计算键值
```

```
        PUSH   ACC                  ;保护键值
LK3:    ACALL  DLY                  ;延时 6ms
        ACALL  KS1                  ;查键是否继续闭合,若闭合再延时
        JNZ    LK3
        POP    ACC                  ;若键起,则键码送 A
        RET
NEXT:   INC    R4                   ;扫描列号加 1
        MOV    A,R2
        JNB    ACC.7,KND            ;若第 7 位为 0,则已扫描完最高行转 KND
        RL     A                    ;循环右移一位
        MOV    R2,A
        AJMP   LK4                  ;进行下一列扫描
KND:    AJMP   KEY1                 ;扫描完毕开始新的一次
```

键盘扫描程序的运行结果是，将被按键的键码放在累加器 A 中，然后再根据键码进行下一步处理。

学习任务 7.5 外接显示器及其接口电路

单片机测控系统最常用的数码显示器是 LED（发光二极管显示器）和 LCD（液晶显示器）。这两种显示器驱动电路简单、易于实现且价格低廉，因此得到了广泛的应用。

7.5.1 LED 显示器如何工作

简单的 LED 显示器有 LED 状态显示器（俗称发光二极管）、7 段 LED 显示器（俗称数码管）和 16 段 LED 显示器。发光二极管用于显示系统的两种状态；数码管用于显示数字；LED 16 段显示器用于显示字符。

1. 数码管结构

7 段数码管由 8 个发光二极管（以下简称字段）构成，通过不同的组合可用来显示数字 0~9，字符 A~F、H、L、P、R、U、Y 等及减号“-”与小数点“.”。7 段数码管外形结构如图 7-24b 所示，数码管又分为共阴极和共阳极两类，分别如图 7-24c 和图 7-24d 所示。

2. 数码管的字型编码

共阴极数码管某字段输入端为高电平时，字段导通并点亮；共阳极数码管输入端为低电平时，该端所连接字段导通并点亮。使用时，还需根据外接电源及额定字段导通电流确定相应的限流电阻。

根据发光字段的不同组合可显示出各种数字或字符，要使数码管正确显示，必须同时对所有字段输入相应的电平信号，即字型编码。对于共阴极数码管，数据为 1 对应字段亮，数据为 0 对应字段暗；共阳极数码管的字型编码对应二进制位相反。数码管字型编码见表 7-15。

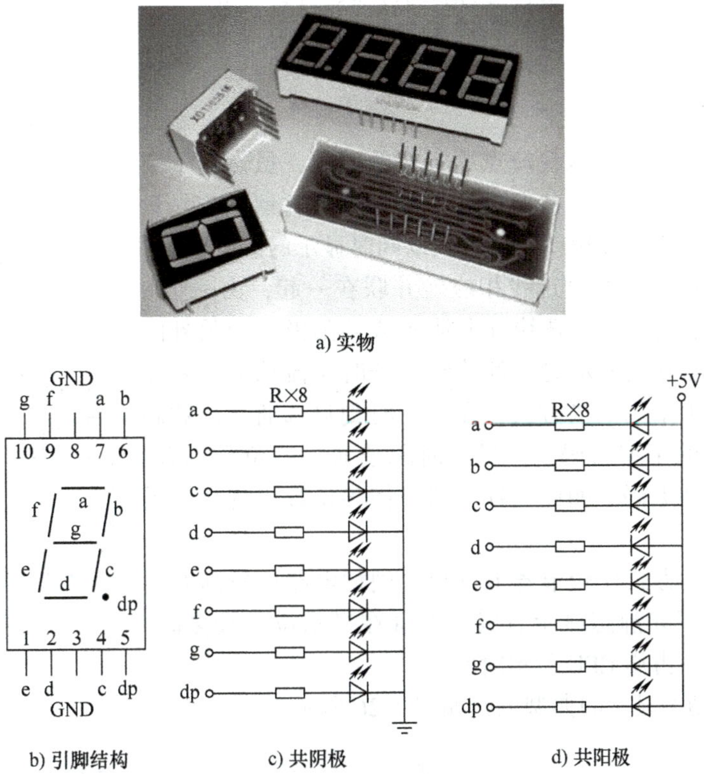

a) 实物

b) 引脚结构　　c) 共阴极　　d) 共阳极

图 7-24　7 段数码管显示器

表 7-15　数码管字型编码

显示字符	共阴极码	共阳极码	显示字符	共阴极码	共阳极码	显示字符	共阴极码	共阳极码
0	3FH	C0H	9	6FH	90H	P	73H	8CH
1	06H	F9H	A	77H	88H	R	31H	CEH
2	5BH	A4H	B	7CH	83H	U	3EH	C1H
3	4FH	B0H	C	39H	C6H	Y	6EH	91H
4	66H	99H	D	5EH	A1H	—	40H	BFH
5	6DH	92H	E	79H	86H	.	80H	7FH
6	7DH	82H	F	71H	8EH	8.	FFH	00H
7	07H	F8H	H	76H	89H	“灭”	00H	FFH
8	7FH	80H	L	38H	C7H			

3. 静态显示接口

静态显示是指数码管显示某一字符时，相应的发光二极管恒定导通或截止，各位数码管相互独立，公共端固定接地（共阴极）或接正电源（共阳极），每个数码管的 8 个字段分别与 8 位 I/O 口的一位相连。I/O 口只要有字型编码输出，相应字符就显示出来，并保持不变，直到 I/O 口输出新的字型编码。

采用静态显示方式，较小的电流即可获得较高的亮度，且占用 CPU 时间少，编程简单，显示便于监测和控制，但其硬件电路复杂，成本高，只适合于显示位数较少的场合。一位数码管静态显示的典型电路如图7-25所示。

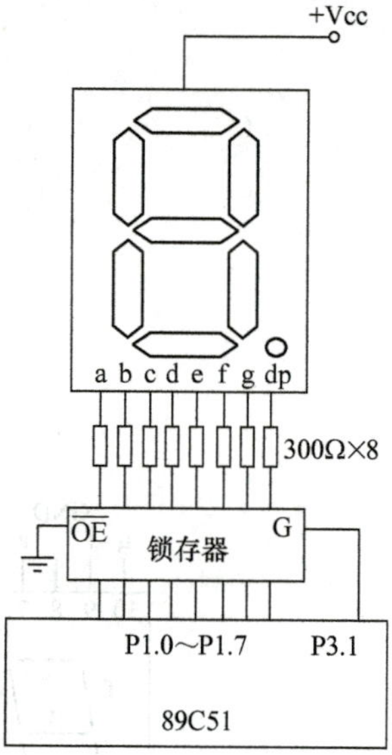

图7-25 数码管静态显示典型电路

4. 动态显示接口

动态显示是一位一位地轮流点亮各位数码管，虽然这些字符是在不同的时刻分别显示，但由于人眼的视觉暂留效应，只要每位显示时间间隔足够短就可以给人以同时显示的感觉。

通常，各位数码管的段选线相应地并联在一起，由一个8位的I/O口控制，各位的位选线（共阴极或共阳极）由另外的I/O口控制。动态方式显示时，各数码管分时轮流选通，要使其稳定显示，必须采用扫描方式，在某一时刻只选通一位数码管，并送出相应的字型编码，在另一时刻选通另一位数码管，并送出相应的字型编码。如此循环，即可使各位数码管显示需要显示的字符。

采用动态显示方式比较节省I/O口，硬件电路也较静态显示简单，但亮度不如静态显示方式，而且在显示位数较多时，CPU要依次扫描，占用CPU较多时间。

4位数码管动态显示的典型电路如图7-26所示。

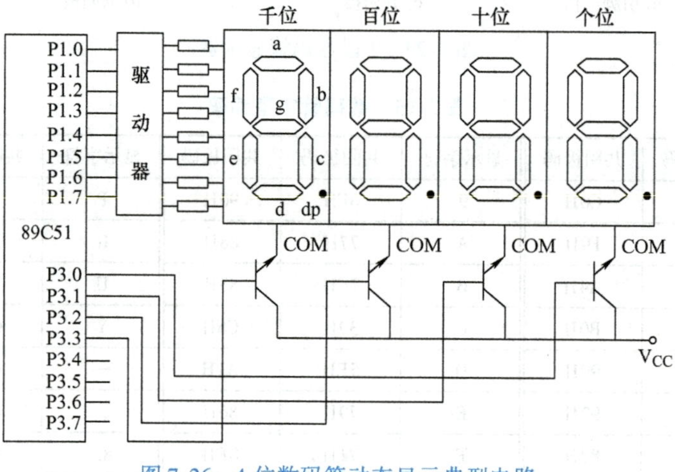

图7-26 4位数码管动态显示典型电路

7.5.2 LED点阵大屏幕如何显示

LED点阵大屏幕显示器是把很多的LED按矩阵方式排列在一起，通过对各LED发光与不发光的控制完成各种字符或图形的显示，常见的LED点阵有5×7（5列7行）、7×9显示模块，主要用于显示各种西文字符，还有8×8结构，可用于大型电子显示屏的基本组建单元。

1. 8×8点阵显示器

8×8LED点阵的外观及引脚如图7-27所示，其等效电路如图7-28所示。点亮某些LED，即可组成数字、字母、图形及汉字。只要各LED处于正偏（Y向为1，X向为0）则该 LED 发光。如 Y7（9）=1，X7（13）=0 时，则其对应的左上角的 LED 会发光。实际应用时，各 LED 还需接限流电阻，既可接在 X 轴，也可接在 Y 轴。

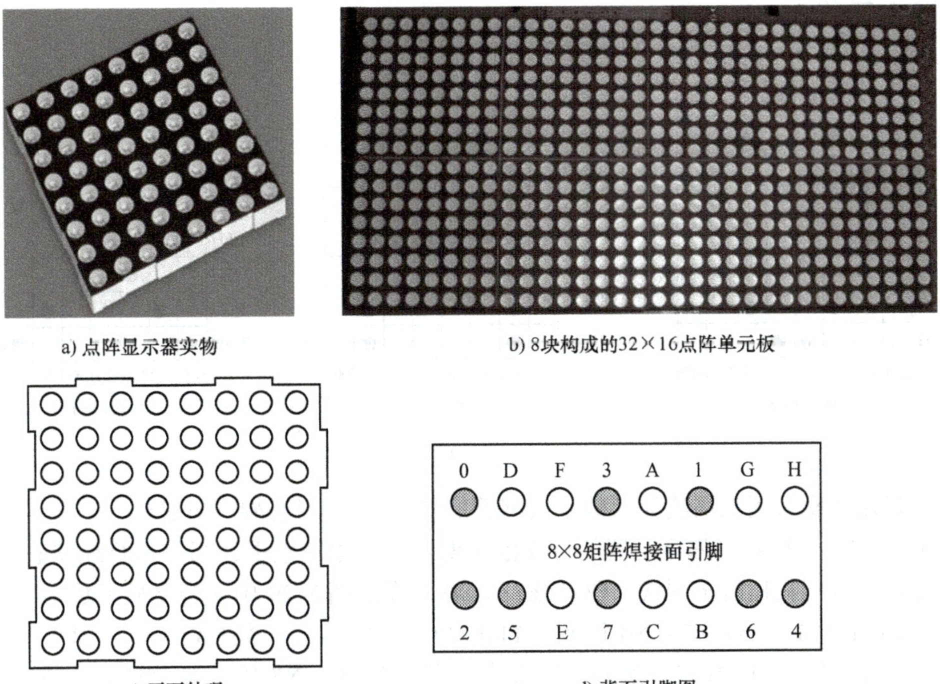

a) 点阵显示器实物　b) 8块构成的32×16点阵单元板

c) 正面外观　d) 背面引脚图

图 7-27　8×8 点阵外观及引脚图

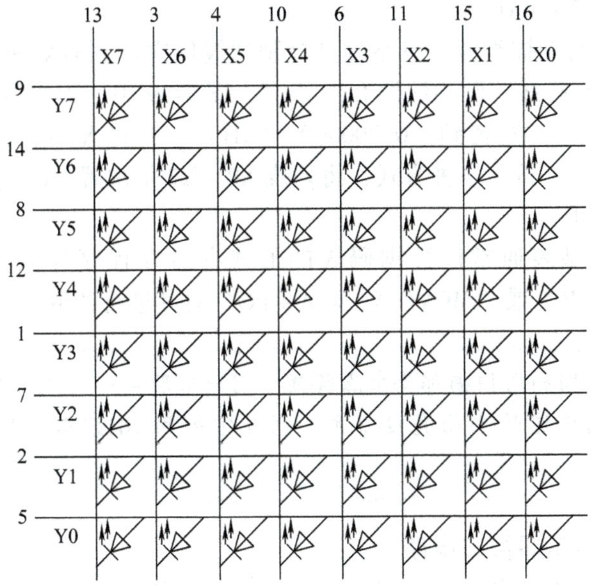

图 7-28　8×8 点阵的等效电路

如果采用直接点亮的方式，则显示形状是固定的；而若采用多行扫描的方式，就可以实现很多动态效果。无论使用哪种形式，都要依据 LED 的亮暗来组成图案。

数字、字母和简单的汉字只需1片8×8点阵显示器就可以显示，但如果要显示较复杂的汉字，则必须要由多个8×8点阵显示器共同组合才能完成。数字、字母和简单汉字的造型表如图7-29所示。

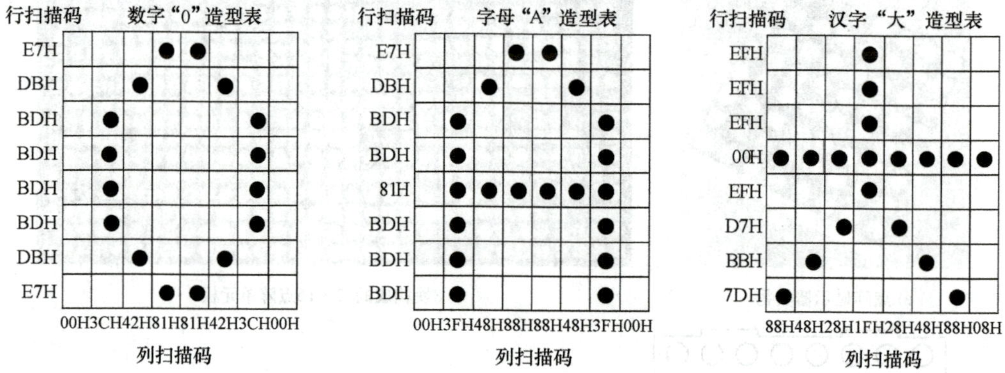

图7-29 数字、字母及汉字造型表

点阵显示器常采用扫描法显示数字或字符的造型，有行扫描和列扫描。

（1）行扫描 控制点阵显示器的行线依次得到有效驱动电平，当每行行线状态有效时，分别发送对应的行扫描码至列线，驱动该行LED点亮。图7-29中，若要显示数字“0”，则可先将Y0行置“1”，令X7～X0得到“11100111（E7H）”；再将Y1行置“1”，令X7～X0得到“11011011（DBH）”；按照这种方式，将行线Y0～Y7依次置“1”，令X7～X0依次得到相应的行扫描码值即可。如各行扫描码发送时间间隔足够小并循环发送，由于视觉暂留可看到持续点亮的数字“0”。与单片机接口中，可将P2.7～P2.0分别对应X7～X0，P0.7～P0.0分别对应Y7～Y0。

（2）列扫描 与行扫描类似，只不过是控制列线依次得到有效驱动电平，当第n列有效时，发送列扫描码至行线，驱动该列LED点亮。图7-29中，若要显示数字“0”，则可先将X0列置“0”，令Y7～Y0得到“00000000（00H）”；再将X1行置“0”，令Y7～Y0得到“00111100（3CH）”；按照这种方式，将列线X0～X7依次置“0”，令Y7～Y0依次得到相应的列扫描码值即可。

点阵显示器的造型表通常以数据码表的形式存放在程序存储器中。使用查表指令“MOVC A，@A+DPTR”或“MOVC A，@A+PC”对其进行读取。

★**开发提示：** 行扫描和列扫描都要求点阵显示器一次驱动一行或一列，如果不外加驱动电路，LED会因电流较小而亮度不足，因此常采用74LS244、ULN2003等芯片驱动。

2. LED大屏幕显示器接口电路

LED大屏幕显示器有单色及彩色显示，除显示文字外，还可显示图形、图像，而且能产生各种动画效果，是广告宣传、新闻传播的有力工具。我国2022年冬季奥运会开幕式上所用的巨大舞台，是目前世界上最大的地面全彩LED显示屏，由42000多块独立显示模块组成。

（1）LED 大屏幕的显示方式　可分为静态和动态扫描两种显示方式。静态显示时，每一个像素需要一套驱动电路；动态扫描显示则采用多路复用技术，如果是 P 路复用，则每 P 个像素需一套驱动电路，n×m 个像素仅需 n×m/P 套驱动电路，P 越大驱动电路就越少，成本越低，引线也大大减少，更有利于高密度显示屏的制造。实际应用中很少采用静态驱动。

（2）LED 大屏幕接口应用　实际应用中，由于显示屏体与计算机及控制器有一定距离，应尽量减少两者之间信号线的数量。信号一般采用串行传送方式，计算机控制器送出的信号只有 5 个，即时钟 PCLK、显示数据 DATA、行控制信号 HS（串行传送时仅需 1 根）、场控制信号 VS（串行传送时仅需 1 根）以及地线。

89C51 单片机与 LED 大屏幕显示器接口的一种具体应用如图 7-30 所示。图中，LED 显示器为 8×64 点阵，由 8 个 8×8 点阵的 LED 显示块拼装而成。8 个块的行线相应地并接在一起，形成 8 路复用，行控制信号 HS 由 P1 口经驱动后形成行扫描信号输出（8 根信号线并行传送）；列控制信号分别经由各 74LS164 驱动后输出。74LS164 为 8 位串入并出移位寄存器，8 个 74LS164 串接在一起，形成 8×8＝64 位的串入并出移位寄存器，输出对应 64 点列。显示数据 DATA 由 89C51 单片机的 RXD 端输出，时钟 PCLK 由 89C51 单片机的 TXD 端输出。RXD 发送串行数据，而 TXD 输出移位时钟，此时串行口工作于方式 0，即同步串行移位寄存器状态。

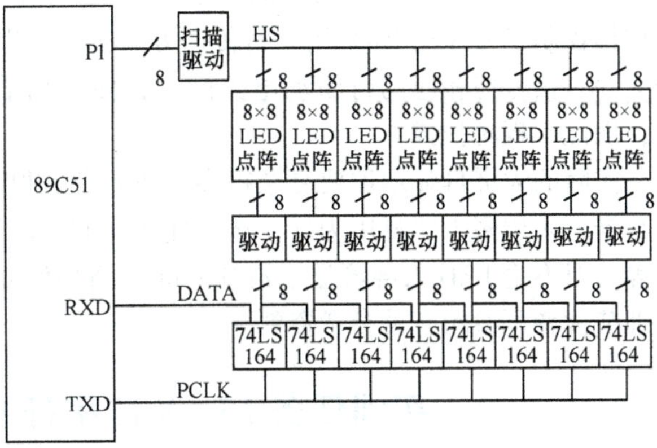

图 7-30　89C51 单片机与 LED 大屏幕显示器接口

显示屏体的工作以行扫描方式进行，每次显示 1 行 64 个 LED 点，显示时间称为行周期，8 行扫描显示完成后开始新一轮扫描，总时间称为场周期。

三路信号都为同步传送信号，显示数据 DATA 与时钟 PCLK 配合传送某一行（64 个点）的显示信息，在一行周期内有 64 个 PCLK 脉冲信号，其将一行的显示信息串行移入 8 个串入并出移位寄存器 74LS164 中，在行结束时，由行控制信号 HS 控制存入对应锁存电路并开始新一行显示，直到下一行显示数据开始锁入为止，由此实现行扫描。

因图中的 LED 显示屏只有 8 行，无须采用场扫描控制信号 VS，且行、场扫描的控制可通过单片机对 P1 口编程实现。锁存与驱动电路可采用 74LS273、74LS373、74LS374 等集成电路。

（3）大屏幕编程步骤　对于大屏幕动态显示，可按照如下动态扫描过程编程：

1）从串行口输出 8B 共 64bit 的数据到 74LS164 中，形成 64 列的列驱动信号。

2）从 P1 口输出相应的行扫描信号，与列信号一起点亮行中有关的点。

3）延时 1～2ms，不能太长，应保证扫描所有行（一帧数据）所用时间之和在 20ms 以内。

4）从串行口输出下一组数据，从 P1 口输出下一行扫描信号并延时 1～2ms，完成下一行的显示。

5）重复上述操作，直到所有 8 行全扫描显示一次，即完成一帧数据的显示。

6）重新扫描显示的第一行，开始下一帧数据的扫描显示工作，如此不断地循环，即可完成相应的画面显示。

7）要更新画面时，只需将新画面的点阵数据输入到显示缓冲区中即可。

8）通过控制画面的显示，可以形成左平移、右平移、开幕式、合幕式、上移、下移及动画等。

（4）LED 大屏幕显示的扩展　如果使用 8×8LED 点阵，将图 7-30 显示屏扩展为宽高比例是 16：9 的 256×144 点阵显示屏，则水平方向应有 32 个点阵，垂直方向有 18 个点阵，整个显示屏由 36864 个点阵组成。由于一行的 LED 点数太多，可将行驱动分成 4 组驱动，每组驱动 8 个点阵（64 个 LED 点）。每场对应的行数达 144 行，如仍采用 8 路复用，则垂直方向应分成 18 组驱动，每组驱动 8 行 LED 点（正好是一个点阵对应点数），此时必须引入场扫描控制信号 VS，如采用并行传送方式，需占用 18 根 I/O 口线（使用 5-32 译码器只需 5 根），VS 信号与相应的行驱动电路配合，使行扫描信号分时送入垂直方向的 18 组 LED 点阵，以此实现场扫描。

实际的大屏幕显示器要复杂得多，还要考虑很多问题，如抗干扰性能、串行还是并行传送数据、采用多少路复用为好、选择什么样的驱动器、显示像素很多时是否要采用 DMA 传输等。但不论 LED 大屏幕显示器的实际电路如何复杂，其显示原理都是动态扫描显示。具体细节读者可参阅有关参考资料。

实训任务 15　8 位字符的 LED 动态显示

1. 任务目的

1）掌握 89C51 单片机控制动态 LED 显示器的连线及编程方法。

2）掌握 8255A 扩展 I/O 口的基本连接及编程方法。

3）进一步掌握单片机系统调试的过程及方法。

8位字符的LED动态显示汇编程序设计

2. 任务内容

编写程序在 8 个数码管上分别显示内部 RAM 50H～57H 单元中的数据。

3. 任务分析

根据任务内容，可以设计一个 89C51 单片机通过 8255A 驱动 8 位 LED 动态显示的接口

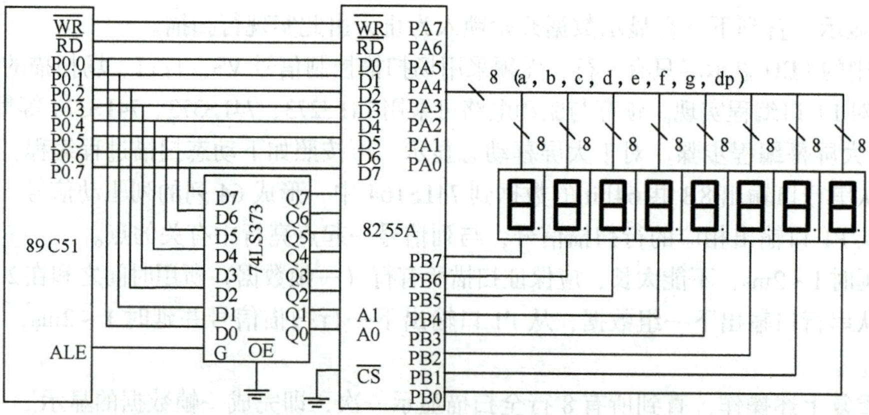

图 7-31　8 位 LED 动态显示接口

电路，如图 7-31 所示。LED 为 7 段共阴极数码管，所以需要通过向 8255A 的 PB0 ~ PB7 发 0 才能选中从右向左的每个 LED 数码管显示字符。A 口输出字型编码，B 口输出位选码，片选端直接接地。

根据图中连接，假设 8255A 的无关地址位为 1（也可为 0），则 8255A 的 A 口地址为 FFFCH，B 口地址为 FFFDH，控制口地址为 FFFFH，由于 A、B 口均为输出，因此控制字为 80H。

1）汇编参考程序如下：

```
        ORG     0000H
        AJMP    MAIN
        ORG     0030H
MAIN:   MOV     A,#10000000B        ;设置 8255A 的工作方式,A 口、B 口为输出,
                                     参考表 7-6、表 7-7 设置
        MOV     DPTR,#0FFFFH        ;8255A 的命令口地址送 DPTR
        MOVX    @ DPTR,A
        MOV     R0,#50H             ;50H ~ 57H 为显示缓冲区
        MOV     R3,#7FH             ;第一位的位选码
        MOV     A,R3
SCAN:   MOV     DPTR,#0FFFDH        ;指向 B 口
        MOVX    @ DPTR,A            ;位选码送 B 口
        MOV     A,@ R0              ;取显示数据
        MOV     DPTR,#TAB           ;取字型编码表首址
        MOVC    A,@ A + DPTR        ;取字型编码
        MOV     DPTR,#0FFFCH        ;指向 A 口
        MOVX    @ DPTR,A            ;字型编码送 A 口
        ACALL   DL1ms               ;调 1ms 延时子程序
        INC     R0                  ;指向下一显示数据单元
        MOV     A,R3
        JNB     ACC.0,ED            ;8 位显示完,退出
        RR      A                   ;指向下一位
        MOV     R3,A
        AJMP    SCAN                ;继续显示下一位
ED:     SJMP    ED                  ;动态停机
TAB:    DB      3FH,06H,5BH,4FH,66H,6DH,7DH,07H    ;共阴极 0 ~ F 的字型码表
        DB      7FH,6FH,77H,7CH,39H,5EH,79H,71H
DL1ms:  MOV     R7,#04              ;延时 1ms 子程序,设晶振频率为 12MHz
DL0:    MOV     R6,#124             ;本处延时算法可参考例 4-35
DL1:    DJNZ    R6,DL1
        DJNZ    R7,DL0
        RET
        END
```

8位字符的LED动态显示C51程序设计

2）C51 参考程序如下：

```
#include <reg51.h>
```

```
#include <absacc.h>                        //声明绝对地址访问头文件
#define LED XBYTE[0x7ffc]                  //定义 LED 代表 8255 A 口地址
#define ADR XBYTE[0x7fff]                  //定义 ADR 代表 8255 控制寄存器地址
#define WEI XBYTE[0x7ffd]                  //定义 WEI 代表 8255 B 口地址
unsigned char wei[8] = {0x01,0x02,0x04,0x08,0x10,0x20,0x40,0x80};
unsigned char duan[10] = {0x3f,0x06,0x5b,0x4f,0x66,0x6d,0x7d,0x07,0x7f,0x6f};
void delay(int);
void main( )
{  unsigned char i;
   char * pr;
   ADR = 0x80;         //设置 8255,将控制字送到控制寄存器,A 口、B 口方式 0 输出、C 口输出
    while(1)
    {
      pr = 0x50;
      for(i = 0;i < 8;i + +)
      {
        * (pr + +) = i;
      }
      pr = 0x50;
      for(i = 0;i < 8;i + +)
      {  WEI = ~wei[i];
         LED = duan[* (pr + +)];
         delay(1);
         WEI = 0xff;
      }
    }
}
void delay(int x)                          //5ms 的延时函数
{     int i,j;                             //定义变量 i,j
      for(i = 0;i < x;i + +)               //for 循环 x 次,延时约 x×5ms
      for(j = 0;j < 600;j + +);            //循环 600 次,延时约 5ms
}
```

4. 任务完成步骤

（1）硬件接线　将各元件按硬件接线图焊接到万能板上或在实验开发装置中搭建。

（2）编程并下载　将参考程序输入并下载到89C51单片机中。

（3）观察运行结果　将编程完成的89C51芯片插入到硬件电路板的CPU插座中，接通电源，观察LED显示。

实训任务16　8×8点阵“心形”图形显示屏的控制

8×8点阵“心形”图形显示屏的控制汇编程序设计

1. 任务目的

1）学习89C51单片机与8×8点阵显示器外部引脚的接线方法。

2）学习基本 I/O 口扩展 8×8 点阵显示器的基本原理及编程方法。

3）进一步掌握单片机系统调试的过程及方法。

2. 任务内容

要求实现 8×8 点阵显示器持续显示心形图形，如图 7-32 所示。

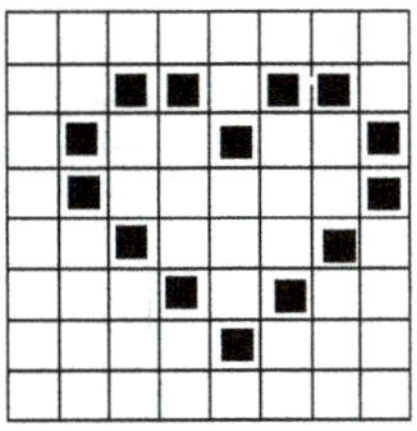

图 7-32　心形图形

3. 任务分析

8×8 点阵显示器有共阴极和共阳极两种，在此采用共阳极显示器。用 89C51 单片机 P0 口控制点阵显示器的行线（P0.7～P0.0 分别接 Y7～Y0），P2 口控制列线（P2.7～P2.0 分别接 X7～X0）。硬件电路设计如图 7-33 所示，由于显示器需要的电流较大，所以在行线和列线上都要加驱动器。本电路行线采用 74LS273 锁存器驱动，列线采用 74LS07 驱动。

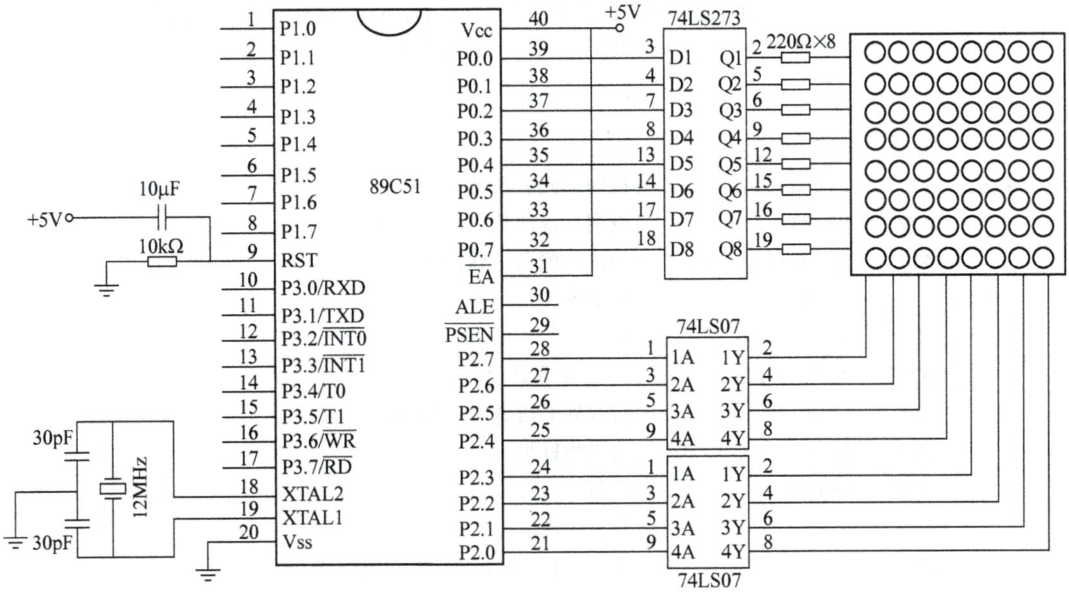

图 7-33　8×8 点阵显示屏电路接线

采用动态列扫描法设计程序，要显示一个完整图形需进行 8 次扫描。如从最右侧的列开始扫描，则每一次扫描的显示情况如图 7-34 所示。分析可知，从最右列向左，心形图形的列扫描码（从 P0 口输出发至显示器行线）分别为 30H、48H、44H、22H、44H、48H、30H、00H。

★**开发提示：**LED 点阵屏的行列可以相互转换，在电路设计和编程中务必注意 LED 点阵屏的行和列分别为高电平还是低电平，与相应的程序配套使用，若行列转换而程序没做相应的更改，可能会造成 LED 点阵屏不能点亮或不能正确显示。

1）汇编参考程序如下：

```
ORG     0000H
AJMP    MAIN
```

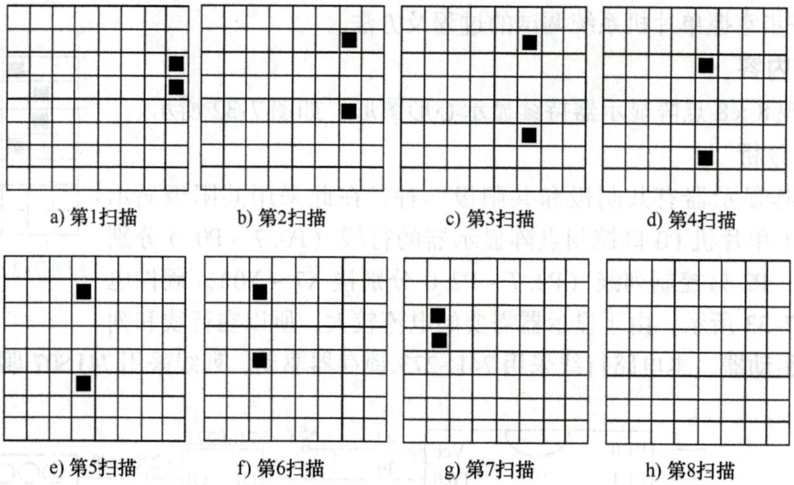

图 7-34 从右向左逐列扫描的显示情况

```
        ORG     0100H
MAIN:   MOV     DPTR,#TAB           ;指向编码表首地址
        MOV     R3,#8               ;设列扫描次数
        MOV     R0,#11111110B       ;扫描右侧第一列初值
  N1:   MOV     P2,R0               ;扫描值送 P2 口
        CLR     A
        MOVC    A,@ A + DPTR        ;到 TAB 取显示码
        MOV     P0,A                ;将取到的码送 P0 口显示
        INC     DPTR                ;取码指针加 1
        LCALL   DELAY               ;延时
        MOV     A,R0                ;列扫码送 A
        RL      A                   ;左移 1 位,准备进行下一列扫描
        MOV     R0, A               ;列扫码送回 R0
        DJNZ    R3,N1               ;显示完 8 列了吗? 没有则跳到 N1
        AJMP    MAIN                ;是则进行下一个循环,返回主程序起始处
DELAY:  MOV     R4,#14H             ;延时子程序
 LOOP:  MOV     R5,#18H
        DJNZ    R5,$
        DJNZ    R4,LOOP
        RET
 TAB:   DB      30H,48H,44H,22H,44H,48H,30H,00H        ;心形图形编码表
        END
```

8×8点阵“心形”图形显示屏的控制C51程序设计

2）C51 参考程序如下：

```
#include <reg51.h>                  //包含头文件
sbit cp = P3^0;                     //定义 74LS273 时钟引脚连接到单片机 P3.0 引脚
void delay(unsigned int i)          //延时子函数
```

```
{  while(i--);
}
void main( )                        //主函数
{   char code hang[]={0x80,0x40,0x20,0x10,0x08,0x04,0x02,0x01};    //行扫描数据
    char code lie[]={0xff,0xe7,0xdb,0xbd,0x7e,0x66,0x99,0xff};     //列数据
    int i;
    while(1)
    {  for(i=0;i<8;i++)             //8 次循环执行
       {  P1=0x00;                  //清屏
          cp=0;                     //cp 由 0 至 1,产生上升沿,将 0x00 输送至 P1 口
          cp=1;
          P1=hang[i];               //向 P1 口发送行数据
          cp=0;                     //cp 由 0 至 1,产生上升沿,
          P2=lie[i];                //向 P2 口发送列数据
          cp=1;
          delay(100);               //延时函数调用
       }
    }
}
```

4. 任务完成步骤

1）硬件接线　将各元器件按硬件接线图焊接到万用电路板上或在实验开发装置中搭建。

2）编程并下载　将参考程序输入并下载到 89C51 单片机中。

3）观察运行结果　将编程完成的 89C51 芯片插入到硬件电路板的 CPU 插座中，接通电源，观察 LED 显示点阵的显示。

5. 任务拓展

请读者用上述方法实现字母“F”、汉字“人”的显示，以及交替显示不同字符。

学习任务 7.6　外接 D－A 转换接口

7.6.1　D－A 转换基本知识

外接D-A转换接口

1. 转换特性

D－A 转换器（DAC）输入的是 n 位二进制数字量，经转换后成正比例的输出模拟量电压 u_O 或电流 i_O。

对于一个 n 位的 DAC，假如 U_O（或 I_O）为其可以输出的最大电压（或电流），D（0～2^n）为单片机对其输入的二进制值，则

$$u_O(或\ i_O)=\frac{U_O(或\ I_O)}{2^n}\times D$$

当 n＝3 时，DAC 转换电路的输入输出转换特性如图 7-35 所示，由于对 DAC 输入的数

字量不连续，同时 D－A 转换及单片机输出数据都需要一定时间，因此输出的模拟量为阶梯波。如果两次输出时间间隔 Δt 较小，则可近似认为输出电压或电流是连续的。

★**开发提示**：在单片机应用系统中，有许多如温度、速度、电压、电流及压力等模拟量，这些都是连续变化的物理量。由于计算机只能处理数字量，因此单片机系统中凡遇到有模拟量的地方，就要进行数字量向模拟量、模拟量向数字量的转换，通过数-模（D－A）和模-数（A－D）转换接口实现。

2. D－A 转换器的主要技术性能指标

（1）分辨率　分辨率是 D－A 转换器对输入量变化敏感程度（输出模拟量的最小变化量）的描述，常用输入数字量的位数描述。如果数字量的位数为 n，则 D－A 转换器的分辨率为 $1/2^n$。如 8 位的分辨率为 1/256，数字量位数越多，分辨率越高，输出量的最小变化量就越小。DAC 常可分为 8 位、10 位、12 位等三种。

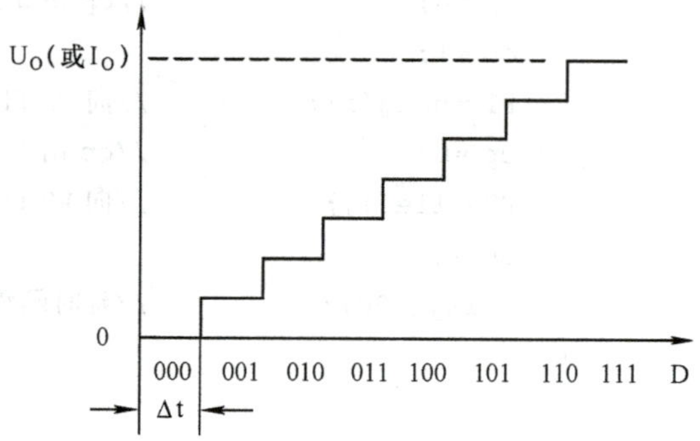

图 7-35　3 位 DAC 输入输出特性曲线

（2）建立时间　建立时间是指从输入数字量到转换为模拟量输出所需的时间，表示转换速度。电流型 D－A 转换器比电压型 D－A转换器转换快。总的来说，D－A 转换速度远高于 A－D 转换速度，快速的 D－A 转换器建立时间可达 1μs。

（3）转换精度　转换精度是指在 D－A 转换器转换范围内，输入的数字量对应模拟量的实际输出值与理论值之间的最大误差，主要包括失调误差、增益误差和非线性误差。

（4）接口形式　接口形式直接影响 D－A 转换器与单片机接口连接的方便与否。例如 D－A转换器，有一类不带锁存器，为了保存来自单片机的转换数据，接口时要另加锁存器；另一类带锁存器，可以将其看作是一个输出口，可直接连接到数据总线上。

7.6.2　典型的 D－A 转换器芯片 DAC0832

1. DAC0832 的应用特性

DAC0832 的逻辑结构如图 7-36 所示。由 8 位输入锁存器、8 位 DAC 寄存器、8 位 D－A 转换器及转换控制电路构成。8 位输入锁存器和 8 位 DAC 寄存器形成两级缓冲，分别由 $\overline{LE1}$ 和LE2信号控制。当控制信号为低电平时，数据被锁存，输出不随输入变化；当控制信号为高电平时，锁存器输出与输入相同并随输入而变化，即输入输出直通。根据两个锁存器的锁存情况不同，DAC0832 有直通式（两级直通）、单级缓冲式（一级锁存一级直通）和双级缓冲式（双锁存）三种形式。

2. DAC0832 引脚功能

DAC0832 的引脚如图 7-37 所示。

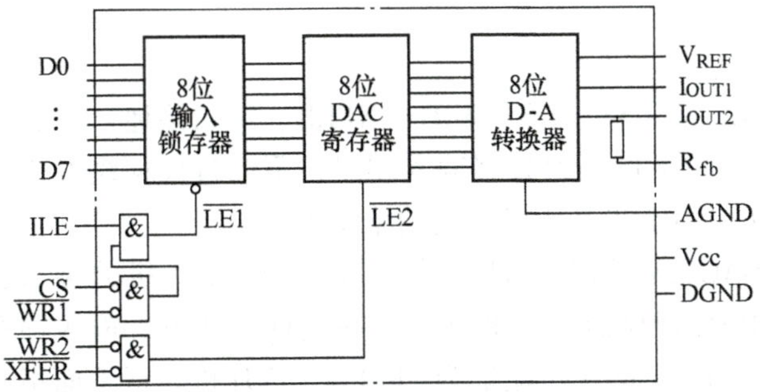

图 7-36　DAC0832 的逻辑结构

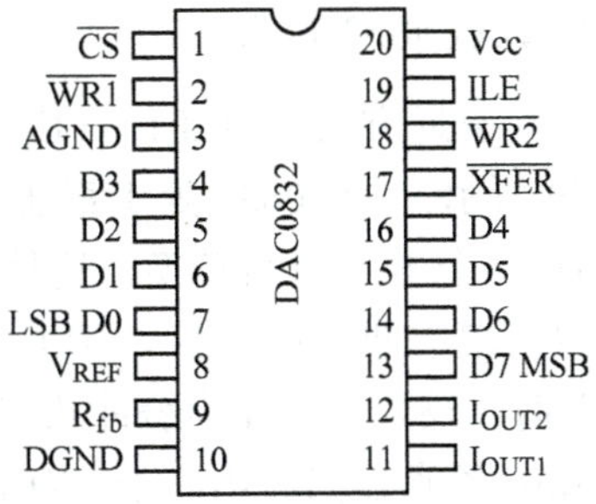

图 7-37　DAC0832 的引脚图

（1）D0 ~ D7　数据输入线。

（2）ILE　数据允许锁存信号，高电平有效。

（3）$\overline{CS}$　芯片选择信号，低电平有效。

（4）$\overline{WR1}$　输入锁存器的写选通信号。输入锁存器的锁存信号$\overline{LE1}$（如图 7-36 所示）由 ILE、$\overline{CS}$、$\overline{WR1}$的逻辑组合产生。当 ILE、$\overline{CS}$、$\overline{WR1}$均有效时，$\overline{LE1}$产生正脉冲，此时输入锁存器的状态随数据输入线的状态变化，当$\overline{LE1}$负跳变时将数据线的信息锁入输入锁存器。

（5）$\overline{XFER}$　数据传送信号，低电平有效。

（6）$\overline{WR2}$　DAC 寄存器的写选通信号。DAC 寄存器的锁存信号$\overline{LE2}$（如图 7-36 所示）由$\overline{XFER}$和$\overline{WR2}$逻辑组合产生。当$\overline{XFER}$为低电平、$\overline{WR2}$输入负脉冲时，在$\overline{LE2}$产生正脉冲。当$\overline{LE2}$为高电平时，DAC 寄存器的输出和输入锁存器的状态一致，$\overline{LE2}$负跳变时，输入锁存器的内容送给 DAC 寄存器。

（7）V_{REF}　基准电源输入引脚。

（8）R_{fb}　反馈信号输入引脚，反馈电阻在芯片内部。

（9）I_{OUT1}、I_{OUT2}　电流输出引脚。电流 I_{OUT1} 与 I_{OUT2} 的和为常数，I_{OUT1}、I_{OUT2} 随 DAC 寄存器的内容线性变化。

（10）Vcc　电源输入引脚。

（11）AGND　模拟信号地。

（12）DGND　数字地。

3. DAC0832 的输出方式

DAC0832 的转换速度很快，建立时间为 1μs，与单片机一起使用时，D－A 转换过程无须延时等待。DAC0832 内部无参考电压，需外接参考电压源，并且 DAC0832 属于电流输出型 D－A 转换器，要获得模拟电压输出时，需要外加运算放大器转换电路，DAC0832 单极性电压输出电路如图 7-38 所示，I_{OUT2} 一般接地，此时如果参考电压 V_{REF} 接 －5V，则输出电

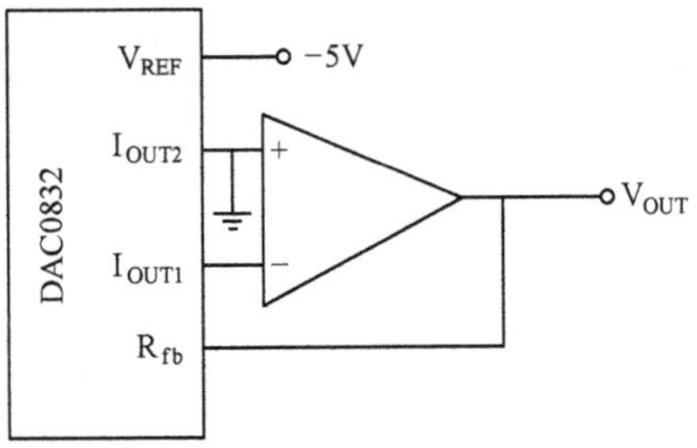

图 7-38　DAC0832 单极性电压输出

路中电压 V_{OUT} 在 0 ~ +5V 之间。

4. DAC0832 接口

（1）直通方式　当 $\overline{LE1}=\overline{LE2}=1$（ILE 接 +5V，$\overline{CS}$、$\overline{WR1}$、$\overline{XFER}$、$\overline{WR2}$ 接地）时，如图 7-39 所示，DAC0832 处于直通状态，当数字量送到数据输入端时，不经过任何缓冲立即进入 D - A 转换器进行转换，这种方式往往用于非单片机控制的系统中。

（2）单缓冲方式　图 7-40 所示为 DAC0832 的单缓冲方式下与 89C51 单片机的接口连线。此时，输入锁存器为缓冲状态，而 DAC 寄存器为直通状态。在这种方式下，输入锁存器和 DAC 寄存器只占用一个 I/O 口地址，DAC 寄存器地址为 7FFFH。单片机执行下面指令即可将数字量转化为模拟量输出：

```
MOV     A,#DATA
MOV     DPTR,#7FFFH
MOVX    @ DPTR,A
```

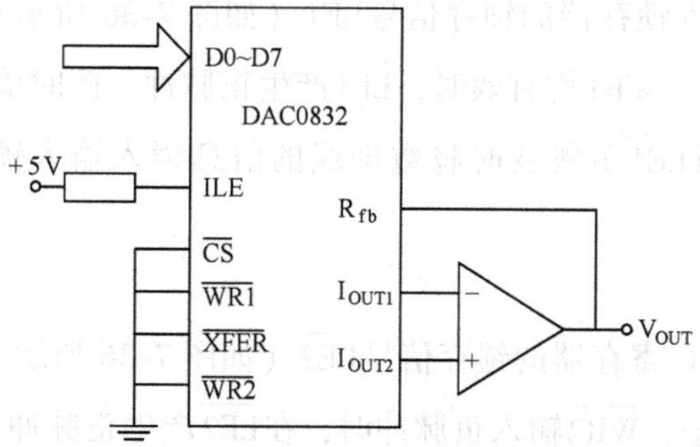

图 7-39　DAC0832 直通方式连线

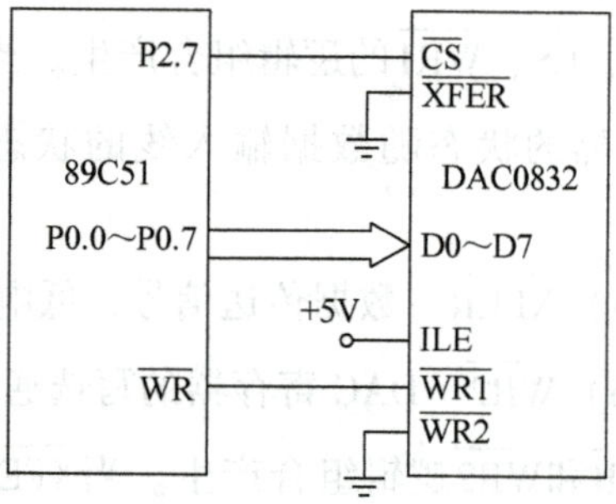

图 7-40　DAC0832 单缓冲方式接口连线

（3）双缓冲方式　利用双缓冲方式可以实现多路数据转换后信号的同步输出。DAC0832 双缓冲方式与 89C51 单片机的接口连线如图 7-41 所示，两个 DAC0832 占了 3 个地址单元，其中两个 DAC 寄存器共用一个地址，以实现同步输出。

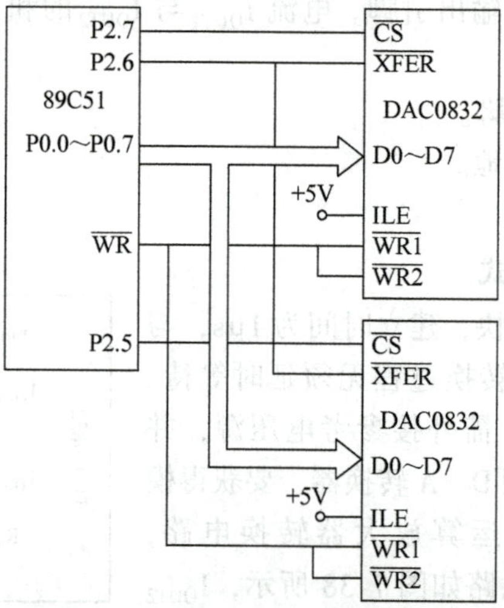

图 7-41　DAC0832 双缓冲方式与 89C51 单片机的接口连线

实训任务 17　基于 DAC0832 的灯循环渐变控制

1. 任务目的

1）熟悉 89C51 单片机与数模转换芯片 DAC0832 的接线方法。

2）练习 DAC0832 的编程方法。

3）进一步掌握单片机全系统调试的过程及方法。

基于DAC0832的灯循环渐变控制汇编程序设计

2. 任务内容

利用 DAC0832 数模转换芯片将 89C51 单片机内部某一单元数据的变化转换成模拟量送出，该模拟量要通过外部元器件（如 LED 等）表现出来。

3. 任务分析

可以将 89C51 单片机内部单元中的数据从 FFH 逐渐变到 00H，并逐一送给 DAC0832 芯片，再将 D-A 转换器转换后输出的模拟量以电压的形式驱动发光二极管，通过发光二极管的亮暗程度可以反映 DAC0832 的转换结果。设计的 DAC0832 转换接口结构原理图如图 7-42 所示。

DAC0832 转换接口的程序流程图如图 7-43 所示。

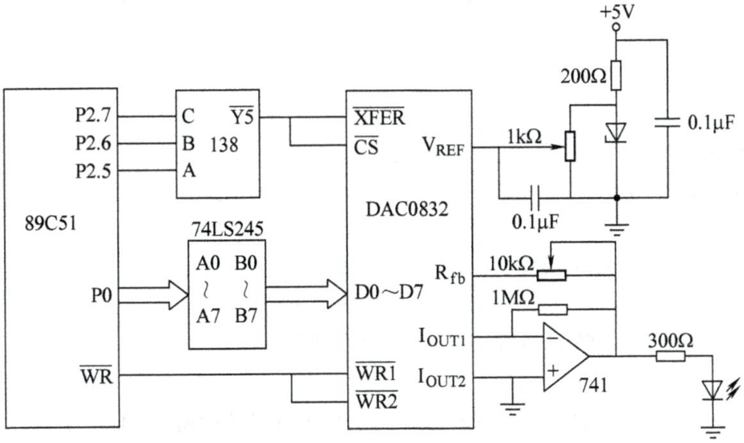

图 7-42　DAC0832 转换接口结构原理图

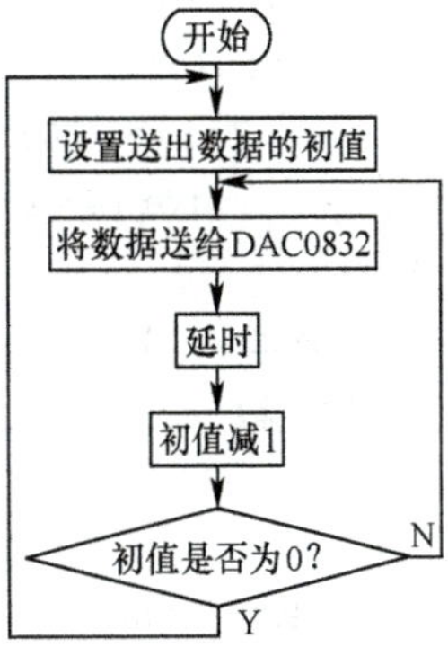

图 7-43　DAC0832 转换接口程序流程图

1）汇编参考程序如下：

```
        ORG    0000H
MAIN:   MOV    R2,#0FFH        ;设置送出数据的初值
BACK:   MOV    DPTR,#0A0FFH    ;DAC0832 的地址
        MOV    A,R2
        MOVX   @DPTR,A         ;将数据送出
        LCALL  DELAY           ;调用延时子程序
        DJNZ   R2,BACK         ;送出的数据减 1
        SJMP   MAIN            ;程序重新开始
DELAY:  MOV    TMOD,#01H       ;0.1s 延时子程序,设定定时/计数器 0 为方式 1
```

```
        MOV   R2,#02H
DELAYX: MOV   TH0,#03CH       ;89C51 的 50ms 定时,定时/计数器 0 赋初值 3CB0H
        MOV   TL0,#0B0H       ;计数 50000 个机器周期时中断溢出
        SETB  TR0
        CLR   TF0
        JNB   TF0,$
        DJNZ  R2,DELAYX       ;循环 2 次 50ms 的定时,总定时 0.1s
        CLR   TR0
        CLR   TF0
        RET
        END
```

2）C51 参考程序如下：

```
/* 基于 DAC0832 的灯循环渐变控制 */
#include <reg51.h>               //包含头文件
#define DAintput P0              //宏定义,即将 P0 用 LED 表示
sbit WR1 = P3^6;                 //位定义 P3.6 为 WR1
void delay(int i)                //延时 0.1s×i
{  unsigned char a,b,c,d;
    for(d=0;d<i;d++)
     for(c=19;c>0;c--)
      for(b=20;b>0;b--)
       for(a=130;a>0;a--);
}
void main( )                     //主函数
{  int i;
   while(1)                      //循环执行 while(1)后{}内的程序段
   {
     P2 = 0xa0;                  //使 P2.7～P2.5 为 101,使 138 芯片的输出为低电平
     WR1 = 0;                    //使 DAC0832 的 WR1 和 WR2 引脚为低电平
     for(i=255;i>0;i--)          //使 P0 口的值从 0 到 255 循环改变,每隔 0.5s 改变一次数值
     {
       DAintput = i;
       delay(5);
     }
   }
}
```

基于DAC0832的灯循环渐变控制C51程序设计

4. 任务完成步骤

（1）硬件接线　将各元器件按原理图焊接到万用电路板上或在实验开发装置中搭建。

（2）编程并下载　反复编程修改送出的 R2 初值，反复将程序下载到 89C51 单片机中。

（3）观察运行结果　将编程完成的 89C51 芯片插入到硬件电路板的 CPU 插座中，接通

电源，观察发光二极管的亮暗变化。

学习任务 7.7　外接 A－D 转换接口

A-D 转换器（Analog to Digital Converter，ADC）用于实现模拟量向数字量的转换，输出的数字信号大小与输入的模拟量大小成正比。按转换原理，ADC 可分为四类：计数式、双积分式、逐次逼近式和并行式。

外接A-D转换接口

目前最常用的 ADC 是双积分式和逐次逼近式。双积分式 ADC 的主要优点是转换精度高、抗干扰性能好、价格便宜，缺点是转换速度较慢。因此，这种转换器主要用于速度要求不高的场合。逐次逼近式 ADC 是一种转换速度较快、精度较高的转换器，其转换时间大约在几微秒到几百微秒之间。

7.7.1　典型的 A－D 转换器芯片 ADC0809

ADC0809 是一个典型的逐次逼近式 8 位 CMOS 型 A－D 转换器，片内有 8 路模拟量开关、三态输出锁存器以及相应的通道地址锁存与译码电路。ADC0809 采用 +5V 电源供电，可实现 8 路 0～5V 的模拟信号的分时采集，其转换后的数字量输出是三态的（总线型输出），可直接与单片机数据总线相连接。ADC0809 采用 +5V 电源供电，外接工作时钟，当典型工作时钟频率为 500kHz 时，转换时间为 128μs。

1. ADC0809 内部逻辑结构

ADC0809 内部逻辑结构如图 7-44 所示。

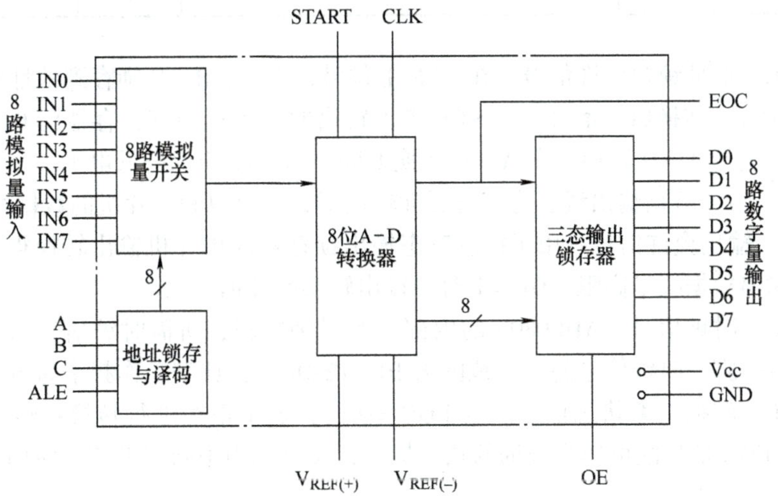

图 7-44　ADC0809 逻辑结构

（1）输入　输入为 8 路模拟量输入 IN0～IN7。同一时刻，ADC0809 只能接收一路模拟量输入，而不能同时对 8 路模拟量进行模-数转换。至于 ADC 接收哪一路输入由地址线 A、B、C 控制的 8 路模拟开关决定。

（2）模-数转换　A－D 转换器可将 IN0～IN7 中某一路输入的模拟量转化为 8 位数字信号，输出与输入值成正比，数字信号取值范围为 00H～FFH（0～255）。模-数转换开启时刻

项目1 项目2 项目3 项目4 项目5 项目6 项目7 项目8 附录

由 START 端控制。

（3）输出　A－D 转换器转换的数字量锁存在三态输出锁存器中，供单片机读取。当模－数转换结束时同时发出 EOC 信号，由 OE 端控制转换数字量的输出。

2. ADC0809 的引脚

ADC0809 芯片为 28 引脚双列直插式封装，其引脚排列如图 7-45 所示。

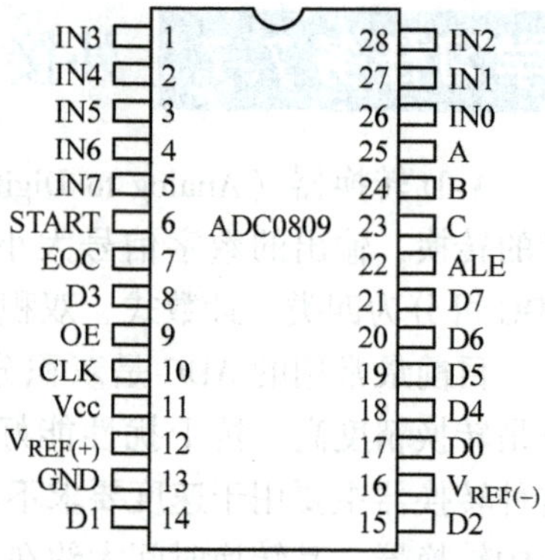

图 7-45　ADC0809 引脚图

（1）IN0～IN7　模拟量输入通道。ADC0809 对输入模拟量的要求主要有：信号单极性，电压范围 0～5V，若信号过小，则需进行放大；另外在 A－D 转换过程中，模拟量输入值不应变化太快，对变化速度快的模拟量，在输入前应增加采样保持电路。

（2）A、B、C　地址线。A 为低位地址，C 为高位地址，用于对模拟通道进行选择。CBA 的二进制值即为通路号，见表 7-16。

表 7-16　ADC0809 通道选择表

C	B	A	选择的通道	C	B	A	选择的通道
0	0	0	IN0	1	0	0	IN4
0	0	1	IN1	1	0	1	IN5
0	1	0	IN2	1	1	0	IN6
0	1	1	IN3	1	1	1	IN7

（3）ALE　地址锁存允许信号。在 ALE 上跳沿，将 A、B、C 锁存到地址锁存器中。

（4）START　转换启动信号。在 START 上跳沿时，所有内部寄存器清 0；在 START 下跳沿时，开始进行 A－D 转换；在 A－D 转换期间，START 应保持低电平。

（5）D0～D7　数据输出线。为三态缓冲输出形式，可以和单片机的数据线直接相连。

（6）OE　输出允许信号。用于控制三态输出锁存器向单片机输出转换得到的数据。当 OE＝0 时，输出数据线呈高阻；OE＝1 时，输出转换的数据。

（7）CLK　时钟信号。ADC0809 的内部没有时钟电路，所需时钟信号由外界提供，因此有时钟信号引脚。时钟信号的频率范围为 10～1280kHz，典型工作频率为 500kHz。

（8）EOC　转换结束状态信号。当 EOC＝0 时，表示正在进行转换；转换结束时 EOC 自动变为 1。EOC 信号既可作为查询的状态标志，又可作为中断请求信号使用。

（9）Vcc　＋5V 电源。

（10）V_{REF}　参考电压。用来与输入的模拟信号进行比较，作为逐次逼近的基准。典型值为 $V_{REF(+)}=+5V$，$V_{REF(-)}=0V$。

7.7.2　掌握 ADC0809 与 89C51 单片机的连接

ADC0809 与 89C51 单片机的连接有三种方式：查询方式、中断方式和定时方式。采用什么方式，应该根据具体情况来选择。

89C51 单片机与 ADC0809 的典型硬件电路如图 7-46 所示，该连接图通过软件编程，既可实现中断方式，又可实现查询方式。

根据图 7-46 分析可知：ALE 信号输出频率为 89C51 晶振频率的 1/6，经分频后为 ADC0809 提供 CLK 时钟信号。89C51 低 3 位地址线 P0. 0、P0. 1、P0. 2 与 74LS373 的 D0、D1、D2 依次相连，然后通过 74LS373 的 Q0、Q1、Q2 分别与 ADC0809 的 A、B、C 相连。P2. 0 和 $\overline{WR}$ 相或取反后作为开始转换 START 引脚的选通信号，所以在执行对外写指令 MOVX（$\overline{WR}=0$）的同时，P2. 0 必须输出 0 才可启动 ADC0809。如果 ADC0809 无关地址位都取 1，则 8 路通道 IN0 ~ IN7 地址为 FEF8H ~ FEFFH，见表 7-17。如果 ADC0809 无关地址位都取 0，则 8 路通道 IN0 ~ IN7 地址为 0000H ~ 0007H。

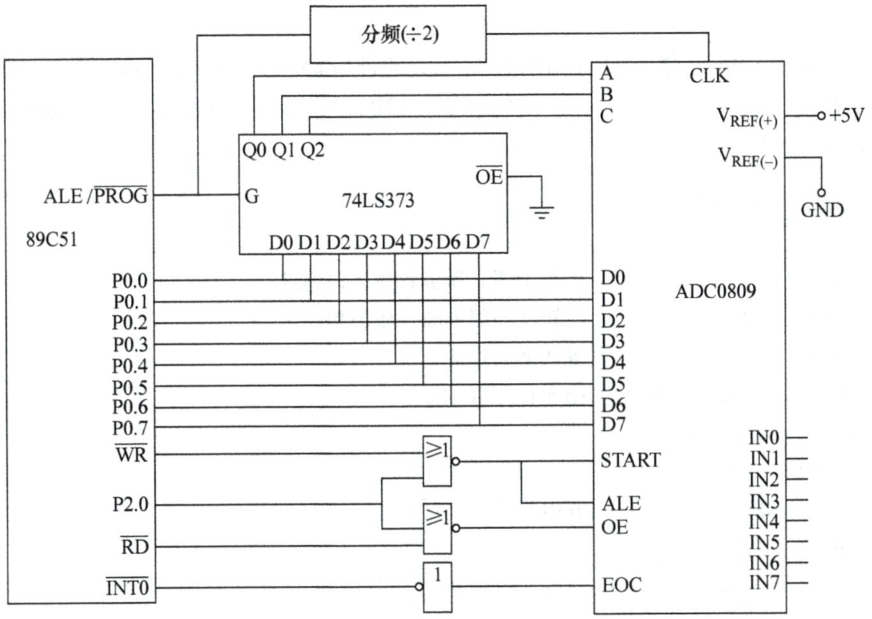

图 7-46　ADC0809 与 89C51 单片机的典型硬件电路

表 7-17　ADC0809 的 IN0 ~ IN7 地址确定

89C51	P2. 7	P2. 6	P2. 5	P2. 4	P2. 3	P2. 2	P2. 1	P2. 0	P0. 7	P0. 6	P0. 5	P0. 4	P0. 3	P0. 2	P0. 1	P0. 0
	A15	A14	A13	A12	A11	A10	A9	A8	A7	A6	A5	A4	A3	A2	A1	A0
ADC0809	无关	无关	无关	无关	无关	无关	无关	START	无关	无关	无关	无关	无关	C	B	A
IN0 地址	1	1	1	1	1	1	1	0	1	1	1	1	1	0	0	0
⋮	⋮	⋮	⋮	⋮	⋮	⋮	⋮	⋮	⋮	⋮	⋮	⋮	⋮	⋮	⋮	⋮
IN7 地址	1	1	1	1	1	1	1	0	1	1	1	1	1	1	1	1

例 7-6　对图 7-46 电路，如果 ADC 无关地址位都取 1，用查询方式分别对 8 路模拟信号轮流采样一次，并依次将结果转存到以 30H 为首址的数据存储区。

参考程序如下：

```
MAIN: MOV    R1,#30H       ;置数据区首址
      MOV    DPTR,#0FEF8H  ;指向首通道 IN0
```

```
        MOV    R7,#08H      ;置通道数
LOOP:   MOVX   @ DPTR,A     ;启动 A-D 转换
        MOV    R6,#05H      ;软件延时
DLAY:   NOP
        DJNZ   R6,DLAY
WAIT:   JB     P3.2,WAIT    ;查询 EOC 是否为高电平,是高电平则转换结束
        MOVX   A,@ DPTR     ;读取转换结果
        MOV    @ R1,A       ;存取数据
        INC    DPTR         ;指向下一个通道
        INC    R1           ;指向下一个存储单元
        DJNZ   R7,LOOP      ;巡回检测 8 个通道
        RET
```

例 7-7 对图 7-46 电路，如果 ADC0809 无关地址位都取 1，利用外部中断 0 引脚的中断方式分别对 8 路模拟信号轮流采集一次，转换结果依次存放在首址为 30H 的内部数据存储区。

参考程序如下：

```
        ORG    0000H
        AJMP   MAIN
        ORG    0003H        ;外部中断 0 服务程序入口地址
        AJMP   PINT0        ;跳转至外部中断 0 服务程序
MIAN:   MOV    R1,#30H      ;置数据区首址
        MOV    DPTR,#0FEF8H ;指向首通道 IN0
        MOV    R7,#08H
        SETB   IT0
        SETB   EX0          ;开中断
        SETB   EA
        MOVX   @ DPTR,A     ;启动 A-D 转换
        SJMP   $
PINT0:  MOVX   A,@ DPTR     ;读取数据
        MOV    @ R1,A       ;存取数据
        INC    R1           ;更新存储单元
        INC    DPTR         ;更新通道
        DJNZ   R7,DONE
        CLR    EX0          ;关中断
        CLR    EA
        SJMP   RE
DONE:   MOVX   @ DPTR,A
RE:     RETI                ;中断返回
        END
```

7.7.3 串行 A－D 转换器芯片 MAX187

转换精度要求越高，并行 A－D 转换器的位数也越大，转换器的引脚数也将增加，芯片

成本也较高，因而在某些场合的应用受到限制。串行 A－D 转换器尤其是高精度的串行 A－D转换器，具有引脚数少、价格低、易于数字隔离和升级等优点，正逐渐成为 A－D 转换器家族的重要成员。

1. MAX187 芯片介绍

MAX187 是 MAXIM 公司具有 SPI（Serial Peripheral Interface）总线接口的 12 位逐次逼近型 A－D 转换芯片，为 8 引脚双列直插式封装，具有 1 个模拟量通道，单一 5V 供电，内部 4.096V 基准电压，转换速度为 75kHz，转换时间为 8.5μs，可转换 0～4.096V 模拟电压。MAX187 的引脚布置如图 7-47 所示。

各引脚功能如下：

VREF：参考电压输入端，外接一个 4.7μF 退耦电容“激活”内部基准电压，产生 4.096V 的输出电压。

AIN：模拟电压输入端，范围为 0～4.096V。

$\overline{\text{SHDN}}$：关闭控制信号输入端。当$\overline{\text{SHDN}}$=0 时，处于待命状态；当$\overline{\text{SHDN}}$=1 时，允许使用内部基准。

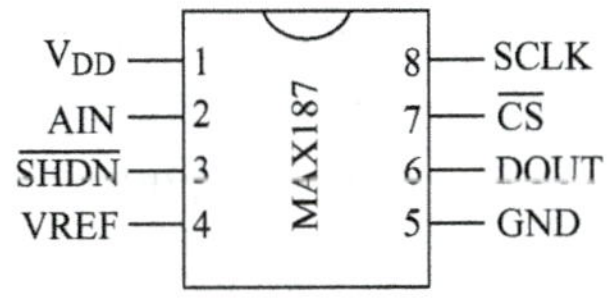

图 7-47　MAX187 的引脚布置

SCLK：串行移位脉冲输入端，最高允许时钟频率为 5MHz。

DOUT：串行数据输出端，在串行时钟脉冲 SCLK 下降沿时数据输出。

$\overline{\text{CS}}$：片选信号，低电平有效，在$\overline{\text{CS}}$信号下降沿时启动 A－D 转换。

VDD：工作电源，+5V。

GND：模拟和数字地。

2. 接口应用

使用 MAX187 进行 A－D 转换时分两步进行。

第一步，启动 A－D 转换，等待转换结束。当输入低电平时，启动 A－D 转换，DOUT 引脚输出低电平，当 DOUT 引脚输出高电平时，说明转换结束。

第二步，读出转换结果。从 SCLK 引脚输入读出脉冲，在每个 SCLK 脉冲信号的下降沿将转换后的数据输出到 DOUT 引脚上，供单片机进行读取数据操作，按照先高位后低位顺序输出。

MAX187 与单片机的连接如图 7-48 所示，P1.7 控制片选信号，P1.6 输入串行移位脉冲，P1.5 读取串行数据。编程实现将 A-D 转换后的数据存入 30H 和 31H 单元，30H 存低 8 位，31H 存高 4 位。

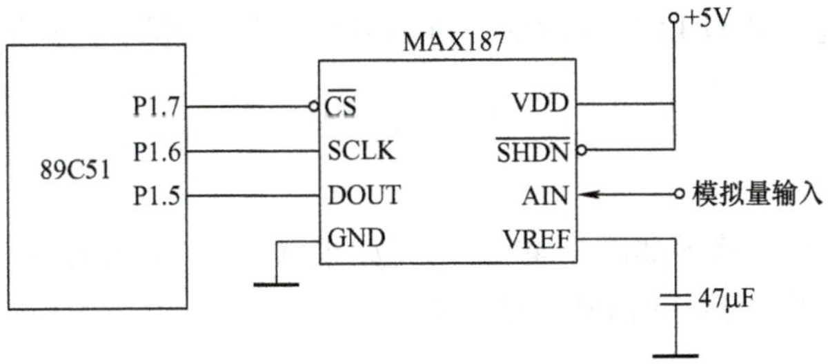

图 7-48　MAX187 与 89C51 的连接

参考程序如下：

```
START: MOV   30H,#00H       ;将保存结果单元清零
       MOV   31H,#00H
       CLR   P1.6           ;禁止串行移位脉冲输入
       CLR   P1.7           ;启动 A-D 转换
 LOOP: JNB   P1.5,LOOP      ;等待转换结束
       SETB  P1.6           ;允许串行移位脉冲输入
       MOV   R7,#0CH        ;置循环次数
   LP: CPL   P1.6           ;产生 SCLK 脉冲
       JNB   P1.6,LP        ;当 SCLK 为高电平,读取数据
       MOV   C,P1.5         ;从 DOUT 读取数据
       MOV   A,30H
       RLC   A
       MOV   30H,A
       MOV   A,31H
       RLC   A
       MOV   31H,A
       DJNZ  R7,LP
       SETB  P1.7           ;结束 A-D 转换
       RET
```

实训任务 18　利用 ADC0809 检测输入端电压

1. 任务目的

1）理解 A-D 转换芯片将模拟量转换成数字量的过程与基本原理。

2）掌握利用 ADC0809 芯片进行模-数转换的编程方法。

3）掌握单片机全系统调试的过程及方法。

利用ADC0809检测输入端电压汇编程序设计

2. 任务内容

设计一个单片机控制的“半自动”的电压表。旋转电位器 RP 可改变输入电压大小，将被测电压通过 ADC0809 转换为对应的二进制数字量，然后通过 8 只 LED 显示出来。这样可使系统变得异常简单，但具体电压值需要手工计算得知。假设输入电压为 U_i，通过 8 只 LED 显示的二进制数换算为十进制数据为 D，则

$$U_i = \frac{5V}{256} \times D$$

3. 任务分析

根据任务要求设计电路图如图 7-49 所示。如果 ADC0809 无关地址位都取 1，则 8 路通道 IN0 ~ IN7 地址为 FEF8H ~ FEFFH，见表 7-17。

1）汇编参考程序如下：

```
       ORG    0000H
STA:   MOV    A ,#00H        ;A 中可为任意值
```

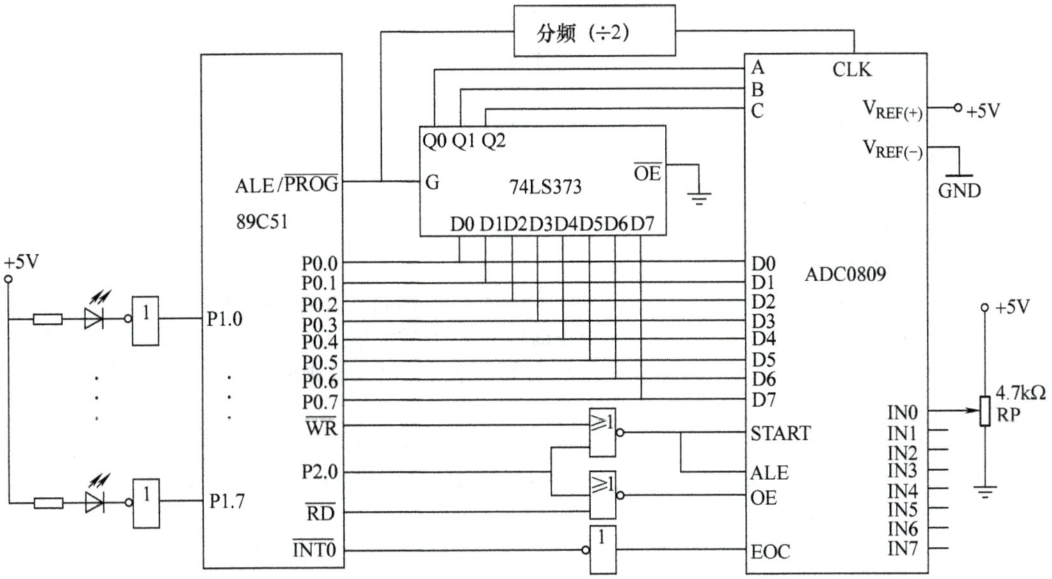

图 7-49　利用 ADC0809 检测输入端电压连接图

```
        MOV    DPTR,#FEF8H   ;置 ADC0809 通道 0 地址
        MOVX   @ DPTR, A     ;启动转换
        CALL   DELAY         ;转换等待(实际应用时可调用显示子程序)
        MOVX   A,@ DPTR      ;取转换结果
        CPL    A
        MOV    P1,A          ;转换结果送 P1 口由发光二极管指示
        AJMP   STA
DELAY:  MOV    R7,#0FFH
  DEL:  DJNZ   R7,DEL
        RET
        END
```

2）C51 参考程序：

利用ADC0809检测输入端电压C51程序设计

```
#include <reg51.h>                 //包含头文件
sbit START = P3^6;                 //定义 ADC 0809 转换开启信号引脚的连接
sbit OE = P2^0;                    //定义 P2.0 引脚的连接
sbit EOC = P3^2;                   //定义 P3.2 引脚的连接,A-D 转换结束信号引脚
sbit OE1 = P3^7;                   //定义 P3.7 引脚的连接
void delay(int i)                  //延时函数,延时 1ms
{  unsigned char a,b,c;
   for(c = i;c > 0;c - - )
     for(b = 142;b > 0;b - - )
       for(a = 2;a > 0;a - - );
}
void main(  )
{  char led;
```

```
    P0 = 0x00;                 //使 P0.7 ~ P0.5 为 000,选择 ADC0809 的模拟通道 IN0
    P0 = 0xff;                 //为了读取 P0 口的数值,先向 P0 口所有引脚写入 1
    while(1)                   //循环语句
    {  OE1 = 1;                //使得 ADC0809 的 OE 引脚置 0,关闭转换结果的输出
       START = 0;              //使 START 产生上升沿,清空 ADC0809 所有内部寄存器
       OE = 0;
       delay(5);
       START = 1;
       delay(5);
       START = 0;              //使 START 产生下降沿,开启 A - D 转换
       while(EOC = 0);         //查询是否 A - D 转换结束,若没有结束在此句循环等待
       OE1 = 0;                //A - D 转换结束,OE1 = 0,则输出 A - D 转换结果
       delay(5);
       led = P0;               //将 P0 口的数值保存在 led 中
       P1 = led;               //将 led 的数值赋给 P1 口
       delay(100);
    }
}
```

4. 任务完成步骤

（1）硬件接线　将各元器件按接线图焊接到万用电路板上或在实验开发装置中搭建。

（2）编程并下载　将参考程序输入并下载到 89C51 单片机中。

（3）观察运行结果　将编程完成的 89C51 芯片插入到硬件电路板的 CPU 插座中，接通电源，调节电位器 RP，观察 8 个发光二极管的亮暗情况，根据 8 个发光二极管表示的二进制数据计算电位器输入的电压，并用数字万用表测量电位器 RP 的电压，比较计算结果和测量电压之间是否一致。

学习任务 7.8　外接光电隔离及继电器接口

在驱动高压、大电流负载用电器或有较强干扰的设备时，如电动机、电磁铁、继电器、灯泡等，不能用单片机的 I/O 线直接驱动，而必须通过各种驱动电路和开关电路来驱动。为了与强电隔离和抗干扰，常使用光电隔离技术，以切断单片机与受控对象之间的电气联系。光耦合器用光将输入电路和输出电路耦合起来，从而隔断输入电路与输出电路之间的电气联系，其绝缘电阻可达到 $10^{11}\Omega$，也没有电磁感应现象。目前常用的光耦合器有晶体管输出型和晶闸管输出型。

7.8.1　外接晶体管输出型光耦合器

图 7-50 所示是常用的 4N25 型晶体管输出光耦合器的应用电路。4N25 输入输出端的最大隔离电压大于 2500V，如果 4N25 左侧的发光二极管发光，光敏晶体管将处于导通状态；如果发光二极管不发光，光敏晶体管将处于截止状态。此关系符合开关量输入/输出要求，因此，大多数光耦合器被用来传递开关信号。对于模拟信号的传递，需要使用输入/输出线性度较好的光耦合器，或者采用特殊的处理电路，以克服一般的光耦合器的非线性失真问题。

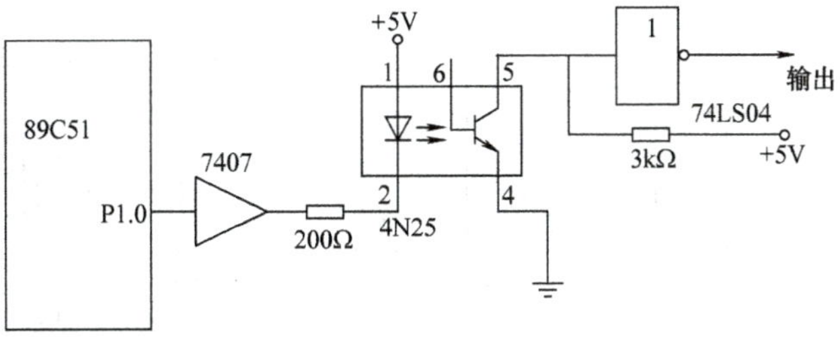

图 7-50　4N25 型晶体管输出光耦合器的应用电路

7.8.2　外接晶闸管输出型光耦合器

晶闸管输出型光耦合器由发光二极管和光敏晶闸管构成，光敏晶闸管有单向和双向之分，构成的光耦合器输入端有一定的电流流入时，晶闸管导通。有的光耦合器的输出端还配有过零检测电路，用于控制晶闸管过零触发，以减少用电器在接通电源时对电网的影响。

晶闸管输出型光耦合器输出电路如图 7-51 所示。7407 为同相驱动器。4N40 是常用的单向输出型光耦合器。当输入端有 15～30mA 电流时，输出端的晶闸管导通。输出端额定电压为 400V，额定电流有效值为 300mA，输入输出隔离电压为 1500～7500V，4N40 的 6 脚是输出晶闸管的控制端，不使用此端时，此端可对阴极接一个电阻。MOC3041 是常用的双向晶闸管输出的光耦合器，带过零检测电路，输入端的控制电流为 15mA，输出端额定电压为 400V，输入输出隔离电压为 7500V。

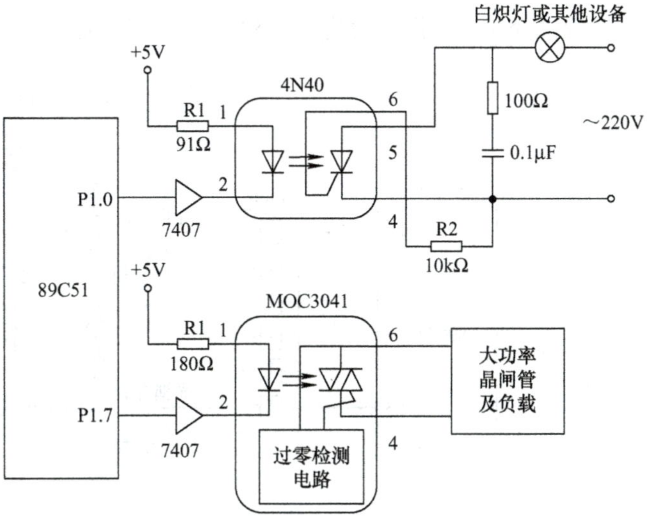

图 7-51　晶闸管输出型光耦合器

4N40 常用于小电流用电器的控制，如指示灯等，也可以用于触发大功率的晶闸管。MOC3041 一般不直接用于控制负载，而用于中间控制电路或触发大功率的晶闸管。

7.8.3　外接继电器接口

继电器是工业控制和电信通信中经常使用的一种器件，实际上是用较小的电流去控制较大电流的一种“自动开关”。继电器按原理不同可分为多种，其中电磁式继电器较为简单，其实物及组成原理如图 7-52 所示，由电磁线圈和触头开关构成。当控制电流流过线圈时产生磁场，使触头开关 K 吸合或者断开，以控制外界的高电压或者大电流。由于继电器线圈是一种感性负载，因此电路电流断开时会产生很高的反冲电压。为了保护输出电路，必须在电磁线圈两端并联一个阻尼二极管。

根据触头开关结构的不同，继电器可分为两类，一类是常开继电器，输入端有控制电流输入时，开关吸合；另一类是常闭继电器，输入端有控制电流输入时，开关断开。在实际产

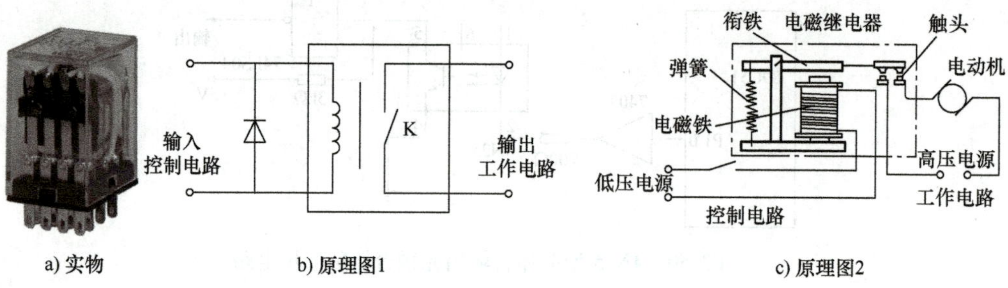

图 7-52 继电器实物及组成原理

品中，也有把两种开关制作在同一继电器中，控制电流输入时，一个开关吸合，另一个开关断开。

单片机控制继电器的接口如图 7-53 所示，通过 P1 口输出低电平（或高电平）控制信号，经驱动器 7406（6 路反相高压驱动器）送光耦合器，以防止电磁线圈对整个系统的干扰，然后再经驱动电路送继电器的输入端，控制触头的吸合（或断开）。

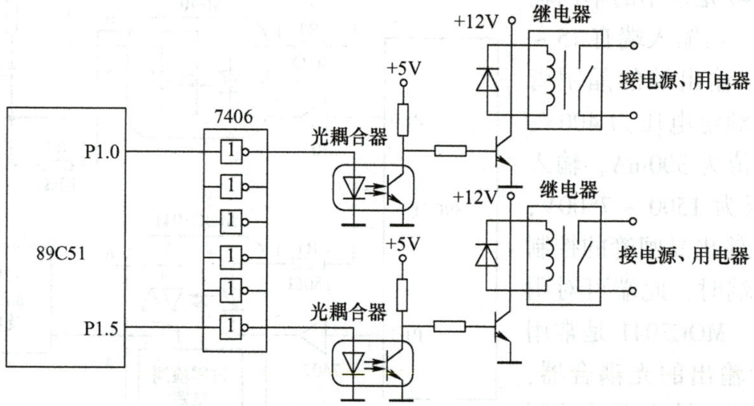

图 7-53 单片机控制继电器的接口

7.8.4 外接接近开关

1. 应用特性

接近开关是一种开关型传感器，如图 7-54 所示，又称无触点开关，是理想的电子开关量传感器。当被检测体达到接近开关的感应距离时，不需要机械接触及施加任何压力即可使开关动作，从而驱动直流电器或给单片机、PLC 提供控制信号。

接近开关既有行程开关、微动开关的特性，同时具有传感性能，且动作可靠、性能稳定、频率响应快、使用寿命长、抗干扰能力强等，并具有防水、防振、耐腐蚀等特点。产品有电感式、电容式、霍尔式、交流、直流型等。

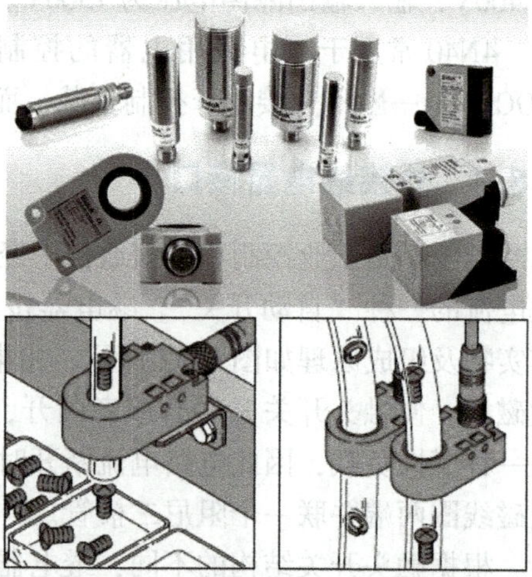

图 7-54 各类接近开关及螺钉计数应用

当金属检测体进入接近开关的感应区域时，开关就能无接触、无压力、无火花、迅速地发出电气指令，准确反映出运动机构的位置和行程，即使用于一般的行程控制，其定位精度、操作频率、使用寿命、安装调整的方便性和对恶劣环境的适用能力，也远优于一般机械式行程开关。

2. 应用场合

接近开关广泛应用于航空航天以及工业生产中，如机床、冶金、化工、轻纺和印刷等行业，在自动控制系统中可用于限位、计数、定位控制和自动保护环节等。在日常生活中，如宾馆、饭店、车库的自动门，客梯货梯的楼层定位，自动热风机上也有应用。在安全防盗方面，如资料档案、财会、金融、博物馆、金库等重地，通常都装有由各种接近开关组成的防盗装置。在测量技术中，如长度、位置的测量；在控制技术中，如位移、速度、加速度的测量和控制，都大量使用接近开关。

3. 接近开关的选型

被检测体材质和被检测距离不同，应选用不同的接近开关，原则如下：

1）若被检测体为金属材料，则高频振荡型接近开关应为首选，它对铁镍、A3 钢类被检测体检测最灵敏，对铝、黄铜和不锈钢类被检测体灵敏度较低。

2）若被检测体为非金属材料，如木材、纸张、塑料、玻璃和水等，则应选用电容型接近开关。

3）金属体和非金属要进行远距离检测和控制时，应选用光敏型接近开关或超声波型接近开关。

4）对于被检测体为金属时，若检测灵敏度要求不高，则可选用价格低廉的磁性接近开关或霍尔式接近开关。

4. 与单片机的连接

可以将光耦合器作为接近开关的负载，而光耦合器的输出端接到单片机对应的引脚上，当接近开关动作时，单片机即可采集到光耦合器输出的信号，从而感知到接近开关的动作。

能力训练与提升

动手与动脑

1. 描述 89C51 的三总线结构，并绘图展示。
2. 单片机扩展片外设备时，用到的地址锁存电路的作用是什么？
3. 为什么要扩展并行口？常用什么方法来扩展并行口？
4. 简述可编程并行接口 8255 A 的内部结构。
5. 在 89C51 上扩展 8255A，将 A 口设置成输入方式，B 口设置成输出方式，C 口设置成输出方式，试给出初始化程序。
6. 试编程对 8155 进行初始化，设 A 口为选通输出，B 口为选通输入，C 口作为控制联络口，并启动定时/计数器按方式 1 工作，工作时间为 10ms，定时器计数脉冲频率为单片机的时钟频率 24 分频，$f_{osc}=12MHz$。
7. 设计一个 89C51 外扩键盘和显示器电路，要求扩展 8 个键，4 位 LED 显示器。
8. 编制程序：设系统时钟为 6MHz，用 ADC0809 设计一个数据采集系统，要求 8 个通道的地址为

7FF8H ~ 7FFFH，每10ms采样一路模拟信号，每路信号采样8次，采集的数据存放于外部RAM 2000H开始的单元中，试编制对8个通道采样一遍的程序。

思考与练习

1. 什么是键抖动？如何消除？
2. 对于矩阵键盘，如何使用扫描法确定具体的按键位置？
3. 键盘有哪3种工作方式，各自的工作原理及特点是什么？
4. LED静态显示和动态显示的区别是什么？
5. 共阳极LED数码管加反相器驱动时，显示字符“6”的字型编码是多少？
6. A-D转换和D-A转换的区别是什么？为何要进行转换？
7. 说明D-A转换器的单缓冲、双缓冲和直通工作方式的工作过程与特点。
8. 在单片机应用系统中，什么情况下需要使用光耦合器，目的是什么？
9. 判断题。

（1）89C51单片机执行MOVX指令时，P0口作为地址线，专用于输出存储器的高8位地址；P2口专用于输出存储器的低8位地址。（　　）

（2）线选法是把单根的低位地址线直接接到存储器芯片的片选端。（　　）

（3）对于8031单片机而言，在外部扩展EPROM时，$\overline{EA}$引脚应接地。（　　）

（4）对于89C51单片机而言，在外部扩展EPROM时，$\overline{EA}$引脚可接+5V或接地。（　　）

（5）8155芯片的地址/数据线AD0 ~ AD7是低8位地址和数据复用线引脚，当ALE = 1时，输入的是数据信息，否则是地址信息。（　　）

（6）在接口芯片中，通常都有一个片选端$\overline{CS}$（或$\overline{CE}$），作用是当$\overline{CS}$为低电平时该芯片才能进行读写操作。（　　）

（7）DAC0832是8位的D-A转换器，其输出量为数字电流量。（　　）

（8）ADC0809是8路8位A-D转换器，其工作频率范围是10kHz ~ 1.28MHz。（　　）

（9）DAC0832的片选信号输入线$\overline{CS}$是低电平有效。（　　）

> **小贴士：**
>
> *成功 = 艰苦的劳动 + 正确的方法 + 少谈空话。*
>
> ——爱因斯坦

项目8 开发单片机综合应用实例

项目导语

目前，MCS－51系列单片机以其优越可靠的性能和低廉的价格，在智能仪器仪表、工业控制、数据采集、微机通信和家电等领域得到了广泛应用，而要求也各不相同，因此单片机需要构成各种各样的应用系统。本项目将针对大多数应用场合，介绍单片机应用系统的设计流程与方法。

能力目标

◇ 理解单片机应用系统设计流程。
◇ 理解单片机硬件抗干扰的常用方法。
◇ 学习单片机系统设计的应用实例。

思维导图

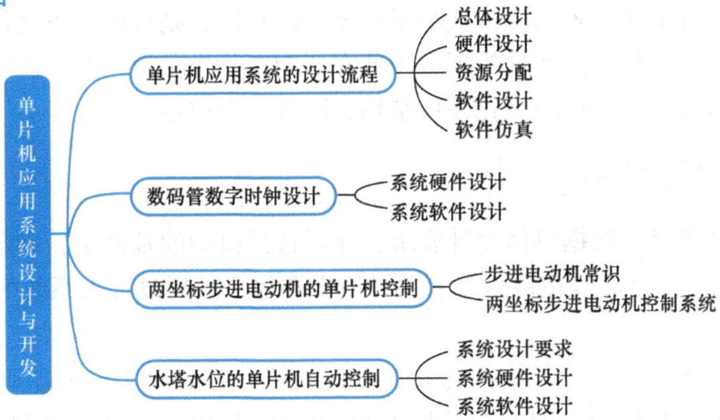

素质目标

◇ 通过综合项目的设计与开发过程培养学生的工程意识、环保意识和职业岗位责任心。
◇ 培养学生的探索精神和创新精神，在项目实施过程中培养分析问题、解决问题的能力。
◇ 培养学以致用、科技改变生活的创新思维，将单片机技术应用于实际电子产品的设计与制作，提高学生学习兴趣。
◇ 培养学生的工匠精神、质量意识和成本意识，鼓励学生拓展产品功能、优化产品性能。

学习任务8.1 掌握单片机应用系统的设计流程

8.1.1 总体设计包括什么内容

1. 确定技术指标

在开始设计前，必须明确应用系统的功能和技术要求，综合考虑系统的先进性、可靠性、可维护性及成本与经济效益，然后参考国内外同类产品的资料，提出合理可行的技术指标，以达到最高的性能价格比。

2. 机型选择

（1）市场货源　设计者应在市场上所有的机型中选择，特别是将作为产品生产的系统，所选机型必须有稳定、充足的货源。

（2）单片机的性能　根据应用系统的要求，选择最容易实现产品技术指标的机型，当然也要考虑有较高的性能价格比。

（3）研制周期　在研制任务重、时间紧的情况下，要选择最熟悉的机型和元器件，也可直接将单片开发机作为应用系统机。另外，性能优良的开发工具能加快系统的研制过程。

3. 器件选择

除单片机外，应用系统中还有传感器、模拟电路、输入/输出电路等器件和设备。这些器件的选择应符合系统的精度、速度和可靠性等方面的要求。

4. 硬件和软件的功能划分

系统硬件的配置和软件的设计紧密相连，而且在某些场合，硬件和软件具有一定的互换性。如日历时钟的产生可以用时钟电路片，也可以由单片机内部的定时器中断服务程序来控制时钟计数。多用硬件完成一些功能，可以提高工作速度，减少软件研制的工作量，提高可靠性，但会增加硬件成本。若用软件代替某些硬件的功能，则可以节省硬件开支，但会增加软件的复杂性。由于软件是一次性投资，因此在研制产品批量较大时，能够用软件实现的功能应尽可能由软件来完成，以便简化硬件结构，降低生产成本。

8.1.2　硬件设计注意事项

硬件设计的任务是：根据总体设计要求，在所选择机型的基础上，确定系统扩展所需的存储器、I/O 电路、A-D 转换电路以及有关外围电路等，然后设计出系统的电路原理图。

1. 存储器

（1）程序存储器　若单片机无内部程序存储器或存储容量不够时，则需外部扩展程序存储器。外部扩展的程序存储器通常选用 EPROM 或 E^2PROM。就价格和性能特点来考虑，对于大批量生产的已成熟的应用系统宜选用 EPROM，该芯片集成度高、价格便宜，可以使译码电路简单，且使软件扩展留有一定余地，而选用 E^2PROM 则编程较容易。

（2）数据存储器　对于数据存储器的容量要求，各系统之间差别较大。大多数的单片机都提供了小容量的内部数据存储区，只有当内部数据存储区不够用时才扩展外部数据存储器。

★**开发提示：**在存储容量满足要求的前提下，尽可能减少存储芯片的数量。建议使用大容量的存储芯片，以减少存储器芯片数目，同时还应避免盲目地扩大存储器容量。

2. 输入/输出接口

应用系统一般都要扩展 I/O 接口，在选择 I/O 电路时应从体积、价格、功能、负载等几方面考虑。标准的可编程接口电路 8255A、8155 接口简单，使用方便，对总线负载小，因而应用广泛，但对于口线要求很少的系统，则可用 TTL 电路以提高口线的利用率，且其驱动能力较大，可以直接驱动发光二极管等器件。

由于外设多种多样，使单片机与外设之间的接口电路也各不相同。因此，I/O 接口常常是单片机应用系统设计中最复杂也是最困难的部分之一。故应根据系统总的输入、输出要求来选择接口电路。

3. 地址译码电路

MCS－51 系统有充分的存储器空间，最大包括 64KB 程序存储器和 64KB 数据存储器，在应用系统中一般不需要这么大的容量。为了简化硬件逻辑，同时还要使所用到的存储器空间地址连续，通常采用译码器法和线选法相结合的办法。

4. 总线驱动器

89C51 单片机扩展功能比较强，但扩展总线的负载能力有限，若所扩展的电路负载超过总线负载能力，系统便不能可靠工作，此时在总线上必须加驱动器。

总线驱动器不仅能提高端口总线的驱动能力，而且可提高系统的抗干扰性。常用的总线驱动器为双向 8 路三态缓冲器 74LS245 及单向 8 路三态缓冲器 74LS244。

5. 单片机系统硬件抗干扰的常用方法

为提高系统的可靠性，除了对系统供电、接地及传输过程抗干扰外，更重要的是在设计系统硬件时，应根据不同的干扰采取相应的措施。

（1）选用可靠的元器件　一般情况下，元器件在出厂前都进行了测试。在通常应用时，不必再进行测试，而直接将元器件用于电路中进行通电运行试验。在试验中发现问题时，可直接替换不合格芯片或器件。按一般的经验，如芯片在通电使用一个月左右而不产生损坏，即可以认为比较稳定。到较正规的大公司或商店购买元器件，一般都能保证元器件本身质量的可靠。

（2）接插件的选择应用　单片机控制系统通常由几块印制电路板组成，各板之间以及各板与基准电源之间经常通过接插件相联系。在接插件的插针之间也易造成干扰，干扰与接插件插针之间的距离以及插针与地线之间的距离有关系。在设计选用时要注意以下几个问题。

1）合理设置插接件。如电源插接件与信号插接件要尽量远离，主要信号的接插件外面最好带有屏蔽。

2）插头座上增加接地针数。在安排插针信号时，接地针均匀分布于各信号针之间，起到隔离作用，以减小信号针间信号互相干扰。最好每一信号针两侧都是接地针，使信号针与接地针理想的比例为 1∶1。

3）信号针尽量分散。分散配置，增大彼此之间的距离。

4）考虑信号翻转时差。将不同时刻翻转的插针放在一起，同时翻转的针尽量离开，因信号同时翻转会使干扰叠加。

（3）供电系统抗干扰　在单片机系统中，为了提高供电系统的质量，防止窜入干扰，建议采用如下措施：

1）单片机输入电源与强电设备动力电源分开。

2）采用具有静电屏蔽和抗电磁干扰的隔离电源变压器。

3）交流进线端加低通滤波器，可滤掉高频干扰。安装时外壳要加屏蔽并良好接地，滤波器的输入/输出引线必须相互隔离，以防止感应和辐射耦合。直流输出部分采用大容量电解电容进行平滑滤波。

4）对于功率不大的小型或微型计算机系统，为了抑制电网电压起伏的影响，可设置交流稳压器。

5）采用独立功能块单独供电，并用集成稳压块实现两级稳压。

6）尽量提高接口器件的电源电压，提高接口的抗干扰能力。

（4）印制电路板抗干扰设计 印制电路板是器件、信号线、电源线的高密度集合体，布线和布局好坏对可靠性影响很大。在印制电路板布置上要注意以下几个方面。

1）总体布局。印制电路板大小要适中，板面过大会使印制线路增长，阻抗增加，成本偏高；板面太小，会使板间相互连线增加，易增加干扰环境。印制电路板上各元器件布局时，相关元器件尽量靠近，如晶振、时钟发生器及CPU时钟输入端应相互靠近；大电流电路要远离主板，或另做一块板；考虑电路板在机箱内的位置，发热大的元器件应放置在易通风散热的位置。

2）电源线/接地线布局。电源线/接地线与数据线传输方向一致，有助于增强抗干扰能力。如接地线需环绕印制电路板一周安排时，则尽可能就近接地。接地线尽量加宽，数字地、模拟地要分开，同时应根据实际情况考虑一点或多点接地。

3）配置必要的去耦电容。电源进线端跨接100pF以上的电解电容以吸收电源进线引入的脉冲干扰。原则上每个集成电路芯片都配置一个0.01μF的瓷片电容或聚乙烯电容，可吸收高频干扰。电容引线不能太长，高频旁路电容不能带引线。

（5）过程通道抗干扰 过程通道是系统输入、输出以及单片机之间进行信息传输的路径。由于输入/输出对象与单片机之间的连接线较长，容易窜入干扰，因此必须对其进行抑制。一般采用以下措施：

1）采用光电隔离、继电器隔离、固态继电器（SSR）隔离等措施使前后电路隔离，以提高抗干扰能力，如图8-1所示。

2）利用双绞线传输减少电磁感应，抑制噪声干扰。

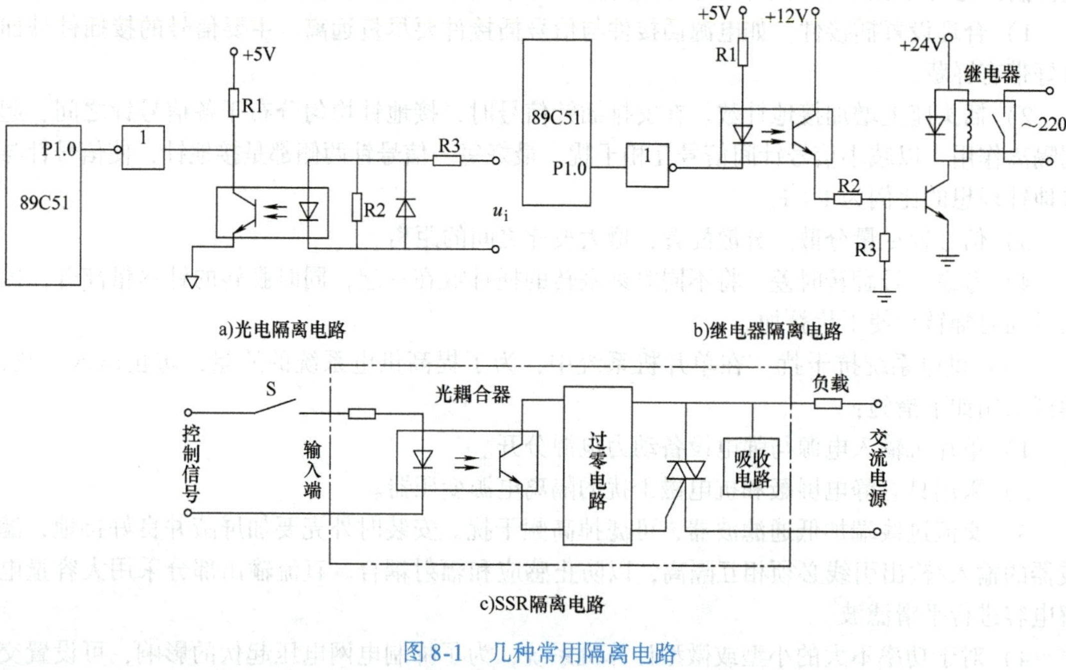

图8-1 几种常用隔离电路

3）采用隔离放大器对模拟信号进行隔离，提高抗干扰能力。

4）采用滤波电路、单稳电路、触发器电路及施密特电路抑制机械触头的抖动，从而抑制噪声干扰。

5）利用压敏电阻及阻容吸收电路，抑制由电感性负载启停操作所产生的高频干扰。

8.1.3 单片机系统资源如何分配

1. ROM/EPROM 资源分配

ROM/EPROM 用于存放程序和数据表格。按照 89C51 单片机的复位及中断入口的规定，002FH 以前的地址单元作为中断、复位入口地址区。这些单元中一般都设置了转移指令，用于转移到相应的中断服务程序或复位启动程序。当程序存储器中存放的功能程序及子程序数量较多时，应尽可能为其设置入口地址表，一般的常数、表格集中设置在表格区。二次开发扩展区尽可能放在高位地址区。

2. RAM 资源分配

RAM 分为内部 RAM 和外部 RAM。外部 RAM 容量比较大，通常用来存放批量大的数据，如采样结果数据；内部 RAM 容量较小，应尽量重叠使用，如数据暂存区与显示、打印缓冲区可重叠。

对于 89C51 单片机来说，内部 RAM 是指 00H ~ 7FH 单元，这 128 个单元的功能并不完全相同，分配时应注意发挥各自的特点，做到物尽其用。

8.1.4 软件设计

单片机应用系统的软件设计是研制过程中任务最繁重的一项工作，难度相对较大。对于某些较复杂的应用系统，不仅要使用汇编语言来编程，有时还要使用高级语言。

1. 软件方案设计

软件方案设计是指从系统高度考虑程序结构、数据形式和功能的实现方法和手段。实际的单片机控制系统一般功能复杂、信息量大、程序较长。因此，在进行软件方案设计时，首先要求设计者能合理选用程序设计方法；其次尽可能采用模块化结构，根据系统软件的总体构思，按照先粗后细的方法，把整个系统软件划分成多个功能独立、大小适当的模块。应明确规定各模块的功能，尽量使每个模块功能单一，各模块间的接口信息简单、完备，接口关系统一，尽可能使各模块间的联系减少到最低限度。这样，各模块就可以分别独立设计、编制和调试，最后再将各程序模块连接成一个完整的程序进行总调试。

单片机应用系统的软件主要包括两大部分：用于管理单片机系统工作的监控程序和用于执行实际具体任务的功能程序。对于前者，应尽可能利用现有微机系统的监控程序；后者要根据应用系统的功能要求来编写程序。

2. 建立数学模型

在软件设计中还应对控制对象的物理过程和计算任务进行全面分析，并从中抽象出数学表达式，即数学模型。建立的数学模型要能真实描述客观控制过程，另外要精确、简单，因为数学模型只有精确才有实用意义，只有简单才便于设计和维护。

3. 程序流程图设计

不论采用何种程序设计方法，设计者都要根据系统的任务和控制对象的数学模型画出程序的总体框图，以描述程序的总体结构。

4. 编制程序

完成软件程序流程图设计后，只要编程者既熟悉所选单片机的内部结构、功能和指令系统，又掌握了一定的程序设计方法和技巧，那么依照程序流程图就可编写出具体程序。

5. 软件检查

源程序编制好后要进行静态检查，这样会加快整个程序的调试进程。静态检查采用自上而下的方法进行，发现错误应及时加以修改。

8.1.5 软件仿真

仿真是借助于开发系统的资源来“真实”地模拟目标机中的 CPU、存储器和 I/O 接口等，是一个软件、硬件联合起来对目标机进行综合调试的过程。软件仿真主要借助在线仿真器对所编写的程序进行软件调试。

1. 在线仿真器

在线仿真器是单片机开发系统的关键组成部分，也是区别于其他微型计算机系统的主要标志。在线仿真器是一个与被开发的目标机具有相同单片机芯片的系统。

有些仿真器还具有跟踪功能，能获取目标机执行的每一个机器周期的地址、数据和总线上的信息，并能在屏幕上显示出来。这给寻找错误的原因带来了方便。出错往往不是发生在断点上，而常发生在断点之前或之后，通过实时跟踪来查看相应的机器工作情况，就可以找出出错的原因。

2. 软件调试

软件调试是利用开发工具进行在线仿真调试，除发现和解决程序错误外，也可发现硬件故障。程序调试一般是逐个模块进行，逐个子程序调试，最后连起来统调。利用开发工具的单步和断点运行方式，通过检查应用系统的 CPU 现场、RAM 和 SFR 的内容以及 I/O 口的状态，来检查程序的执行结果和系统 I/O 设备的状态变化是否正常，从中发现程序的逻辑错误、转移地址错误以及随机录入错误等。还可发现硬件设计、工艺以及软件算法等方面的错误。在调试过程中要不断调整、修改系统的硬件和软件，直到全部正确为止。

※拓展链接：正确估计单片机的能力，最大程度地挖掘单片机的潜力，对单片机系统设计者至关重要。挖掘单片机能力的关键在软件编写上。只有充分了解单片机的能力，才不会做出“冗余”的系统设计。而采用许多外围芯片来实现单片机能实现的功能，既增加系统成本，也可能会降低系统可靠性。

8.2 综合开发实例 1 设计数码管数字时钟

8.2.1 系统设计要求

以 AT89C51 单片机为控制核心，利用定时器、六位数码管和三个独立按键设计一个时间可调节的电子时钟。要求实现以下功能：

◇ 采用六位数码管，每两位数码管分别显示时、分、秒。
◇ 上电显示时间 00:00:00，并开始计时。
◇ 在系统运行过程中，使用三个独立按键分别调整时、分、秒。

8.2.2 系统硬件设计

单片机控制的数码管时钟电路如图 8-2 所示，采用的是 AT89C51 单片机，采用 P1 口和 P2 口分别控制六位数码管的段控端和位控端。为了简化硬件电路，LED 显示采用动态扫描方式实现，P1 口输出字型编码数据，P2.0～P2.5 端作为扫描输出控制端，将三个独立按键控制电路分别连接于 P3.0、P3.1、P3.2 引脚，分别用于调整秒、分、时。LED 采用共阳极数码管，由晶体管 9012 提供驱动电流。为了提高计时精度，所采用晶振频率为 12MHz。

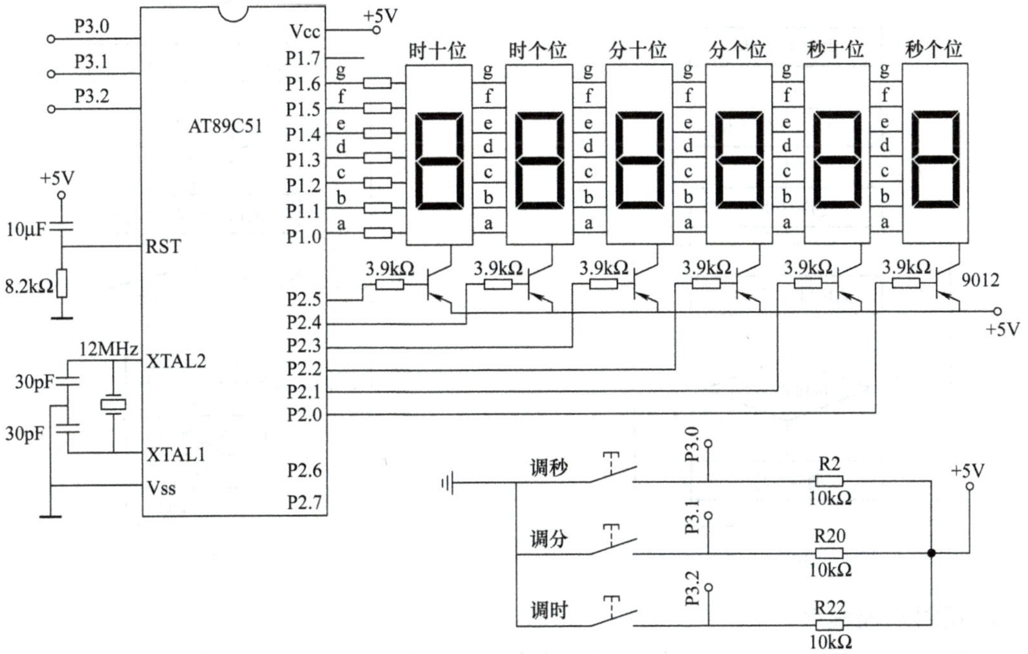

图 8-2 89C51 数码管时钟电路

8.2.3 系统软件设计

1. 主程序

主程序功能主要是初始化、正常显示时间和判断功能转换键。显示时间调用显示子程序。当相应的按键按下，则调整对应的时间。主程序流程图如图 8-3 所示。

2. 显示子程序

数码管显示的数据存放在 70H～75H 内存单元中，其中 70H、71H 单元存放秒数据，72H、73H 单元存放分数据，74H、75H 单元存放时数据。时间数据采用 BCD 码表示，对应的显示用字型编码表存放在 ROM 中。

3. 定时器 T0 中断服务程序

时钟的最小计时单位是秒，60s 进位 1min，60min 进位 1h。定时器 T0 用于产生最小单位1s，定时时间为50ms，中断累计20次即为1s。计数单元中的十进制BCD数每逢60进位。T0中断服务程序流程图如图8-4所示。

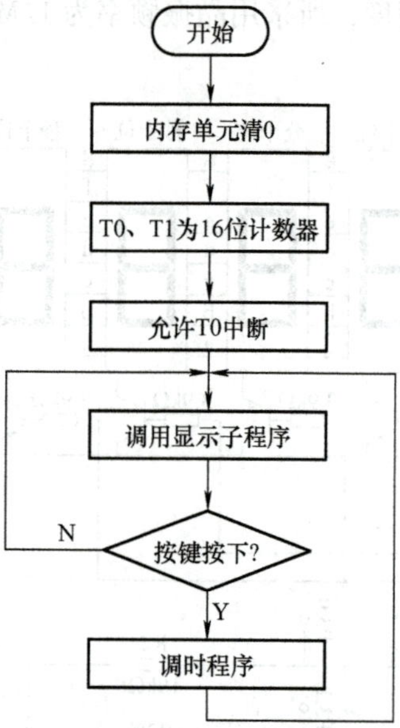

图8-3 数码管时钟主程序流程图

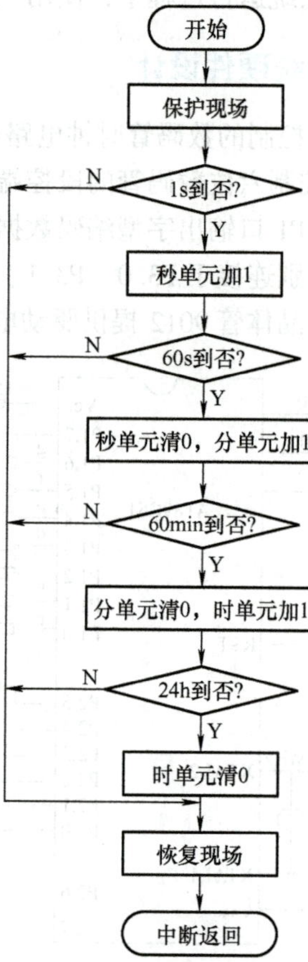

图8-4 T0中断服务程序流程图

4. 调时功能程序

调整时间程序的方法是：按下调时功能键，小时数加1；按下调分功能键，分钟数加1；按下调秒功能键，秒钟数加1。

5. 延时程序

系统使用一个延时1ms的延时程序。因为系统的数码管需要动态显示，每位数码管的显示需要保持一定的时间，但是又不能超过人眼的暂留时间，因此每位数码管显示时保持1ms的时间。

6. 汇编语言参考程序

```
        ORG     0000H           ;程序开始地址
        LJMP    MAIN            ;跳到 MAIN
        ORG     000BH           ;T0 中断程序入口
        LJMP    INTT0           ;跳到 T0 开始执行程序
        ORG     0100H
MAIN:   MOV     @ R0,#70H       ;准备 70H~79H 10 个字节空间
```

```
            MOV     R7,#09H
CLRDISP:    MOV     @ R0,#00H           ;将 70H ~ 79H 初始化为 00H
            INC     R0
            DJNZ    R7,CLRDISP
            MOV     TMOD,#01H           ;设 T0 为 16 位定时器
            MOV     TL0,#0B0H           ;赋初始值
            MOV     TH0,#3CH
            SETB    EA                  ;CPU 开中断
            SETB    ET0                 ;允许 T0 中断
            SETB    TR0                 ;启动 T0
            MOV     R4,#14H             ;1s 设定初始值
   LOOP:    LCALL   DISP                ;调用显示程序
            JB      P3.0,LOOP1          ;判断 P3.0 有无按下
            LCALL   HOUR_SET            ;调用小时设定程序
            AJMP    LOOP
  LOOP1:    JB      P3.1,LOOP2          ;判断 P3.1 有无按下
            LCALL   MIN_SET             ;调用分设定程序
            AJMP    LOOP
  LOOP2:    JB      P3.2,LOOP3          ;判断 P3.2 有无按下
            LCALL   CLR0                ;调用清零程序,这里只清零秒
            AJMP    LOOP
  LOOP3:    AJMP    LOOP
HOUR_SET:   CALL    DISP                ;调用显示程序
            JNB     P3.0,HOUR_SET       ;P3.0 按下跳到调小时程序
            INC     78H                 ;小时的个位加 1
            MOV     R6,78H
            CJNE    R6,#10,HOUR1        ;个位不为 10 跳到 HOUR1
            MOV     78H,#0              ;个位清 0
            INC     79H                 ;十位加 1
            JMP     HOUR2               ;跳到 HOUR2
  HOUR1:    MOV     R6,78H
            CJNE    R6,#4,HOUR2         ;个位不为 4 跳到 HOUR2
            MOV     R6,79H
            CJNE    R6,#2,HOUR2         ;十位不为 2 跳到 HOUR2
            MOV     78H,#0              ;小时清 0
            MOV     79H,#0
  HOUR2:    RET                         ;调时返回

 MIN_SET:   CALL    DISP                ;调用显示程序
            JNB     P3.1,MIN_SET        ;P3.1 按下跳到调分程序
            INC     76H                 ;分的个位加 1
            MOV     R5,76H
            CJNE    R5,#10,MIS1         ;个位不为 10 跳到 MIS1
```

```
        MOV     76H,#0              ;个位清 0
        INC     77H                 ;十位加 1
        MOV     R5,77H
        CJNE    R5,#6,MIS1          ;十位不为 6 跳到 MIS1
        MOV     77H,#0              ;分清 0
        MOV     76H,#0
        RET
MIS1:   RET                         ;调分返回
INTT0:  PUSH    ACC                 ;入栈,保护现场
        PUSH    PSW
        CLR     ET0                 ;关闭中观允许
        CLR     TR0                 ;关闭中断
        MOV     A,#0B7H             ;中断响应时间同步修正
        ADD     A,TL0               ;低 8 位初值修正
        MOV     TL0,A
        MOV     A,#3CH              ;高 8 位初值修正
        ADDC    A,TH0
        MOV     TH0,A
        SETB    TR0                 ;开启定时器 T0
        DJNZ    R4,OUT              ;20 次中断未到中断退出
ADDS:   MOV     R4,#14H             ;20 次中断到重赋初值
        MOV     R0,#71H             ;指向秒计时单元
        ACALL   ADD1                ;调用 ADD1
        MOV     A,R3                ;秒数据放入 A
        CLR     C                   ;清零进位标志
        CJNE    A,#60H,ADDMM        ;秒是否到了 60,是则跳转
ADDMM:  JC      OUT                 ;小于 60 秒中断退出
        ACALL   CLR0                ;等于 60 秒调用 CLR0 清零秒
        MOV     R0,#77H             ;指向分计时单元
        ACALL   ADD1                ;调用 ADD1
        MOV     A,R3                ;分数据放入 A
        CLR     C                   ;清零进位标志
        CJNE    A,#60H,ADDH         ;分是否到了 60,是则跳转
ADDH:   JC      OUT                 ;小于 60 分中断退出
        ACALL   CLR0                ;等于 60 分调用 CLR0 清零秒
        MOV     R0,#79H             ;指向时计时单元
        ACALL   ADD1                ;调用 ADD1
        MOV     A,R3                ;时数据放入 A
        CLR     C                   ;清零进位标志
        CJNE    A,#24H,HOUR         ;时是否到了 24,是则跳转
HOUR:   JC      OUT                 ;小于 24 时中断退出
        ACALL   CLR0                ;调用 CLR0
OUT:    MOV     72H,76H;            将分的存储地址转移
```

```
        MOV     73H,77H
        MOV     74H,78H             ;将时的存储地址转移
        MOV     75H,79H
        POP     PSW                 ;恢复现场
        POP     ACC
        SETB    ET0
        RETI
CLR0:   CLR     A                   ;清零 A
        MOV     @ R0,A              ;清零 R0 存放地址中的数据
        DEC     R0                  ;R0 地址减 1
        MOV     @ R0,A
        RET
ADD1:   MOV     A,@ R0              ;取当前计时单元数据到 A
        DEC     R0                  ;指向前一地址
        SWAP    A                   ;A 中数据高四位与低四位交换
        ORL     A,@ R0              ;前一地址中数据放入 A 中低四位
        ADD     A,#01H              ;A 加 1 操作
        DA      A                   ;十进制调整
        MOV     R3,A                ;移入 R3 寄存器
        ANL     A,#0FH              ;高四位变 0
        MOV     @ R0,A              ;放回前一地址单元
        MOV     A,R3                ;取回 R3 中暂存数据
        INC     R0                  ;指向当前地址单元
        SWAP    A                   ;A 中数据高四位与低四位交换
        ANL     A,#0FH              ;高四位变 0
        MOV     @ R0,A              ;数据放入当前地址单元中
        RET                         ;子程序返回
DISP:   MOV     R1,#70H             ;指向显示数据首址
        MOV     R5,#01H             ;扫描控制字初值
PLAY:   MOV     A,R5                ;扫描字放入 A
        MOV     P2,A                ;从 P2 口输出
        MOV     A,@ R1              ;取显示数据到 A
        MOV     DPTR,#TABLE         ;取段码表地址
        MOVC    A,@ A + DPTR        ;查显示数据对应段码
        MOV     P1,A                ;段码放入 P1 口
        LCALL   DL1MS               ;延时 1ms
        INC     R1                  ;指向下一地址
        MOV     A,R5                ;扫描控制字放入 A
        JB      ACC.5,ENDOUT        ;ACC.5 =0 时一次显示结束
        RL      A                   ;A 中数据循环左移
        MOV     R5,A                ;放回 R5 内
        AJMP    PLAY                ;跳回 PLAY 循环
ENDOUT: CLR     P2.5                ;一次显示结束,P2 口复位
```

```
        RET                          ;子程序返回
TABLE:  DB 03FH,006H,05BH,04FH,066H,06DH,07DH,007H,07FH,06FH
DL1MS:  MOV    R6,#14H               ;1ms 延时程序
DL1:    MOV    R7,#19H
DL2:    DJNZ   R7,DL2
        DJNZ   R6,DL1
        RET
        END
```

7. C51 语言参考程序

设计数字电子时钟C51程序设计

```
#include <reg51.h>                         //包含头文件
#define uchar unsigned char                //宏定义
#define uint unsigned int
int miao,fen,shi;                          //时、分、秒的数值变量
uint shijian[6];                           //用于存放时、分、秒的各位数值
sbit key_m=P3^0;                           //秒钟调节按钮
sbit key_f=P3^1;                           //分钟调节按钮
sbit key_s=P3^2;                           //时钟调节按钮
uchar num=0;                               //计数定时器触发次数的变量
uchar wei[]={0x01,0x02,0x04,0x08,0x10,0x20};          //数码管位选码
uchar code led[]={0x3f,0x06,0x5b,0x4f,0x66,0x6d,0x7d,  //数码管共阴极段码
          0x07,0x7f,0x6f};
/************************函数声明******************/
delay(uint x);
void shizhongxianshi(int s,int f,int m);
void keyscan( );
void delay1ms(void);
/************************定时器 0 中断函数*****************/
void t0( )interrupt 1
{
    TH0=0x3C;                              //定时器计数初值,定时 50ms
    TL0=0xB0;
    num++;                                 //计数定时器定时 50ms 的次数
    if(num==20)                            //当 num=20 时,计时达到 1s
    {
        miao++;                            //miao 加 1
        num=0;                             //num 赋值零,重新计数
        if(miao==60)                       //当 miao 增加到 60 时
         {
           fen++;                          //fen 加 1
           miao=0;                         //miao 赋值零
```

```
            if(fen = =60)             //当 fen 增加到 60 时
            {
                shi + +;              //shi 加 1
                fen =0;               //fen 赋值零
                if(shi = =24)         //当 shi 增加到 24 时
                {
                    shi =0;           //shi 赋值零
                }
            }
        }
    }
}

/**************************主函数**********************/
void main()
{
    miao =0,fen =0,shi =0;              //时分秒初始值均赋 0
    TCON =0x10;                         //启动定时器 T0
    TMOD =0x01;                         //设置定时器 0 工作在方式 1
    IE =0x82;                           //打开定时器中断和总中断
    TH0 =0x3C;                          //设定定时器计数初值,定时 50ms
    TL0 =0xB0;
    while(1)
    {
        keyscan();                      //时间调节按键扫描
        shizhongxianshi(shi,fen,miao);  //时间显示
    }
}

void shizhongxianshi(int s,int f,int m) //时间显示子函数
{   int i;
    shijian[1] =m/10;                   //将时、分、秒各位分离并存于数组 shijian[]
    shijian[0] =m% 10;
    shijian[3] =f/10;
    shijian[2] =f% 10;
    shijian[5] =s/10;
    shijian[4] =s% 10;
    for(i =0;i <6;i + +)
    {
        P2 =wei[i];                     //P2 口输入位选码
        P1 =led[shijian[i]];            //P1 口输入时、分、秒各位对应的数码管段码
        delay1ms();                     //延时 1ms
        P2 =0x00;                       //所有数码管熄灭
    }
}
```

```
void keyscan()                          //按键扫描和时间调整子函数
{
    if(key_m==0)                        //是否按下调秒按键
    {
        delay1ms();                     //延时1ms
        if(key_m==0)                    //再次判断按键是否按下
        {
            while(key_m==0);            //按键防抖
            miao++;                     //miao增加1
            if(miao==60)                //若miao增加到60,则赋0
                miao=0;
        }
    }
    if(key_f==0)                        //是否按下调分按键
    {
        delay1ms();
        if(key_f==0)
        {
            while(key_f==0);            //按键防抖
            fen++;                      //fen加1
            if(fen==60)                 //若fen增加到60,则赋0
                fen=0;
        }
    }
    if(key_s==0)                        //是否按下调时按键
    {
        delay1ms();
        if(key_s==0)
        {
            while(key_s==0);            //按键防抖
            shi++;                      //shi增加1
            if(shi==24)                 //若shi增加到24,则赋0
                shi=0;
        }
    }
}

void delay1ms(void)                     //延时1ms,误差0μs
{
    unsigned char a,b,c;
    for(c=1;c>0;c--)
        for(b=142;b>0;b--)
            for(a=2;a>0;a--);
}
```

8.3　综合开发实例 2　单片机控制两坐标步进电动机

8.3.1　步进电动机常识

单片机控制两坐标步进电动机C51程序设计

步进电动机是机电控制中一种常用的执行机构，其用途是将电脉冲转化为角位移，通俗地说：步进驱动器每接收到一个脉冲信号，就驱动步进电动机按设定的方向转动一个固定的角度（即步进角）。通过控制脉冲个数即可以控制角位移量（转过角度），从而达到准确定位的目的；同时通过控制脉冲频率可控制电动机转动的速度，从而达到调速的目的。

1. 分类

常见的步进电动机分永磁式（PM）、反应式（VR）和混合式（HB）等三种类型，永磁式一般为两相，转矩和体积较小，步进角一般为 7.5°或 15°；反应式一般为三相，可实现大转矩输出，步进角一般为 1.5°，但噪声和振动都很大；混合式混合了永磁式和反应式的优点，又分为两相和五相，混合式两相的步进角一般为 1.8°，而混合式五相的步进角一般为 0.72°。混合式步进电动机应用最为广泛。

2. 控制方法

步进电动机的驱动电路是根据脉冲控制信号工作的，脉冲控制信号可由单片机产生。

(1) 换相顺序　通电换相过程称为脉冲分配。例如三相步进电动机的三拍工作方式，其各相通电顺序为 A→B→C→A→B→…，必须严格按照这一顺序分别控制 A、B、C 三相的通断。

(2) 步进电动机的转向　如果按给定工作方式的正序换相通电，步进电动机正转，如果按反序通电换相，则电动机就反转。

(3) 步进电动机的速度　给步进电动机发一个控制脉冲，它就转一步，再发一个脉冲，会再转一步。两个脉冲间隔越短，步进电动机就转得越快。调整单片机发出的脉冲频率，即可对步进电动机进行调速。

8.3.2　系统设计要求

步进电动机具有体积小、价格低、简单易用等优点，因此广泛应用于经济型数控机床等领域。在此介绍的两坐标步进电动机控制系统，既可以和计算机数控（CNC）装置配合组成经济型数控系统，也可以自成体系，以点动方式运行。两坐标步进电动机控制系统的典型应用如图 8-5 所示。

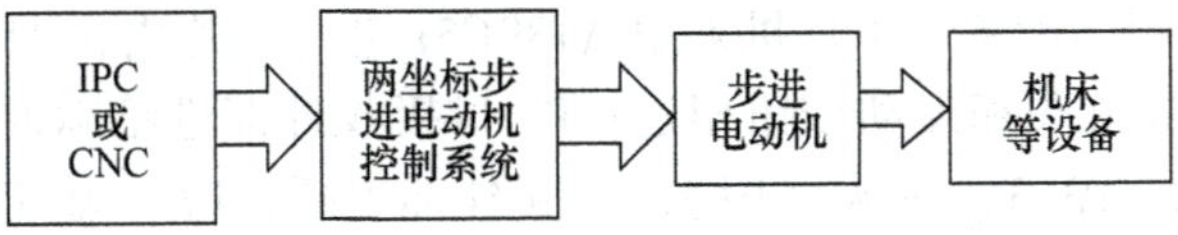

图 8-5　两坐标步进电动机控制系统典型应用

IPC（工业微机）或 CNC 装置是两坐标步进电动机控制系统的主机，用来接受键盘命令，输入并存储数控加工程序，对数控加工程序进行译码、插补等处理，并以步进脉冲的形式输出。两坐标步进电动机控制系统接收步进脉冲，并根据步进电动机绕组相数进行环形脉冲分配，然后进行功率放大，驱动步进电动机运转。

根据上述要求，并考虑点动功能，以单片机为核心的两坐标步进电动机控制系统原理框图如图 8-6 所示。

工作方式开关选择“自动”时，单片机接收进给脉冲，进行软件脉冲分配后，分别输出到 X 轴和 Y 轴功率放大器，去控制步进电动机的运行；工作方式开关选择“点动”时，单片机根据点动按钮的状态，自行按一定周期分配脉冲，并输出到功率放大器，去控制步进电动机的运行。

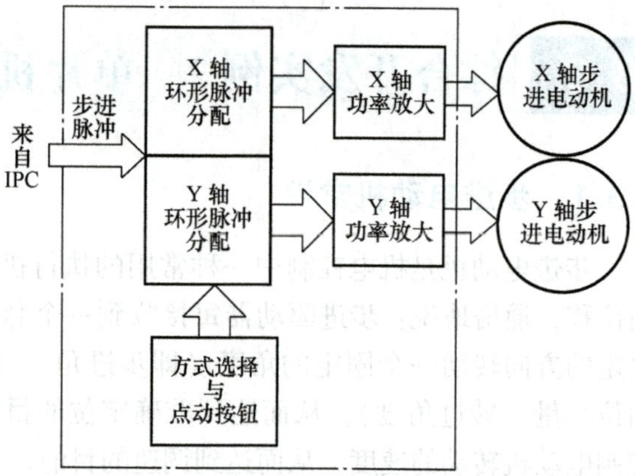

图 8-6　两坐标步进电动机控制系统原理框图

8.3.3　系统硬件设计

用单片机实现的两坐标步进电动机控制系统的硬件电路如图 8-7 所示。

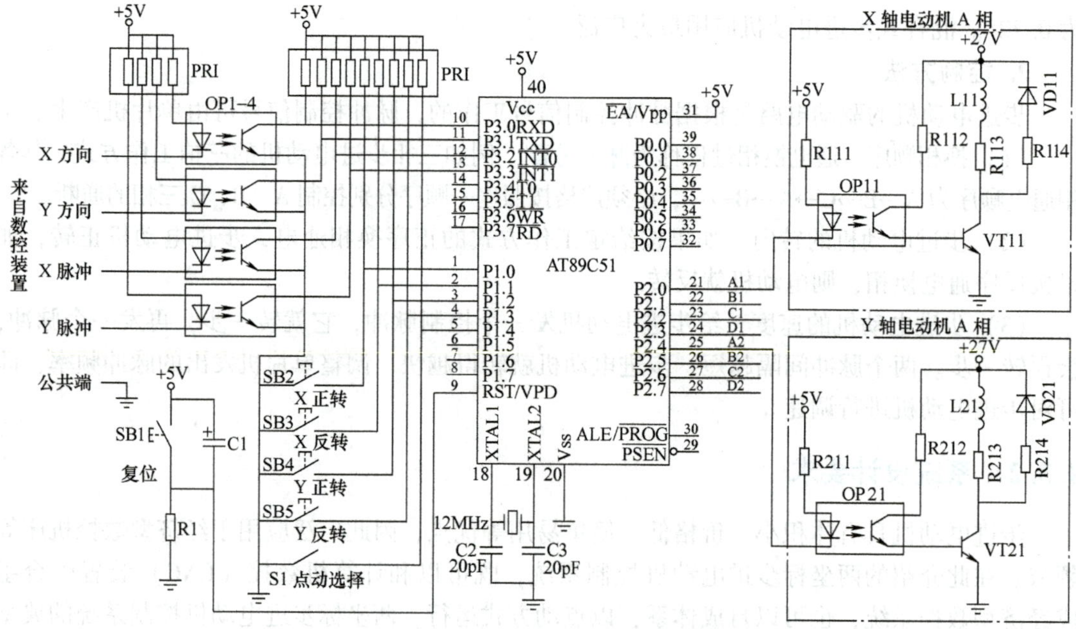

图 8-7　两坐标步进电动机控制系统硬件电路原理图

（1）单片机的选择与配置　单片机采用 AT89C51 芯片，片内含 4KB 的 E^2PROM，P1 口用作输入，与工作方式开关和点动按钮相连；P3 口接收外部进给脉冲和方向信号，其中脉冲信号分别加到 P3.2、P3.3，在脉冲下降沿引起外部中断；P2 口输出节拍脉冲，分别控制两个步进电动机绕组的通电顺序。系统采用 12MHz 晶振，SB1 为单片机复位按钮。

（2）与 CNC 装置的接口　通过光电隔离接口，接收 CNC 装置的 0～10mA 电流脉冲信号。信号传输可靠，可防止外部干扰。

（3）功率放大电路　采用单电源驱动型功率放大电路，P2 口输出经光电隔离模块 OP11～OP14 和 OP21～OP24 后，加到晶体管 VT11～VT14 和 VT21～VT24 的基极，经过晶体管功率放大，驱动步进电动机的L11~L14和L21~L24绕组。图8-7中，R113、R213为绕组限流电阻，VD11、VD21为续流二极管。

（4）步进电动机 系统采用四相步进电动机，四相四拍运行方式。单片机P2.0~P2.3分别控制X轴步进电动机的四相A1、B1、C1和D1（对应电动机绕组L11~L14），P2.4~P2.7分别控制Y轴步进电动机的四相A2、B2、C2和D2（对应电动机绕组L21~L24）。步进电动机电源电压为+27V，正转通电顺序为：A→B→C→D→A→B→…；反转通电顺序为：D→C→B→A→D→C→…。

步进电动机的运行速度由P2口输出脉冲的频率决定，点动时为100Hz，自动时与输入进给脉冲频率一致。P2口输出脉冲波形如图8-8所示。

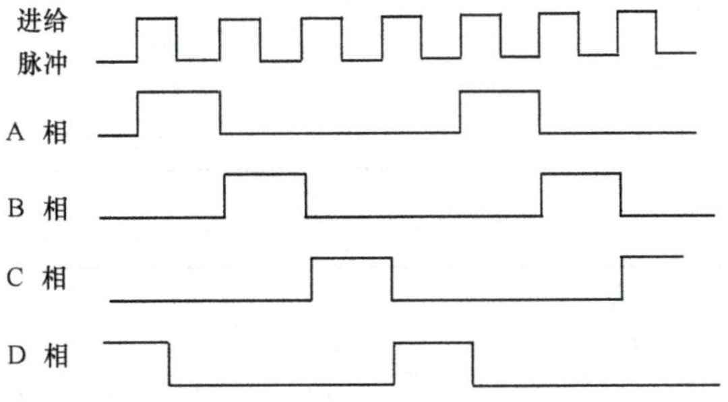

图8-8 四相四拍步进脉冲波形图

★**开发提示**：在Proteus7.8版本的仿真软件中没有电动机的仿真模型，若要对该任务进行仿真运行需使用Proteus8.0以上版本的仿真软件。

8.3.4 系统软件设计

（1）I/O口功能分配 根据硬件原理图，单片机I/O口功能分配见表8-1。

（2）中断系统功能分配 中断系统功能分配见表8-2。点动时，脉冲频率为100Hz（周期为10ms），定时/计数器1工作于方式1，定时10ms中断，实现点动控制和开关量20ms延时去抖动。自动工作时，开启外部中断$\overline{INT0}$、$\overline{INT1}$，每一个进给脉冲引起一次外部中断，由中断服务程序实现进给控制。

表8-1 I/O口功能分配

I/O口	功能	引脚分配
P0口	未用	未用
P1口	开关量输入	P1.0：X正转 P1.1：X反转 P1.2：Y正转 P1.3：Y反转 P1.4：工作方式选择
P2口	节拍脉冲输出	P2.0~P2.3：X轴节拍脉冲 P2.4~P2.7：Y轴节拍脉冲
P3口	进给脉冲输入与方向选择	P3.0：X轴方向 P3.1：Y轴方向 P3.2：X轴方向脉冲 P3.3：Y轴方向脉冲

表8-2 中断系统功能分配

中断源	入口地址	中断条件	功能
外部中断$\overline{INT0}$	0003H	X轴脉冲	脉冲下降沿，X轴进给一步
定时/计数器0中断	000BH	未用	—
外部中断$\overline{INT1}$	0013H	Y轴脉冲	脉冲下降沿，Y轴进给一步
定时/计数器1中断	001BH	10ms定时	点动控制开关量输入和去抖动（20ms）
串行口发送/接收中断	0023H	未用	—

（3）内部 RAM 资源分配　单片机内部 RAM 资源分配见表 8-3、表 8-4 及表 8-5。

表 8-3　内部寄存器功能分配

组　号	寄 存 器	功　能
0 组	R0 ~ R6	未用
	R7	20ms 定时计数
1 组	R0 ~ R7	未用
2 组	R0 ~ R7	未用
3 组	R0 ~ R7	未用

表 8-4　位寻址区功能分配

单元地址	位地址及功能							
20H	07H	06H	05H	04H	03H	02H	01H	00H
21H	未用	未用	开关有效	工作方式	Y 轴反转	Y 轴正转	X 轴反转	X 轴正转

表 8-5　字节寻址 RAM 功能分配

单 元 地 址	功　能	取 值 范 围
30H	开关状态暂存器	—
31H	X 轴节拍	00H ~ 03H
32H	Y 轴节拍	00H ~ 03H
33H ~ 5FH	未用	—
60H ~ 7FH	堆栈区	—

（4）控制软件总体结构流程图　系统控制软件包括 1 个主程序、1 个 10ms 定时中断服务程序和两个外部中断服务程序。控制软件总体结构流程图如图 8-9 所示。

（5）主要处理模块流程图　点动处理模块流程图如图 8-10 所示。开关量输入处理模块流程图如图 8-11 所示。

（6）程序清单　按照软件流程图，结合系统资源分配，编写调试汇编软件源程序如下：

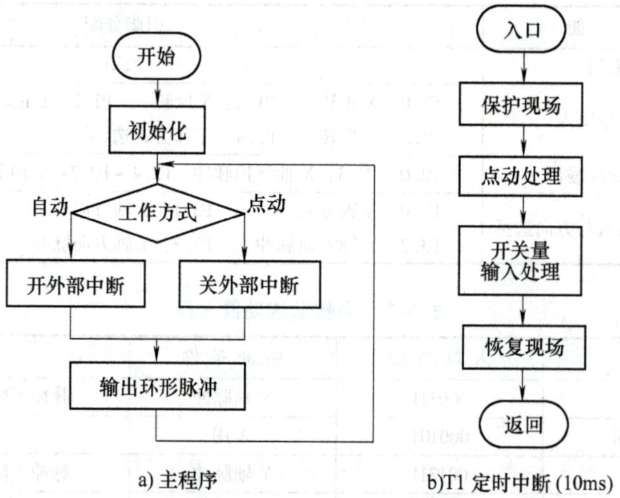

图 8-9　控制软件总体结构流程图

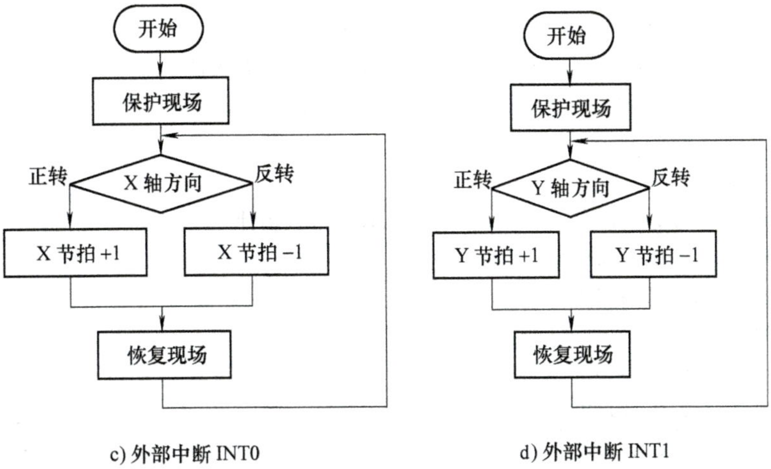

图 8-9　控制软件总体结构流程图（续）

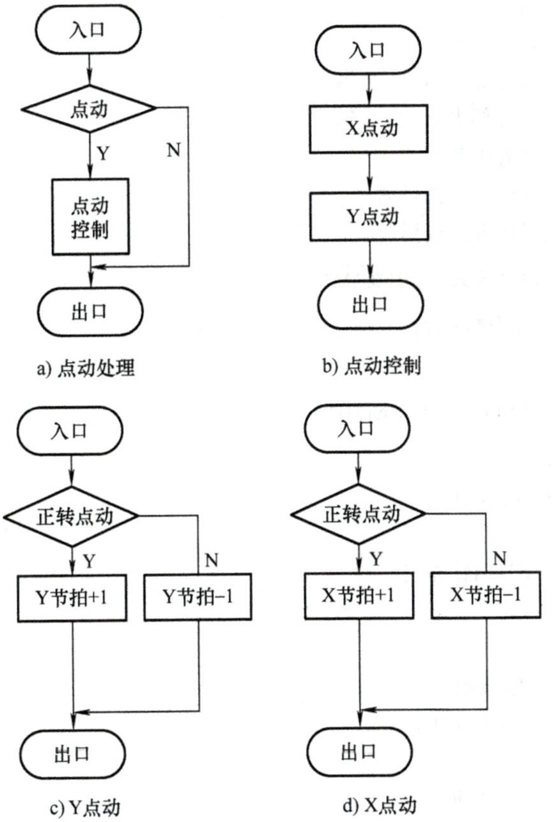

图 8-10　点动处理模块流程图

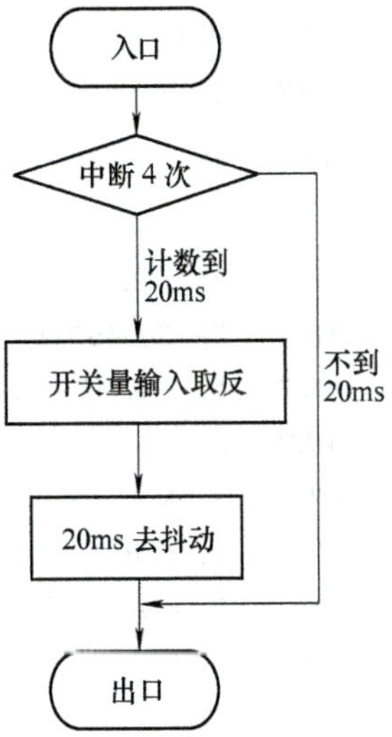

图 8-11　开关量输入处理模块流程图

```
        ORG     0000H               ;主程序入口
START:  LJMP    MAIN
        ORG     0003H               ;外部中断 0 入口
        LJMP    X_INT               ;X 轴脉冲
```

```
        ORG     0013H                   ;外部中断 1 入口
        LJMP    Y_INT                   ;Y 轴脉冲
        ORG     001BH                   ;定时器 0 中断入口
        LJMP    T1_INT                  ;10ms 定时

;******主程序******
MAIN:   MOV     SP, #5FH                ;设置堆栈指针
        MOV     20H, #00H
        MOV     30H, #00H
        MOV     R7, #2
        MOV     31H, #00H
        MOV     32H, #00H
        MOV     TMOD, #10H
        MOV     TL1, #0F0H
        MOV     TH1, #0D8H
        SETB    TR1                     ;启动 TR1
        SETB    ET1                     ;开 T1 中断
        SETB    IT0                     ;开外部中断 T0,X 轴
        SETB    IT1                     ;开外部中断 T1,Y 轴
        SETB    EA                      ;开总中断
        JNB     05H, $                  ;等待开关去抖动
LOOP:   JB      04H, JOG                ;工作方式选择
AUTO:   SETB    EX0                     ;自动方式,开中断INT0
        SETB    EX1                     ; 开中断INT1
        LJMP    OPULS
JOG:    CLR     EX0                     ;点动方式,关中断INT0
        CLR     EX1                     ;关中断INT1
OPULS:  MOV     A, 32H                  ;X 轴节拍
        MOV     DPTR, #STEP
        MOVC    A, @ A+DPTR             ;查节拍脉冲表
        SWAP    A
        MOV     B, A
        MOV     A, 31H                  ;Y 轴节拍
        MOVC    A, @ A+DPTR             ;查节拍脉冲表
        ANL     A, B                    ;合并
        MOV     P2, A                   ;输出脉冲
        LJMP    LOOP

;******10ms 定时中断服务程序******
T1_INT: MOV     TL1, #0F0H              ;重赋初值
        MOV     TH1, #0D8H
        PUSH    ACC                     ;保护现场
```

```
        PUSH    B
        JNB     04H, RKEY               ;点动
        MOV     A, 31H                  ;X 轴点动
        JNB     00H, XREV               ;SB2,X 正转
        INC     A                       ;X 节拍 +1
        CJNE    A, #4, XREV
        MOV     A, #00H
        LJMP    XREV
XREV:   JNB     01H, YJOG               ;SB3,X 反转
        DEC     A                       ;X 节拍 -1
        CJNE    A, #0FFH,YJOG
        MOV     A, 03H
YJOG:   MOV     31H, A
        MOV     A, 32H                  ;Y 轴点动
        JNB     02H, YREV               ;SB4,Y 正转
        INC     A                       ;Y 节拍 +1
        CJNE    A, #4, YREV
        MOV     A, #00H
        LJMP    YREV
YREV:   JNB     03H, NEXT
        DEC     A
        CJNE    A, #0FFH, NEXT
        MOV     A, #03H
NEXT:   MOV     32H, A
RKEY:   DJNZ    R7, T1RET               ;20ms 定时计数
        MOV     R7, #2
        MOV     A, P1                   ;开关量读入
        CPL     A                       ;取反
        XCH     A, 30H                  ;去抖动
        ORL     A, 20H
        ANL     A, 30H
        ORL     A, 20H
        MOV     20H, A
T1RET:  POP     B                       ;恢复现场
        POP     ACC
        RETI

;******X 轴转动中断服务程序******
X_INT:  PUSH    ACC                     ;保护现场
        PUSH    B
        MOV     A, 31H
        JB      P3.0, XAREV             ;X 自动正转
        INC     A                       ;X 节拍 +1
```

```
        CJNE    A, #04H, XRET
        MOV     A, #00H
        LJMP    XRET
XAREV:  DEC     A                       ;X反转节拍-1
        CJNE    A, #0FFH, XRET
        MOV     A, #03H
 XRET:  MOV     31H, A
        POP     B                       ;恢复现场
        POP     ACC
        RETI

;******Y轴转动中断服务程序******
Y_INT:  PUSH    ACC                     ;保护现场
        PUSH    B
        MOV     A, 32H
        JB      P3.1, YAREV             ;Y自动正转
        INC     A                       ;Y节拍+1
        CJNE    A, #04H, YRET
        MOV     A, #00H
        LJMP    YRET
YAREV:  DEC     A                       ;Y反转节拍-1
        CJNE    A, #0FFH, YRET
        MOV     A, #03H
 YRET:  MOV     32H, A
        POP     B                       ;恢复现场
        POP     ACC
        RETI
 STEP:  DB      0FFH, 0FDH, 0FBH, 0F7H  ;环形脉冲分配表
        END
```

(7) C51程序设计 具体程序如下：

```
#include <reg51.h>                      //包含头文件
#include <intrins.h>
sbit xz=P1^0;                           //点动转动时,X轴正转控制按钮
sbit xf=P1^1;                           //点动转动时,X轴反转控制按钮
sbit yz=P1^2;                           //点动转动时,Y轴正转控制按钮
sbit yf=P1^3;                           //点动转动时,Y轴反转控制按钮
sbit diandong=P1^4;                     //点动控制按钮
sbit X_F=P3^0;                          //自动转动时,X轴转动方向控制按钮
sbit Y_F=P3^1;                          //自动转动时,Y轴转动方向控制按钮
int i;
unsigned char baohu;                    //中断前现场数据存储变量
/**********延时函数***********/
```

```
void delay(int i)                       //延时 i(s),误差 0μs
{
    unsigned char a,b,c,j;
    for(j =0;j <i;j + +)
    for(c =167;c >0;c - -)
        for(b =171;b >0;b - -)
            for(a =16;a >0;a - -);
              _nop_;
}
void delayms(int i)                     //延时 i(ms),误差 0μs
{
    unsigned char a,b,c,j;
    for(j =0;j <i;j + +)
      for(c =1;c >0;c - -)
        for(b =142;b >0;b - -)
            for(a =2;a >0;a - -);
}
/*********电动机控制子函数************/
void X_zhengzhuan( )                    //X 轴电动机正转控制子函数
{
  char shuju[] = {0x0e,0x0d,0x0b,0x07};
  int i;
  for(i =0;i <4;i + +)
  {
    P2 = shuju[i];
    delayms(10);
  }
}

void X_fanzhuan( )                      //X 轴电动机反转控制子函数
{
  char shuju[] = {0x07,0x0b,0x0d,0x0e};
  int i;
  for(i =0;i <4;i + +)
  {
     P2 = shuju[i];
     delayms(10);
  }
}
void Y_zhengzhuan( )                    //Y 轴电动机正转控制子函数
{
  char shuju[] = {0xe0,0xd0,0xb0,0x70};
  int i;
```

```
    for(i=0;i<4;i++)
    {
      P2=shuju[i];
      delayms(10);
    }
}
void Y_fanzhuan()                          //Y轴电动机反转控制子函数
{
    char shuju[]={0x70,0xb0,0xd0,0xe0};
    int i;
    for(i=0;i<4;i++)
    {
      P2=shuju[i];
      delayms(10);
    }
}
/**********定时器及外部中断初始化子函数***********/
void initial( )
{
    TCON=0x05;
    TMOD=0x10;
    TH1 =0x0D8;
    TL1 =0x0F0;
    ET1 =1;
    EA=1;
    TR1 =1;
}
/**********主函数***********/
void main()                                //主函数
{
    initial();                             //定时器及外部中断初始化
    while(1)                               //循环执行while()后{}内的程序段
    {
      if(diandong==0)                      //判断是否点动按钮按下
      {
        EX0 =0;                            //关闭外部中断
        EX1 =0;
          }
      else
      {
        EX0 =1;                            //打开外部中断
        EX1 =1;
      }
    }
}
```

```
void t1(void)interrupt 3                //定时器 1 中断子函数,定时 10ms
{
    TH1 =0x0D8;                         //定时计数初值设定
    TL1 =0x0F0;
    baohu = P2;                         //现场保护
    if(diandong = =0)                   //判断是否点动
    {
        if(xz = =0)                     //判断是否 X 轴正转
        {
          i + +;
          if(i > =2)                    //定时 2 次
          {
            if(xz = =0)                 //判断是否 X 轴正转按钮按下
            { X_zhengzhuan();
              i =0;
            }
          }
        }
        if(xf = =0)                     //判断是否 X 轴反转
        {
          i + +;
          if(i > =2)
          {
            if(xf = =0)
            {X_fanzhuan();
             i =0;
            }
          }
        }
        if(yz = =0)                     //判断是否 Y 轴正转
        {
          i + +;
          if(i > =2)
          {
            if(yz = =0)
            {
              Y_zhengzhuan();
              i =0;
            }
          }
        }
```

项目 1
项目 2
项目 3
项目 4
项目 5
项目 6
项目 7
项目 8
附录

```
        if(yf = =0)                         //判断是否 Y 轴反转
        {
          i + +;
          if(i > =2)
          {
            if(yf = =0)
            {
              Y_fanzhuan();
              i =0;
            }
          }
        }
     }
     P2 =baohu;                             //现场恢复
}

void int0(void)interrupt 0                  //外部中断 0 子函数
{
   baohu =P2;                               //现场保护
   if(X_F = =1)                             //判断 X 轴自动转动方向
   {
     X_zhengzhuan();
   }
   else
   {
     X_fanzhuan();
   }
   P2 =baohu;                               //现场恢复
}
void int1(void)interrupt 2                  //外部中断 1 子函数
{
   baohu =P2;                               //现场保护
   if(Y_F = =1)                             //判断 Y 轴转动方向
   {
     Y_zhengzhuan();
   }
   else
   {
     Y_fanzhuan();
   }
   P2 =baohu;                               //现场恢复
}
```

8.3.5　系统设计特点

系统硬件采用一片 AT89C51 单片机，功耗低，端口驱动能力强，可直接驱动光耦合器，无需外扩程序存储器，充分发挥了单片机简单、可靠、价廉的优点。软件设计充分利用中断处理功能，结构合理，简单明了，多道程序并行执行，体现了实时、多任务控制的软件设计思想。

8.4　综合开发实例 3　用单片机自动控制水塔水位

8.4.1　系统设计要求

水塔供水的主要问题是塔内水位应始终保持在一定范围，避免“空塔”“溢塔”现象发生。水塔水位控制简图如图 8-12 所示，图中的两条细实线表示允许水位变化的上、下限位置。正常情况下，水位应控制在两线范围之内，水塔需供水时，由电动机带动水泵运转供水。具体如下：

用单片机自动控制水塔水位C51程序设计

（1）水位处于下限以下时　起动电动机转动，带动水泵给水塔持续注水。

（2）水位处于上、下限之间时　分两种情况：其一是由于用水使水位不断下降，但水位没有达到下限以下，要求电动机不工作；其二，由于不断用水导致水位下降至下限后，要求电动机立即工作供水，水位不断上升达到上、下限之间，要求电动机持续运转。

（3）供水超过上限　当水位上升到上限水位时，应停止电动机和水泵工作，不再向水塔注水。

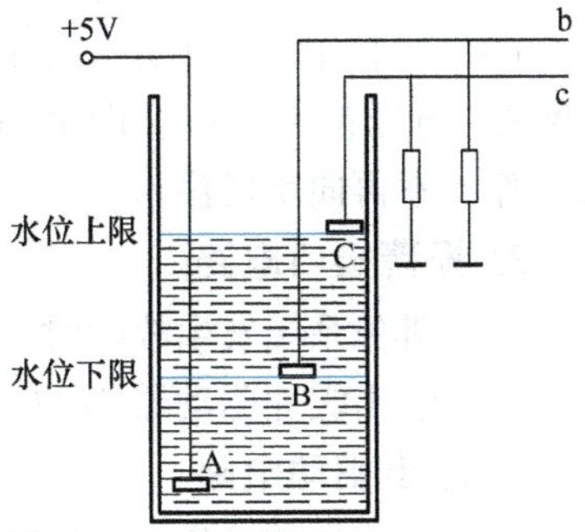

图 8-12　水塔水位控制简图

8.4.2　系统硬件设计

目前，控制水塔水位的方法较多，其中较为常用的是由单片机控制实现自动运行，使水塔内水位保持恒定，以保证连续正常地供水。实际供水过程中要确保水位在允许的范围内浮动，应采用电压控制水位。首先通过实时检测电压，测量水位变化，从而控制电动机，保证水位正常。

1. 系统硬件电路

本系统以 Atmel 公司的 AT89C51 单片机为核心器件，水塔水位控制系统电路如图 8-13 所示，主要由单片机、水位检测接口电路、报警接口电路（LED）、输出驱动电路、复位电路（图中省略）、时钟振荡电路等部分组成。

2. 水位检测接口电路

在水塔内的不同高度处，安装 3 根金属棒 A、B、C，用以反映水位变化的情况，如图 8-12 及图 8-13 左侧上部所示。其中，A 棒在下限水位以下，作为公共端，B 棒在上、下限水位之间，B 棒底端处于下限水位线上，C 棒在上限水位，控制水塔注水最高液面，C 棒底端不能太靠近水塔底部，不能过低，否则不能保证有足够大的最大储水量。B、C 两棒分别通过4.7kΩ的电阻接地，同时分别与单片机的P1.0、P1.1连接，单片机通过P1.0、P1.1重复采集检测B、C两棒的高低电平（电压）状态，感知水位情况，具体如下：

（1）水位处于下限以下时　此时是因为用水导致水位下降到下限以下，B、C棒均不能与A棒导通，P1.0、P1.1检测结果均为“0”状态，此时应立即起动电动机转动，带动水泵给水塔注水。

（2）水位处于上、下限之间时　B棒和A棒导通，而C棒不能与A棒导通，P1.0检测结果为“1”状态，P1.1检测结果为“0”状态，根据要求，此时电动机应该保持原运转状态。

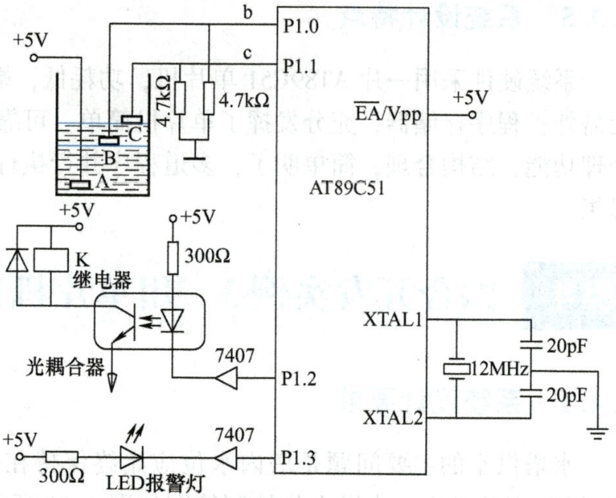

图8-13　水塔水位控制系统电路

注意：此处的“电动机原运转状态”分两种情况：①水位处于上限，用户用水水位下降到上、下限之间，电动机“原状态”为不运转；②水位到达下限以下，电动机立即持续运转供水，此时电动机“原状态”为运转，直到水位达到上限。

（3）水位上升到上限水位时　由于水的导电作用，使B、C棒均与+5V连通。因此b、c两端的电压都为+5V，即P1.0、P1.1检测结果均为“1”状态。此时应停止电动机和水泵工作，不再向水塔注水。

3. 报警接口电路

为了避免系统发生故障时，水位失去控制造成严重后果，在异常时，报警信号从P1.3口输出经输出缓冲驱动器7407驱动LED报警灯。

4. 输出驱动电路

当水位信号被采集到AT89C51后，再输出相应的控制信号，以控制电动机工作，形成反馈控制系统。输出驱动电路如图8-13左侧中部所示，控制信号由P1.2端输出，经7407驱动光耦合器。光耦合器的输出信号驱动继电器K线圈，而电动机的起动停止靠继电器K触头的开合控制。

继电器K线圈两侧并接一续流二极管，目的是为继电器K线圈在通断时产生的感应电动势提供续流回路以防止晶体管被击穿。

（1）P1.2=0时　光耦合器内二极管发光，光敏晶体管集电极有电流，继电器K线圈得电，继电器K触头动作闭合，电动机电路接通运转。

（2）P1.2=1时　继电器K线圈失电，触头断开，电动机停转。

由图8-13看出，光耦合器输出的一端接地，接地符号为“模拟地”。控制系统中既有模拟信号，又有数字信号，为避免地环流的干扰，模拟信号接地与数字信号接地应在不同的点上，所以有两种不同的接地符号。

8.4.3　系统软件设计

水塔水位控制程序流程图如图 8-14 所示。

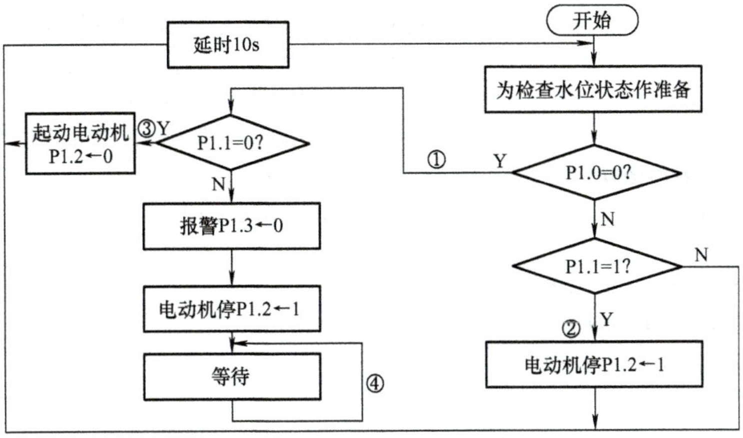

图 8-14　水塔水位控制程序流程图

1. 汇编参考程序

```
        ORG     0000H
        AJMP    START
        ORG     0100H
START:  ORL     P1,#00000011B  ;将 P1.0、P1.1 置 1,设置引脚为可读,为检测水位状态做准备
        JNB     P1.0,ONE       ;如 P1.0 =0 则低于水位下限转移至 ONE
        JB      P1.1,TWO       ;如 P1.1 =1 则达到水位上限转移至 TWO
LOOP:   ACALL   DL10S          ;延时 10s
        AJMP    START
ONE:    JNB     P1.1,THREE     ;①如 P1.1 =0,则低于水位上限转移至 THREE
        CLR     P1.3           ;令 P1.3 =0,起动报警装置(非正常状态)
        SETB    P1.2           ;令 P1.2 =1,电动机停止
FOUR:   SJMP    FOUR           ;④动态停机
THREE:  CLR     P1.2           ;③令 P1.2 =0,起动电动机
        AJMP    LOOP
TWO:    SETB    P1.2           ;②令 P1.2 =1,电动机停止工作
        AJMP    LOOP
DL10S:  MOV     R2,#10         ;10s 延时子程序,算法参见例 4-35
DELAY1S: MOV    R7,#20
D1:     MOV     R6,#200
D2:     MOV     R5,#124
        DJNZ    R5,$
        DJNZ    R6,D2
        DJNZ    R7,D1
        DJNZ    R2,DELAY1S
        RET
        END
```

2. C51 参考程序

```
#include <reg51.h>                      //包含头文件
#include <intrins.h>
sbit LED = P1^2;                        //将 P1.2 引脚定义为 LED,为光耦合器
sbit LED1 = P1^3;                       //将 P1.3 引脚定义为 LED1,为光报警灯
sbit xia = P1^0;                        //将 P1.0 引脚定义为 xia,即下水位
sbit shang = P1^1;                      //将 P1.1 引脚定义为 shang,即上水位
/**********延时函数***********/
void delay(int i)                       //延时 i(s),误差 0μs
{
    unsigned char a,b,c,j;
    for(j=0;j<i;j++)
    for(c=167;c>0;c--)
        for(b=171;b>0;b--)
            for(a=16;a>0;a--);
              _nop_;
}
/**********主函数***********/
void main()                             //主函数
{
    while(1)                            //循环执行 while()后{}内的程序段
    {
        xia=0;                          //将 P1.0、P1.1 置 0,为检测水位做准备
        shang=0;
        if(xia==0)                      //判断水位是否低于最低水位
        {
            if(shang==0)                //若低于最低水位,检测是否低于最高水位
              LED=0;                    //若是,则启动电动机
            else                        //否则说明系统故障
            {
              LED1=0;                   //启动灯光报警
              LED=1;                    //电动机停止转动
              while(1);                 //系统陷入循环等待
            }
        }
        else
        {
            if(shang==1)                //水位高于最低水位,则判断是否高于最高水位
              LED=1;                    //若是,则电动机停转
        }
        delay(10);                      //延时 10s
    }
}
```

8.4.4　系统设计小结

该系统是基于单片机嵌入式系统设计的，充分利用单片机的强大控制功能和方便通信的接口，进一步优化系统软硬件设计，该检测控制系统在水位检测、电动机故障检测、处理和报警等功能方面可进一步加强，还可实现实时远端控制等。控制系统在农村水塔、城市水源检测控制等领域有广阔的应用前景。

能力训练与提升

动手与动脑

1. 依照综合开发实例 1、2、3 进行编程与调试，并尝试改变所提供代码的部分参数，不断调试，观察变化，掌握综合应用开发的程序设计方法。

2. 设计一个电子秤。要求称量范围是 0 ~ 50kg，最小分辨率为 0.01kg。

思考与练习

1. 简述单片机应用系统设计的一般流程。

2. 硬件设计的任务是什么？

小贴士：

最有希望的成功者，并不是才干出众的人，而是那些最善于利用每一时机去发掘开拓的人。

——苏格拉底

附　录

附录 A　ASCII 表（美国信息交换标准代码表）

低位 3210		高位 654							
		0	1	2	3	4	5	6	7
		000	001	010	011	100	101	110	111
0	0000	NUL	DLE	SP	0	@	P	`	p
1	0001	SOH	DC1	!	1	A	Q	a	q
2	0010	STX	DC2	"	2	B	R	b	r
3	0011	ETX	DC3	#	3	C	S	c	s
4	0010	EOT	DC4	$	4	D	T	d	t
5	0101	ENQ	NAK	%	5	E	U	e	u
6	0110	ACK	SYN	&	6	F	V	f	v
7	0111	BEL	ETB	’	7	G	W	g	w
8	1000	BS	CAN	(	8	H	X	h	x
9	1001	HT	EM	)	9	I	Y	i	y
A	1010	LF	SUB	*	:	J	Z	J	z
B	1011	VT	ESC	+	;	K	[	k	{
C	1100	FF	FS	,	<	L	\	l	|
D	1101	CR	CS	−	=	M	]	m	}
E	1110	SO	RS	.	>	N	↑①	n	~
F	1111	SI	US	/	?	O	←②	o	DEL

注：第 0、1 和 7 列特殊控制功能的解释：

NUL	空	DLE	数据链换码	ETB	信息组传送结束
SOH	标题开始	DC1	设备控制 1	CAN	作废
STX	正文结束	DC2	设备控制 2	EM	纸尽
ETX	本文结束	DC3	设备控制 3	SUB	减

①、② 取决于使用这种代码的机器。

附录 B　MCS-51 系列单片机分类指令表

1. 数据传送指令

序号	助 记 符	功　　能	字节数	振荡周期
1	MOV　　A, Rn	寄存器内容送入累加器	1	12
2	MOV　　A, dir	直接地址单元中的数据送入累加器	2	12
3	MOV　　A, @Ri	间接 RAM 单元中的数据送入累加器	1	12
4	MOV　　A, #data	立即数送入累加器	2	12

（续）

序号	助 记 符	功　能	字节数	振荡周期
5	MOV　Rn，A	累加器内容送入寄存器	1	12
6	MOV　Rn，dir	直接地址单元中的数据送入寄存器	2	24
7	MOV　Rn，#data	立即数送入寄存器	2	12
8	MOV　dir，A	累加器内容送入直接地址单元	2	12
9	MOV　dir，Rn	寄存器内容送入直接地址单元	2	24
10	MOV　dir1，dir2	直接地址单元中的数据送入另一个直接地址单元	3	24
11	MOV　dir，@Ri	间接 RAM 单元中的数据送入直接地址单元	2	24
12	MOV　dir，#data	立即数送入直接地址单元	3	24
13	MOV　@Ri，A	累加器内容送间接 RAM 单元	1	12
14	MOV　@Ri，dir	直接地址单元数据送入间接 RAM 单元	2	24
15	MOV　@Ri，#data	立即数送入间接 RAM 单元	2	12
16	MOV　DRTR，#dat16	16 位立即数送入地址寄存器	3	24
17	MOVC　A，@A+DPTR	以 DPTR 为基地址变址寻址单元中的数据送入累加器	1	24
18	MOVC　A，@A+PC	以 PC 为基地址变址寻址单元中的数据送入累加器	1	24
19	MOVX　A，@Ri	外部 RAM（8 位地址）送入累加器	1	24
20	MOVX　A，@DPTR	外部 RAM（16 位地址）送入累加器	1	24
21	MOVX　@Ri，A	累计器内容送外部 RAM（8 位地址）	1	24
22	MOVX　@DPTR，A	累计器内容送外部 RAM（16 位地址）	1	24
23	PUSH　dir	直接地址单元中的数据压入堆栈	2	24
24	POP　dir	弹栈送直接地址单元	2	24
25	XCH　A，Rn	寄存器与累加器交换	1	12
26	XCH　A，dir	直接地址单元与累加器交换	2	12
27	XCH　A，@Ri	间接 RAM 单元与累加器交换	1	12
28	XCHD　A，@Ri	间接 RAM 单元的低半字节与累加器交换	1	12
29	SWAP　A	累加器半字节交换	1	12

2. 位操作指令

序号	助 记 符	功　能	字节数	振荡周期
1	CLR　C	清进位位	1	12
2	CLR　bit	清直接地址位	2	12
3	SETB　C	置进位位	1	12
4	SETB　bit	置直接地址位	2	12
5	CPL　C	进位位求反	1	12
6	CPL　bit	直接地址位求反	2	12
7	ANL　C，bit	进位位和直接地址位相“与”	2	24
8	ANL　C，bit	进位位和直接地址位的反码相“与”	2	24
9	ORL　C，bit	进位位和直接地址位相“或”	2	24

（续）

序号	助记符		功能	字节数	振荡周期
10	ORL	C，/bit	进位位和直接地址位的反码相“或”	2	24
11	MOV	C，bit	直接地址位送入进位位	2	12
12	MOV	bit，C	进位位送入直接地址位	2	24
13	JC	rel	进位位为1则转移	2	24
14	JNC	rel	进位位为0则转移	2	24
15	JB	bit，rel	直接地址位为1则转移	3	24
16	JNB	bit，rel	直接地址位为0则转移	3	24
17	JBC	bit，rel	直接地址位为1则转移，该位清0	3	24

3. 逻辑操作指令

序号	助记符		功能	字节数	振荡周期
1	ANL	A，Rn	累加器内容与寄存器内容相“与”	1	12
2	ANL	A，dir	累加器内容与直接地址单元内容相“与”	2	12
3	ANL	A，@Ri	累加器内容与间接RAM单元内容相“与”	1	12
4	ANL	A，#data	累加器内容与立即数相“与”	2	12
5	ANL	dir，A	直接地址单元内容与累加器内容相“与”	2	12
6	ANL	dir，#data	直接地址单元内容与立即数相“与”	3	24
7	ORL	A，Rn	累加器内容与寄存器内容相“或”	1	12
8	ORL	A，dir	累加器内容与直接地址单元内容相“或”	2	12
9	ORL	A，@Ri	累加器内容与间接RAM单元内容相“或”	1	12
10	ORL	A，#data	累加器内容与立即数相“或”	2	12
11	ORL	dir，A	直接地址单元内容与累加器内容相“或”	2	12
12	ORL	dir，#data	直接地址单元内容与立即数相“或”	3	24
13	XRL	A，Rn	累加器内容与寄存器内容相“异或”	1	12
14	XRL	A，dir	累加器内容与直接地址单元内容相“异或”	2	12
15	XRL	A，@Ri	累加器内容与间接RAM单元内容相“异或”	1	12
16	XRL	A，#data	累加器内容与立即数相“异或”	2	12
17	XRL	dir，A	直接地址单元内容与累加器内容相“异或”	2	12
18	XRL	dir，#data	直接地址单元内容与立即数相“异或”	3	24
19	CLR	A	累加器清0	1	12
20	CPL	A	累加器求反	1	12
21	RL	A	累加器循环左移	1	12
22	RLC	A	累加器带进位位循环左移	1	12
23	RR	A	累加器循环右移	1	12
24	RRC	A	累加器带进位位循环右移	1	12

4. 控制转移类指令

序号	助　记　符	功　　能	字节数	振荡周期
1	ACALL　addr11	绝对（短）调用子程序号	2	24
2	LCALL　addr16	长调用子程序号	3	24
3	RET	子程序返回	1	24
4	RETI	中断返回	1	24
5	AJMP　addr11	绝对（短）转移	2	24
6	LJMP　addr16	长转移	3	24
7	SJMP　rel	相对转移	2	24
8	JMP　@A+DPTR	相对于 DPTR 的间接转移	1	24
9	JZ　rel	累加器内容为零转移	2	24
10	JNZ　rel	累加器内容非零转移	2	24
11	CJNE　A，dir，rel	累加器内容与直接地址单元内容比较，不相等则转移	3	24
12	CJNE　A，#data，rel	累加器内容与立即数比较，不相等则转移	3	24
13	CJNE　Rn，#data，rel	寄存器内容与立即数比较，不相等则转移	3	24
14	CJNE　@Ri，#data，rel	间接 RAM 单元内容与立即数比较，不相等则转移	3	24
15	DJNZ　Rn，rel	寄存器内容减 1，非零转移	3	24
16	DJNZ　dir，rel	直接地址单元内容减 1，非零转移	3	24
17	NOP	空操作	1	12

5. 算术操作类指令

序号	助　记　符	功　　能	字节数	振荡周期
1	ADD　A，Rn	寄存器内容加到累加器	1	12
2	ADD　A，dir	直接地址单元的内容加到累加器	2	12
3	ADD　A，@Ri	间接 ROM 单元的内容加到累加器	1	12
4	ADD　A，#data	立即数加到累加器	2	12
5	ADDC　A，Rn	寄存器内容带进位加到累加器	1	12
6	ADDC　A，dir	直接地址单元的内容带进位加到累加器	2	12
7	ADDC　A，@Ri	间接 ROM 单元的内容带进位加到累加器	1	12
8	ADDC　A，#data	立即数带进位加到累加器	2	12
9	SUBB　A，Rn	累加器内容带借位减寄存器内容	1	12
10	SUBB　A，dir	累加器内容带借位减直接地址单元的内容	2	12
11	SUBB　A，@Ri	累加器内容带借位减间接 RAM 中的内容	1	12
12	SUBB　A，#data	累加器内容带借位减立即数	2	12
13	INC　A	累加器内容加 1	1	12
14	INC　Rn	寄存器内容加 1	1	12
15	INC　dir	直接地址单元内容加 1	2	12
16	INC　@Ri	间接 RAM 单元内容加 1	1	12
17	DEC　A	累加器内容减 1	1	12

（续）

序号	助记符		功能	字节数	振荡周期
18	DEC	Rn	寄存器内容减 1	1	12
19	DEC	dir	直接地址单元内容减 1	2	12
20	DEC	@Ri	间接 RAM 单元内容减 1	1	12
21	INC	DPTR	地址寄存器 DPTR 内容加 1	1	24
22	MUL	AB	A 乘以 B	1	48
23	DIV	AB	A 除以 B	1	48
24	DA	A	累加器十进制调整	1	12

附录 C 能力训练与提升参考答案

项目 1

思考与练习

1. 答：（1）27 （2）0.25 （3）187 （4）235

2. 答：（1）11111111B、FFH （2）01111111B、7FH

（3）0.11101B、0.E8H （4）101.0011B、5.3H

4. 答：

（1）$[+0]_{原}=[+0]_{反}=[+0]_{补}=00000000\ B=00H$

（2）$[-0]_{原}=00000000\ B$ $[-0]_{反}=11111111\ B$ $[-0]_{补}=00000000\ B$

（3）$[+33]_{原}=[+33]_{反}=[+33]_{补}=00100001\ B=21H$

（4）$[-33]_{原}=10100001\ B=A1H$ $[-33]_{反}=11011110\ B=DEH$ $[-33]_{补}=11011111\ B=DEH$

（5）$[-127]_{原}=11111111\ B=FFH$ $[-127]_{反}=10000000\ B=80H$ $[-127]_{补}=10000001\ B=81H$

5. 答：看作无符号数时：（1）161 （2）128；看作有符号数时：（1）-33 （2）-127

6. 答：15 根。

7. 答：（1）~（5）BCDDA。

项目 2

动手与动脑

4. 答：

```
        ORG 0000H
START： SETB P3.0
        JB P3.0，L1
        SETB P1.0
        SJMP START
    L1：CLR P1.0
        SJMP START
        END
```

项目1 项目2 项目3 项目4 项目5 项目6 项目7 项目8 附录

思考与练习

9. 答：（1）～（8）DCDDBABA。

项目 4

动手与动脑

10. 答：（1）SETB　ACC.7　（2）XRL　A，#0F0H　（3）ANL　A，11000111B
（4）ORL　A，00110100B。

思考与练习

10. 答：（1）～（5）BDCBC；（6）～（10）ACBBD；（11）～（15）BBCBC；
（16）～（20）CBDCB；（21）～（25）DABBB。

项目 5

思考与练习

2. 答：根据公式 $T=12\times(2^{13}-a)/f_{osc}$，得 $a=2^{13}-f_{osc}T/12=2^{13}-5000=3192$
3. 答：（1）～（5）BCACC；（6）～（10）CDADB；（10）～（15）DACBA；
（16）～（20）ACBAD。

项目 7

思考与练习

9. 答：（1）～（5）×√×√√；（6）～（9）√√√√。

附录 D　对学习单片机技术的几点建议

1. 充满兴趣

学习者充满兴趣写出各种各样的程序，从中得到快乐和成就感，非常重要。

2. 具备吃苦精神

学单片机初期十分枯燥乏味，在能写出自已的程序前这段时间，会被硬件资源、状态控制字、中断地址等问题所困惑，甚至有些问题要思考很长时间、查很多资料、费很多心思才能彻底想通，具备吃苦精神非常重要。

3. 具备一些数字和模拟电路知识

单片机系统都有外围电路，没有必要的数字和模拟电路知识，学会单片机编程后，能力会被大大限制。

4. 汇编语言编程是基础

虽然工作中经常用 C 语言开发单片机，C 代码编写速度快、逻辑清晰、可维护性强。但汇编语言有助于初学者了解单片机内部运行机制和执行过程。学单片机从汇编转到 C 时水平可得到很大提高，直接从 C 学起对单片机硬件资源的理解不利。

5. 边学边练，做一些实际项目

只看书和听讲远远不够，要把在学习中的编程思路在单片机上运行起来，才能更好地找到感觉。如不将编程思路付诸实践，则很难知道自己想法是否正确。如经济条件允许，有必要就买块开发板，理论和动手相结合，水平将会提高很快。根据开发板硬件条件，做出一些有趣的项目，实际动手做项目和看别人做是有差别的。

参考文献

[1] 姚存治，黄峰亮. 单片机应用技术——汇编 + C51 项目教程［M］. 2 版. 北京：机械工业出版社，2021.
[2] 庄乾成. 单片机应用技术（C51 版）［M］. 北京：机械工业出版社，2021.
[3] 孙旭日，倪志莲. 单片机应用技术项目式教程［M］. 北京：机械工业出版社，2021.
[4] 倪志莲. 单片机应用技术［M］. 2 版. 北京：北京理工大学出版社，2010.
[5] 胡长胜. 单片机原理及应用［M］. 2 版. 北京：高等教育出版社，2015.
[6] 徐江海. 单片机应用技术［M］. 北京：机械工业出版社，2014.
[7] 吴晓苏，张中明. 单片机原理与接口技术［M］. 北京：人民邮电出版社，2009.
[8] 周正鼎. 单片机应用与调试项目教程（C 语言版）［M］. 北京：机械工业出版社，2014.
[9] 王玉民，张晔. 单片机应用技术［M］. 2 版. 北京：高等教育出版社，2014.